国家科学技术学术著作出版基金资助出版

直流开断基础及技术应用

荣命哲 吴 翊 杨 飞 著

科学出版社

北京

内 容 简 介

本书以直流电力开关装备领域多年的研究工作成果为基础,力图反映近年来国内外相关的研究成果和发展态势。全书共 13 章。第 1~3 章以直流开断基础为主,主要包括直流开关电器作用及发展现状、直流开断基本原理及方案、放电等离子体及直流电弧;第 4、5 章介绍机械灭弧式直流开断方案,包括接触器和直流断路器;第 6~10 章介绍多支路换流型直流开断方案,内容包括电力电子器件的直流开断应用与自激振荡式、电流注入式、混合式、阻尼式直流开断方案;第 11~13 章为直流开断共性技术,内容包括直流短路故障电流限制、识别方法与直流高速机械开关。

本书可以为电力开关装备、直流电力系统设计研究人员,以及高等院校相关专业的师生提供参考。

图书在版编目(CIP)数据

直流开断基础及技术应用/ 荣命哲,吴翊,杨飞著. —北京:科学出版社,2021.11

(国家科学技术学术著作出版基金资助出版)

ISBN 978-7-03-069862-9

Ⅰ.①直… Ⅱ.①荣… ②吴… ③杨… Ⅲ.①直流-开关电源-设计 Ⅳ.①TN86

中国版本图书馆CIP数据核字(2021)第193278号

责任编辑:范运年 / 责任校对:彭珍珍
责任印制:吴兆东 / 封面设计:蓝正设计

科学出版社 出版
北京东黄城根北街 16 号
邮政编码:100717
http://www.sciencep.com

北京中科印刷有限公司 印刷
科学出版社发行 各地新华书店经销

*

2021 年 11 月第 一 版 开本:720 × 1000 1/16
2023 年 1 月第二次印刷 印张:22 1/4
字数:446 000

定价:168.00 元
(如有印装质量问题,我社负责调换)

前　言

与交流相比，直流电流无自然过零点，通常短路电流上升速度快，需要在短时间内耗散系统能量，因而直流开断技术成为电工技术领域研究的难点，特别是大容量直流开断技术的缺乏，更是成为制约国家重大工程发展的瓶颈。直流开关电器是直流电网的卫士，是系统可靠运行、故障保护的核心装备。传统的低压直流开关装备以空气介质机械开断原理为主，广泛应用于轨道交通、机车牵引、通讯、航空、冶金等领域。近年来，随着一次能源的变革以及高功率密度供能的需求，直流电网在新能源接入、城市配网建设、数据中心、船舶等领域获得了蓬勃发展，电压等级从低压发展到了高压，短路开断电流高达上百千安，对直流开断技术和开关装备提出了新的需求。面对新的挑战，需要突破电流快速转移与断口过零相互耦合机制、电压建立与耐受相互作用机理、复合式能量耗散方法等关键科学问题，不断推动小型化、高性能、低成本、高可靠直流开断技术的发展。

1. 大容量直流开断技术难点

一直以来，人们认为直流电力系统和开关设备的需求量较小，而产品研制、试验费用则相对较高，相对于交流供电系统，国内外针对直流电力系统及开关设备的基础理论性研究都相对不足，相关技术开发与产品设计更是一直处于初级阶段。随着直流系统在多个应用领域的快速发展，围绕直流开断技术进行研究对于提高直流电力系统的安全性和可靠性，保障电力的安全生产和输送具有重要意义。

为了实现电流过零，直流开断涉及了电流转移、电压建立、电压耐受、能量耗散等多个物理过程。当前的直流电力开关采用了多种不同的开断方案，包括机械灭弧式、电流注入式、自激振荡式、混合式、阻尼式等多种直流开断方案。相比于交流系统，无论哪种直流电流的开断，均存在以下难点。

(1)直流电流没有自然过零点，必须采取适当的措施来建立开断所需的电压，人为制造电流过零点，如何可靠制造电流过零点，是直流开断面临的一大难题。

(2)直流回路存在着电感(线路、负荷)，流过电流的电感存储着磁能，这一能量在电流开断过程需要得到释放，如何快速耗散系统能量是直流开断面临的又一难题。

(3)直流电流过零时，系统电感及未释放的能量将会在断口之间产生过电压，极易引起直流开关断口的击穿了引起电弧的重燃，如何耐受这一开断过电压是直流开断面临的另一难题。

2. 直流开断技术的发展

直流开断技术的不断发展是本书的来源所在。直流开断技术起始于交流开断技术，早期直流开断技术研究的共同特点是最大限度地利用现有的交流断路器技术，通过外加辅助的手段完成直流电流的开断。最近几十年，随着大功率电力电子技术、真空开断技术、快速操动技术的发展，科研工作者经过不断研究，提出了多种直流开断技术方案并开发了多种直流断路器，为直流电力系统的推广应用提供了设备保障。

作者所在研究团队自 2006 年以来深入广泛的开展了直流开断基础及技术的研究，电压等级涵盖了低、中、高三个等级，研究内容包括了直流开断空气电弧基础参数及调控方法、断口介质恢复特性、高速操作机构设计、电流转移方法、直流断路器拓扑方案、电力电子开关应用技术、能量耗散技术、直流短路电流限制技术等多个方面。研究团队基于提出的电弧调控方法，于2012年成功研制了当时世界上最大开断容量的机械灭弧式空气直流断路器；2015年主持了直流开断领域第一个国家重点基础研究发展计划(973 项目)，率先在国内开展高压直流短路开断机理的研究，提出了主支路无串联电流转移模块的桥式直流断路器拓扑结构、磁耦合电流转移方法、全控型电力电子器件非周期暂态尽限应用方法和直流短路电流限流开断的思路，引领了高性能低成本高压直流开断拓扑原理的发展方向；同时，2018 年作者所在的研究团队基于提出的磁耦合电流转移直流混合式开断方案，与中国西电集团联合研制了 10kV 混合式直流断路器，电流开断能力10kA/3ms。此后，团队提出了弧压增强式电流转移方案并开发了 10kV 混合式直流断路器，开断能力提升到 15kA/2ms，已成功应用于国网江苏直流配电示范工程；2018 年提出了 10kV/60kA 混合式直流快速断路器技术方案，应用该方案开发的样机于 2020 年成功通过了第三方开断试验。2020 年主持了自然科学基金委联合基金项目并提出了阻尼式、转移与耗能一体化的高压直流开断新思路，同时开展高关断能力全控型电力电子开关、非线性转移电容器、高电压等级快速断口等关键器件的研究。

直流开关设备还在不断发展中，新材料、新器件的不断进步以及电力系统发展提出的不同需求，使直流开关设备的类型多样，国内外针对直流开断技术的研究还在不断深入。本书把当前直流开断方案归纳为两大类，机械灭弧型直流开断方案和多支路换流型直流开断方案，并从这两个方面介绍其发展情况。

(1)机械灭弧型直流开断方案的发展。机械灭弧型直流开断方案采用机械断口来承担电流的导通和开断任务，从电路结构上看通常只有一个支路，通常应用在中低压直流断路器中，主要依靠机械结构运动拉弧、电弧的熄灭来实现直流电流的过零开断。其核心关键是电弧的调控，通常采用磁场和气流场吹弧的调控方法，使得电弧被充分拉长、被栅片切割以增大近极压降，得到充分的冷却，增加弧柱的电场强度，从而产生足够的电弧电压。机械灭弧式开断方案在低中压空气式直流断路器、充气式接触器中得到广泛应用，其开断性能从数百伏、数百安电流的小容量开断能力发展到数千伏、百千安的大容量直流开断能力。这种开断技术工作原理简单，控制难度和精度要求低，工作稳定可靠，采用空气等气体作为灭弧介质，制造成本较低。由于常用的电弧调控措施使电弧电压达到几千伏，当系统电压为上万伏时，单纯依靠提升电弧电压来实现熄弧将会变得十分困难。

(2)多支路换流型直流开断方案的发展。多支路换流型直流开断技术通常用于中高压直流快速场合，一般由载流、转移和能量耗散三个支路组成，其主要开断思路是将直流断路器承载电流、开断电流的功能分开，通过将电流逐次从机械触头支路顺序换流至转移支路、能量耗散支路来实现电压的建立和电流的过零开断。随着大功率电力电子技术、快速操动技术的进步，以及柔性直流输配电系统的快速发展，多支路换流型开断方案根据转移支路的组成结构，又可以分为电流注入式、自激振荡式、混合式、阻尼式等多种直流开断方案，不同的方案各具特色。其中，自激振荡式开断方案已经在点对点高压直流输电系统中获得广泛应用；混合式直流开断方案在我国舟山 200kV 柔性直流输电工程、张北 500kV 柔性直流输电工程获得示范应用；电流注入式(机械式)开断方案在我国南澳岛 160kV 柔性直流输电工程获得示范应用。然而，与交流相比，混合式、电流注入式等多支路换流型直流断路器相对"娇贵"，降低成本、提升环境适用性、提高可靠性是现在乃至将来多支路直流断路器发展的主要目标，作者所在的团队也为此提出了阻尼式直流开断方案。由此可见，多支路直流断路器的研究，仍需要科研工作者不懈的努力。

本书是作者团队在直流开断技术和基础方面的工作总结，并结合了国内外直流开断技术的最新发展。全书共分为 13 章，其中第 1~3 章介绍直流开关电器作用及发展现状、直流开断基本原理及方案、放电等离子体和直流电弧，主要由荣命哲、吴翊撰写；第 4、5 章分别介绍两种典型的机械灭弧式直流开断方案，主要由荣命哲、吴翊、纽春萍、孙昊撰写；第 6~10 章介绍多支路换流型直流开断方案相关的内容，包含电力电子器件在直流开断中的应用、自激振荡式直流开断、电流注入式直流开断、混合式直流开断、阻尼式直流开断，主要由荣命哲、吴益飞、吴翊、杨飞撰写；第 11~13 章介绍直流短路故障电流限制、直流短路故障电流识别和直流高速机械开关，主要由荣命哲、何海龙、杨飞撰写。本书的写作和出版过程，始终得到了科学出版社的大力支持。本书的出版得到了国家自然科学基金项目（U1966602，52025074）的资助。同时，作者向对本书的写作和出版给予关心和支持的所有专家、领导、同行和朋友表示衷心的感谢！

由于作者水平有限，书中不当之处在所难免，敬请读者指正。

荣命哲

2021 年 3 月

目　　录

第1章 直流电力系统与电力开关设备

传统的电力系统以交流系统为主，随着大功率半导体器件和电网控制技术不断进步，直流电力系统正在世界范围内得到快速发展，涉及轨道牵引、船舶推进、新能源利用、输配电网等多个领域，电压等级也从传统的低压发展到高压等级，供电容量也不断获得提升。直流电网的安全运行离不开直流电力开关装备，也对直流电力开关装备提出了更高的要求。本章主要介绍世界范围内直流电力系统的发展、典型应用场景，结合直流系统阐述直流电力开关设备的发展和作用。

1.1 直流电力系统的发展

电力能源是国民经济发展的重要保障，随着我国经济的稳定快速发展，我国电力行业也有了长足的进步。根据中国电力企业联合会报告统计数据，截至 2019 年底，全国发电装机容量 201066 万 kW，至此，我国电力行业现状已由改革开放初期的电力供应严重短缺发展至当前电力供需形势总体宽裕的状态。然而，如何输送如此巨大的电能成为人们所必须解决的问题。同时，随着全球石化能源的日益枯竭以及环境保护压力的日益紧迫，世界发达国家均提出了电力能源发展绿色清洁的要求。在电源方面，太阳能电池与风力机作为常见的分布式电源已在我国得到广泛的应用。截至 2019 年底，我国风电、光伏发电装机容量分别为 210GW 和 204GW，均位居世界首位，新能源已成为我国第二大电源。《中国 2050 高比例清洁能源发展情景暨途径研究》报告中指出，到 2050 年，清洁能源满足中国一次能源需求 60%以及电力需求 85%以上在技术上是可行的，在经济上是可承受的。然而，如何将越来越多的可再生能源接入大电网输送至负荷中心，是电力行业面临的另外一个重要的问题。

世界各地原有的系统大都是依靠交流电网通过交流变压器升压，将电力能源从集中的发电厂输送到用电的负荷中心再降压使用。由于交流系统中存在着线路集肤效应、无功分量等原因，远距离传送下的线路损耗较大。为使交流系统电力传输的过程保持较低的损耗，限制无功分量，需要另外采用无功补偿等设备；同时，多个交流系统之间通过采用互联的方式可以提高供电的可靠性，然而这一互联需要确保各个子交流系统输出的电压幅值、相位和频率一致，特别是在远距离情况下各个子系统的互联更为困难。

随着新能源、新材料、信息技术的发展和电力电子技术的广泛应用，以及直流负荷的不断增加，近年来，直流电力系统获得了国内外的广泛关注，并在远距离高功率密度电能输送、系统互联、可再生能源规模化应用和配用电等多个领域不断发展，涉及电能远距离输送、轨道交通、船舶、航空、通信和数据中心等多个领域。同交流电力系统相比，直流电力系统在输送容量、可控性、电网互联及提高供电质量方面具有优势，主要表现在：①能够提高线路的电能输送容量和质量，有效地控制有功和无功功率、潮流方向；②可以降低线路上的电能损耗；③可以方便实现不同系统之间的互联，充分发挥分布式能源的价值和效益。基于以上优点，同时结合新型直流用电负荷的发展，近年来无论是高压直流输电系统还是中低压直流配用电系统的应用前景引起了行业的关注，直流输配电系统关键技术与关键装备已经成为众多企业与研究机构的研究热点。

1. 高压直流输电系统的发展

我国能源和负荷中心在地理分布上的差异较大，输电系统成为解决这一问题的主要手段。我国能源资源与能源需求呈现逆向分布的显著特点。煤炭、水能、石油、天然气等资源主要集中在西部地区，而东部沿海的京、津、沪、粤等11个省市经济比较发达，而且人口集中，能源消耗大，必须发展输送距离更远、电压等级高、输电容量大、输电效率高的输电技术。其中，长距离直流输电系统通常采用高电压等级，该系统也被称为高压直流(high voltage direct current，HVDC)输电系统。与同等容量的交流输电线路相比，高压直流输电系统具有线路损耗较低、非同步互联、潮流可控和载流量的优点。HVDC可以在非同步的交流传输系统之间以及在不同频率(如50Hz和60Hz)的交流电网系统之间传输电能，提高了电网供电的稳定性和经济性；柔性高压直流系统(voltage source converter based high voltage direct current transmission，VSC-HVDC)可以利用换流站控制，对不同交流系统之间的潮流进行自动控制；同时，海底或者地下电缆具有较高的电容大小，交流电的传输过程中电缆导体会增加热损耗和能量损失，限制了电缆的传输能力，而HVDC不受这些限制。

当前，高压直流输电已成为世界范围内电力传输的重要组成部分，电网结构上从传统的点对点连接模式，发展到了多端连接模式，换流方案上从原先基于电流源换流的高压直流输电系统(current source converter HVDC，CSC-HVDC)，发展到当前基于电压源换流的柔性直流输电技术(VSC-HVDC)。早在1954年，首个商用100kV的HVDC系统通过96km长的海底电缆从瑞典大陆为格陵兰岛供电，其主要的变流器设备从20世纪70年代基于晶闸管的半控换流阀(即电流源型换流阀)，发展到目前采用绝缘栅双极晶体管(insulated gate bipolar transistor，IGBT)的全控型换流阀(电压原型换流阀VSC)。自2005年以来，世界范围内电压源型

HVDC 转换器已在海上油气平台的岸上供电、海上风力发电机的岸上供电、陆用新能源输配电系统中获得应用,如表 1-1 所示。

表 1-1 近年世界各国新建直流输配电工程(部分)

序号	名称	参数(电压/容量/输电距离)	投运时间	用途
1	哥特兰	±80kV/50MW/70km	1999	风电接入
2	昆士兰联网	±80kV/180MW/65km	2000	联网,环境需要
3	美国长岛	±150kV/330MW/40km	2002	联网,提高可靠性
4	挪威海上平台	±60kV/82MW/67km	2005	海上平台供电
5	波罗的海联网	±150kV/350MW/105km	2006	联网,提高可靠性
6	中国云南至广东	±800kV/5000MW/1412km	2009	缓解能源分布不均
7	美国加州	±200kV/400MW/85km	2010	城市供电
8	英国爱尔兰联网	±200kV/500MW/256km	2012	联网,提高可靠性
9	中国南澳	±160kV/200MW/40km	2013	风电接入
10	西班牙法国联网	±320kV/2000MW/60km	2014	联网,提高可靠性
11	中国哈密至郑州	±800kV/8000MW/2210km	2014	缓解能源分布不均
12	中国舟山	±200kV/1000MW/141.5km	2014	海岛联网供电
13	中国厦门	±320kV/1000MW/10.7km	2015	城市供电
14	中国云南鲁西	±350kV/1000MW	2016	联网,提高可靠性
15	中国昌古	±1100kV/12000MW/3324km	2018	缓解能源分布不均
16	中国张北	±500kV/9000MW/666km	2020	绿色能源供电

2. 中低压直流配电系统的发展

在中低压电力系统容量和用电负荷持续增长的背景下,直流输配电的优势日益凸显,并得到广泛应用,大容量直流系统在城市无轨电车、地铁、电动汽车、太阳能发电、冶炼、化工、轧材、船电、矿山等领域的发展十分迅速,这些应用场景较多都具有供电密度高的特点,通常额定供电电流可达数千安,供电容量为数十甚至上百兆瓦。

随着我国城市化进程不断推进,城市人口急剧增加,采用直流供电的地铁和城市轻轨等新型交通方式的发展越来越受到重视。地铁和轻轨作为城市轨道交通中便捷的交通工具,具有方便、快捷、污染小、能耗少、噪声低、运输量大等许多优点,是解决我国大中城市日益严重的交通问题的一项有效措施。截至 2020 年底,我国城轨交通运营里程达 7978.19km,45 座城市已开通运营城轨交通,2020 年新增线路 36 条,新增线路里程首次单年突破 1000km,达到了 1241.99km,运营规

模遥遥领先于世界其他国家。从供电电压等级来讲，轨道交通中直流牵引系统主
要电压等级达 1500V 水平，欧洲局部地区也有采用 3000V 的。

在船舶推进领域，世界范围内船舶电力系统重点发展方向是在采用直流供电，
通过电力电子装置转换为低压交流或低压直流供给负荷用电，相比较与交流系统，
直流系统可以消除了原动机转速和母线频率之间的相互影响，提高系统的效率和
功率密度，降低设备的噪声振动水平；取消大容量的推进变压器和配电变压器，
减少变换设备的变压器体积和重量；没有电流的集肤效应，也不用传输无功功率，
减轻了电缆的重量，对原动机的调速性能要求低。可以预见，直流供电系统逐渐
成为新型船用电力系统的发展方向。

另外，世界范围内面临着当前环境保护和未来能源枯竭的巨大压力，由此世
界发达国家的能源战略正发生巨大改变，能源组成结构正发生大调整，可再生能
源的比例越来越高。基于分布式新能源发电的城市直流配电系统正在不断兴起，
对此人们提出了采用数十千伏直流系统将太阳能、风能分布式发电系统、储能系
统和传统交流配电网进行互联并直接给数据中心、公交通电系统、路灯系统、楼
宇等进行供电的方案，如表 1-2 所示。

表 1-2 国内外中压直流工程（部分）

序号	名称	参数(电压)/kV	投运时间	用途
1	瑞典赫尔斯扬	±10	1997	试验工程
2	中国珠海	±10	2018	多站柔性互联配用电
3	中国贵州	±10	2018	直流柔性互联
4	中国苏州	±10	2021	城市直流配用电

可见，直流输配电系统以其独特的优势在近二十年内如雨后春笋般涌现。其
中，特高压直流输电工程已成为我国的技术名片，解决了我国幅员辽阔、能源分
布不均的问题，创造了较高的经济价值和环境价值。而中低压直流配电系统在地
铁、船舶等领域快速发展，并且大力推动了新能源的开发和利用，未来将发挥更
为巨大的作用。

1.2 直流系统应用典型场合

1.2.1 高压直流输电系统

1. 传统点对点高压直流输电系统

传统的点对点高压直流输电系统的示意图如图 1-1 所示，整个系统仅有两个

端口(送电或者受电)，其主要组成为换流站、输电线路、整流变压器等。其中，在实际工作时，两个换流站中一个作为整流站，把三相交流电变换为直流电；另一个作为逆变站，把直流电变为交流电。通常，发电厂输出的交流电经过升压后，由一端的换流站(整流站)变为直流电，通过输电线路输送到另外一端，经过换流站(逆变站)变为交流电，向另一端的交流系统供电。图中，假设电力传输方向是从换流站 C_1 到 C_2，则 C_1 工作在整流状态，C_2 工作在逆变状态。

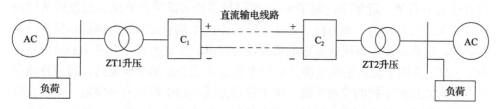

图 1-1　传统的点对点高压直流输电系统示意图

图 1-2 所示为日本 Kii 线路的系统配置图，该线路为双极 LCC HVDC (line-commutated converter，HVDC)线路(位于四国岛和本州岛关西地区之间)，具有两条中性金属回流线。此项目的建设目的是将四国岛火电厂(Anan 换流站(C/S)侧)产生的 1400MW 的电力输送到本州岛(Kihoku C/S 侧)的大型供电系统。每个电极可独立运行，当一个电极进行维护工作或其中一条输电线路发生故障时能维持输电。双金属回线配置采用两条传输线，总长约 100km，有效构成了包括两条金属回线的四条线路。该高压直流输电系统能够在单极换流站中断的情况下继续传输。两条金属回线允许进行多种操作，等效于两组单极性金属回路连接，以连接不同的交流电力系统。这种配置还可以避免由于海底电缆故障而导致的长期停机。金属回流管线的一侧在 Anan 处接地，另一侧在 Kihoku C/S 处连接至金属回路转换开关(metallic return transfer breaker，MRTB)。当其中一条金属回流线的架空部分发生直流接地故障时，与中性金属回流线相连的(常开)MRTS(metallic

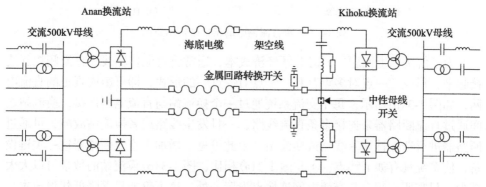

图 1-2　Kii-channel HVDC 线路示意图

return transfer switch，MRTS）关断。回路电流传输至接地的 MRTS 后，携带接地故障电流的电弧将立即熄灭。直流故障排除后，MRTS 断开，以便将电流换回到中性金属回流线，系统双极运行恢复。

2. 多端直流输电方式

多端直流系统是通过直流输电线路将多个电源/受电负荷端进行互联而形成的直流电力系统。近年来，基于 VSC 换流技术的多端柔性直流系统发展速度较快，将为今后发展的主要方向。图 1-3 所示为以 4 端直流系统为例的一种系统拓扑结构，这也是多端高压直流输电系统较为简单的实现形式。由图 1-3（a）可见，$AC_1 \sim AC_4$ 为四个交流系统电源，从每个交流系统引出多个换流站，通过直流点对点的方式连接不同的交流系统，由于这种方式线路中间没有断路器，多端直流没有形成网格，没有冗余，一旦系统中任何一个换流站或线路发生故障，则需要整条线路及连接在这条线路的两侧换流站全部退出运行，由此导致该方案的供电可靠性较低。

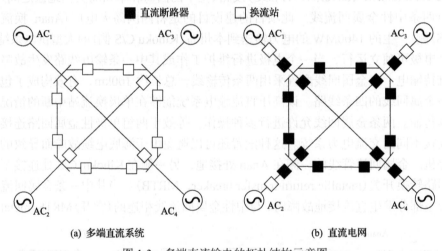

■ 直流断路器　　**□ 换流站**

(a) 多端直流系统　　　　　　　　(b) 直流电网

图 1-3　多端直流输电的拓扑结构示意图

为了解决以上问题，同时兼顾经济成本，通常将直流传输线在直流侧相互连接起来，形成"一点对多点"和"多点对一点"的形式，即可组成真正的直流电网，如图 1-3（b）所示，每个交流系统通过一个换流站与直流电网连接，换流站之间通过直流断路器来连接多条直流线路，一旦发生线路或者换流站故障，可通过断路器进行选择性切除线路或换流站。由此可见，增加了直流断路器这一关键设备，使系统具有如下特点：①与图 1-3（a）相比，图 1-3（b）换流站的数量可以大大减少，只需要在每个与交流电网连接点设置一处，这不仅能显著降低建设成本，而且能够降低整体的传输损耗；②每个换流站可以单独地发送或者接收功率，并且可以在不影响其他换流站传送状态的情况下将自己的传输状态由发送/接收变为接收/发送；③拥有更多的冗余，即使一条线路停运，依然可以利用其他线路保证送电可靠。

近年来，我国在多端柔性直流输电工程建设方面获得了快速发展。2013 年，基于模块化多电平(modular multilevel converter，MMC)变流器技术的三端±160kV (直流 200MW/100MW/150MW)柔性直流线路在我国南澳岛投入使用，如图 1-4 所示。这条线路是为了将南澳岛的风力发电输送到中国内地，此线路选择 VSC-HVDC 输电方式且不需要无功补偿，实现了陆上电网与岛屿电网的解耦，保持了陆上电网的稳定性。MTDC 连接线设计为与连接岛与大陆的两条现有 110kV 交流电缆并联运行。该直流输电系统配置了 160kV 直流断路器、直流隔离开关来对线路故障进行隔离。

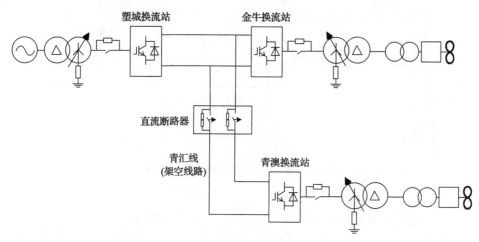

图 1-4　南澳三端柔性直流系统示意图

2014 年，世界上第一个有五个终端的±200kV VSC-MTDC 网络在我国舟山投入使用，此网络将五个岛屿与中国内地连接起来。舟山工程定海、岱山、衢山、洋山和泗礁共计 5 个 200kV 柔性直流换流站，换流站直流额定功率分别为 400MW、300MW、100MW、100MW、100MW。其中，定海和岱山换流站接入 220kV 电压等级交流电网，其余 3 个换流站接入 110kV 电压等级交流电网。该直流输电系统在舟定站配置了 200kV 直流断路器对线路故障进行隔离，提高可靠性和可用性，其他 4 个站配置谐振开关，如图 1-5 所示。

我国刚刚建设完成的张北 500kV 柔性直流输电示范工程，汇集张家口可再生能源示范区、丰宁抽水蓄能电站和北京负荷中心，用于消纳风电、光伏能源，实现风、光和抽蓄互补的新能源发电模式，并向北京城区及延庆供电。该工程概况如图 1-6 所示，该工程包括了 4 个±500kV 的换流站，其中张北、康宝为 2 个送

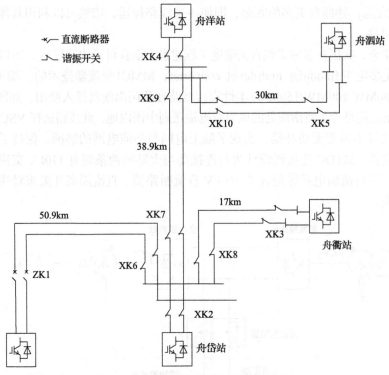

图 1-5　舟山五端柔性直流系统示意图

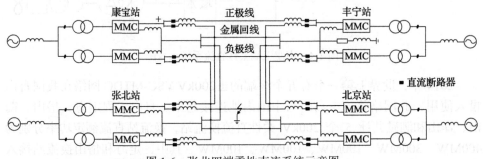

图 1-6　张北四端柔性直流系统示意图

端，丰宁站位调节端和北京站为受端。张北和康宝站接入 220kV 交流电网，丰宁和北京站接入 500kV 交流电网。四个换流站通过采用 4 条直流线路构成环网结构，正负极线两端配置 16 台断路器，正负极线和金属回线同塔架设，极线和中性线分别配置了限流电抗器，采用换流站中性点经电阻和电感与换流站接地网连接的接地方式，接地点设置在丰宁站或北京站。

1.2.2　城市直流配网

城市直流配电网是新近发展出现的配电网结构，其将太阳能、风电等新能源发电系统、储能系统、传统交流系统及负荷相连接，服务于未来绿色电网的建设。较为典型的是江苏电网公司在苏州建设的中低压直流配用电示范工程，如图 1-7所示。该示范工程采用双换流站辐射结构，可实现各换流站的独立运行，也可通过闭合开关站之间的联络开关，实现换流站之间的相互功率支撑。换流站 H1 采用半桥 MMC 结构，换流站 H2 采用具有直流故障阻断能力的混合式 MMC 结构，额定容量为 10MW。通过各个 DC/DC 变换器，实现 ±10kV 中压直流母线电压到 ±375V 低压直流电压的转换，同时与储能站和光伏站相连接，可以根据系统控制实现功率的存储和上送。

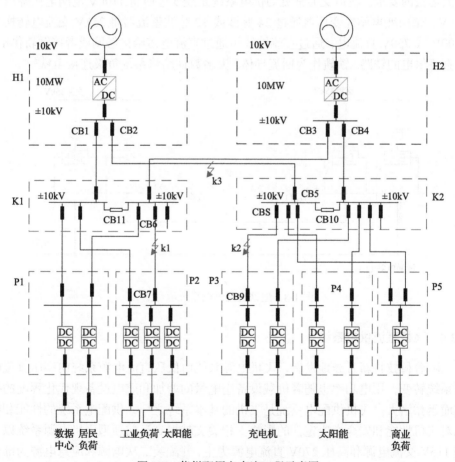

图 1-7　苏州配用电直流工程示意图

1.2.3 地铁直流配电系统

城市轨道交通具有运载能力大、噪声和污染小、运行准时、占用土地少等独特优势。1863 年伦敦建成世界上第一条地铁，由此开始，城市轨道交通得到迅速发展。我国轨道交通在 20 世纪发展缓慢，进入 21 世纪以来，为解决城市交通拥挤问题，我国城市轨道交通开始快速发展，国内建有地铁的城市越来越多。轨道交通的供电系统包括交流供电系统和直流供电系统，其中直流供电系统是轨道交通最关键的供电系统。

图 1-8 为轨道交通的直流供电系统的示意图，包括直流供电系统的关键电器设备，如整流器、直流快速断路器等。轨道交通机车一般采用直流电力牵引的方式，它有无污染、效率高、具有良好的社会效益、经济效益等优点，并且可以实现大运量的要求。轨道交通常见的供电系统是经变电所将 110kV 电网电压降压为 35kV，牵引变电站经变压器通过 24 脉波或 12 脉波整流器将 35kV 交流电转换为 1500V 或 750V 直流电，通过直流馈线柜通过直流电缆给接触网或者接触轨供电。对直流供电的铁路，铁轨作为回流导体，大多数铁路将系统负极连接至铁轨。

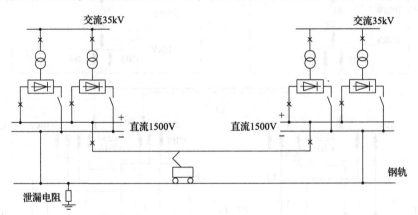

图 1-8　地铁直流供电系统示意图

1.2.4 飞机直流供电系统

随着科技日新月异地发展，飞机电源系统由低压直流电源系统向高压直流电源系统转变，用电功率也随着机载设备用电量的增加和航电设备现代化程度的提高而迅猛增大。飞机供配电系统是飞机的基本系统之一，供配电系统的性能和状态对飞机性能和安全有决定性的影响。相关文献提到目前新型飞机电源系统以三相 115V 交流电源和高压 270V 直流电源为主，并配装二次电源和应急电源为部分设备和关键设备提供电能。相关文献介绍多电飞机是用电力系统部分取代原来的液压、气压和机械系统的飞机，包括用电力泵来取代齿轮箱驱动的滑油泵和燃油泵，用电动压气机来取代气压动机的空调压气机等，这些改进可使飞机可靠性、维修性、灵活性大为改善，重量大幅度降低，代表着先进飞机的发展趋势。

多电飞机的迅猛发展对飞机的电源和供电系统提出了新的要求：首先要有大容量、高功率密度、高效率的发电机和电机控制器、电源变换器、逆变器；其次对于配电系统，要求能够全自动的进行监视、控制、保护，能够在正常和紧急状态下，对负载进行切换和恢复。飞机 270V DC 供电系统示意图如图 1-9 所示。该系统由 270V 直流供电系统和无刷直流电动机等用电设备构成，其中供电系统由 270V 直流电源系统和固态配电系统组成，其特点是：无刷直流发电机结构简单、工作可靠、并联方便；主电源和二次电源内部损耗小，效率高，主电源故障不会导致供电中断；电网质量轻；270V 直流电对人体的危害比 115/200V 交流电小。其直流电源系统的二次电源主要有两类：一类是直流变换器，实现 270V 直流电和 28V 直流电的单向变换；另一类是直交变换器，将 270V 直流电转变为 400Hz、115V 单相或三相交流电。

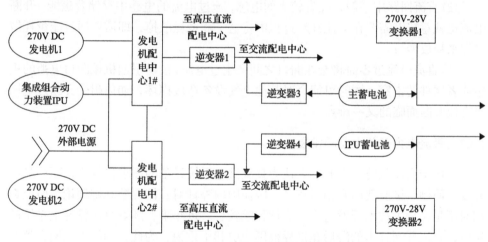

图 1-9　飞机 270V DC 飞机电源系统结构示意图

1.3　直流电力开关设备的作用与发展

1.3.1　直流电力开关电器的作用

直流电力系统的快速发展和容量提升对该系统运行的安全性、稳定性提出了挑战。与交流系统类似，直流系统中危害最严重的是短路故障，短路电流产生巨大的电动力效应和热效应将对系统内的用电设备造成剧烈的冲击，一旦系统发生短路故障，需要在极短的时间内快速切断短路电流，否则将会对系统内的电气设备产生永久性损坏，严重时甚至导致整个供电系统的崩溃。特别地，对于轨道交通、飞机等供电系统，短路故障电流能否可靠分断还关系到人员的生命安全。由此可见，直流电力系统的快速保护至关重要。为了保障直流电网的安全可靠运行，直流快速开断技术一度成为行业研究的热点，直流快速断路器、接触器、负荷开关等直流开关装备的研制成为行业发展的主要方向。

直流断路器是直流开关中的重要设备，作为直流供电系统的安全卫士，不仅需要能够多次重复实现正常电流的通断，而且需要承担故障电流的开断任务，保护供电系统和其他电力设备。直流系统短路故障后故障电流将快速上升，在数毫秒到数百微秒内能上升至几万安培甚至上十万安培，这就要求直流断路器能够快速执行开断操作，以降低故障电流对电源、线路及其他设备造成的损伤。相比于交流系统，无论是高压还是中低压直流系统，其故障电流的分断具有以下难点。

(1) 直流电流没有自然过零点，必须通过采取一些措施来建立与电流流通方向相反的电压，反向抑制并强迫电流过零。好比让一辆快速奔驰的列车停下来，需要施加反向的制动力，而车速相当于电流，制动力相当于反向电压。

(2) 直流回路中一般存在有较大的电感，流过电流的电感中存储着磁能，开断电流也就意味着需要在电流开断过程中将这一能量耗散掉，即需要通过能量耗散过程来释放能量。

(3) 直流电流过零时将会在断口之间产生过电压，极易引起机械断口电弧的重燃或者器件的击穿，同时可能会对其他电气设备造成损坏，如何耐受开断过电压是直流开断面临的又一难点。

1.3.2　直流电力开关电器的发展

相比于交流系统，人们过去认为直流供电系统设备的需求量较小，而产品的开发、研制、试验费用则相对较高，因而国内外针对直流开断基础理论性研究都相对不足，相关技术开发与产品设计积累较少。近年来，随着直流输配电系统的发展，直流开断技术的滞后在世界范围内引起了重视，为此，国际大电网会议组织(CIGRE)分别针对高压和中直流开断技术成立了工作组，分析研究直流开断的技术方法和设计规范。国内包含高校、研究院所、企业在内的联合科研机构也竞相开展直流开断技术研发。

自 2006 年以来，作者所在的研究团队在直流开断基础和技术方面进行了大量深入、系统的研究工作，电压等级涵盖了低、中、高三个等级，研究内容包括直流开断空气电弧基础参数及调控方法、断口介质恢复特性、高速操作机构设计、电流转移方法、直流断路器拓扑方案、电力电子开关技术、能量耗散技术、直流短路电流限制技术等多个方面。基于提出的电弧调控方法，研究团队于 2012 年成功研制了当时世界上最大开断容量的机械灭弧式空气直流断路器；2015 年主持了直流开断领域第一个国家重点基础研究发展计划(973 项目)，率先在国内开展高压直流短路开断机理的研究，该项目研究突破了电流快速转移与断口过零的相互耦合机制、电压建立与耐受相互作用机理、能量耗散方法与调控三大难题，提出了主支路无串联电流转移模块的桥式直流断路器拓扑结构、磁耦合电流转移方法、全控型电力电子器件非周期暂态尽限应用方法和直流短路电流限流开断的思路，并开发了 200kV 高压直流快速开关，引领了高性能低成本高压直流开断拓扑原理和技术的发展方向；2020 年主持了自然科学基金委联合基金项目并提出了阻尼式、转移与耗能一体化的高压直流开断新思路，同时开展高关断能力全控型电力电子开关、非线性转移电容器、高电压等级快速断口等关键器件的研究。2018 年，作者所在的研究团队基于提出的磁耦合电流转移直流混合式开断方案，与西开集团联合研制了 10kV 混合式直流断路器，电流开断能力 10kA/3ms；此后，团队提出了弧压增强式电流转移方案并开发了 10kV 混合式直流断路器，开断能力提升到 15kA/2ms，已成功应用于国网江苏直流配电示范工程；2018 年提出了 10kV/60kA 混合式直流快速断路器技术方案，应用该方案开发的样机于 2020 年成功通过了第三方开断试验。

1. 低压机械灭弧式空气直流开关的发展

在低压直流开断领域，直流断路器的发展已经有了较长的历史，主要以机械灭弧式空气直流开断技术为主，其灭弧原理与低压空气式交流开断有相似之处。国外企业较早开发出性能优良的直流断路器产品并投入市场应用，较为典型的如瑞士赛雪龙公司生产的 UR 系列和 HPB 系列快速直流断路器，采用磁场吹弧、电磁或永磁操动机构、瞬动脱扣装置、空气自然冷却等技术，被普遍应用于地铁牵引供电系统中；除此之外，美国 GE、英国 FKI、德国西门子等公司也推出了自己的直流断路器产品；波兰罗兹大学研制的用于铁道牵引设备中的超高速直流真空断路器，它借助于施加反向电流进行直流开断，在技术和操作上性能都有较大的提高。国内的开关制造企业大多从 20 世纪 90 年代开始直流断路器的相关研究工作，虽然许多核心技术仍然没有自主知识产权，但也引进了许多国外先进的技术，实现了部分直流设备的国产化；中船重工集团七一二研究所，是国内研究直流断路器技术较早的单位，推出了 ZDS1、ZDS2、ZDS3 等系列产品，其产品已经在船舶、地铁等供电系统中得到推广应用；大连理工大学移除了一种基于电流转移和强迫过零熄弧的直流断路器；常熟开关厂、北京人民电器厂也针对直流断路器相关技术做了大量工作，开发了多个型号的框架、塑壳类直流断路器，应用于太阳能发电等不同领域。2012 年，西安交通大学与江苏大全集团联合开发了 4kV/70kA 空气断路器，此后经过持续的优化，其开断能力当前已超过了 100kA，将机械灭弧式空气直流断路器的开断能力推到了新的高度。

2. 中高压直流开关的发展

在中高压直流开断领域，1972 年，GE 公司采用"人工过零"原理，研制了 80kV/30kA 的直流断路器样机；1985 年，日立公司利用"人工过零"原理，研制了 250kV/8kA 的直流断路器。2011 年，ABB 公司基于 IGBT 串联技术提出了混合式直流断路器的拓扑结构，并在 2012 年 11 月成功研制出世界第一台混合式直流断路器，开发的样机单个模块电压已达到 80kV，可在 5ms 内实现 9kA 故障电流快速开断。国内关于中高压直流断路器的研究工作也快速展开。2012 年，南方电网科学研究院联合中国西电集团有限公司、西安交通大学等单位合作开发了 55kV 高压直流断路器单元样机；2015 年全球能源互联网研究院有限公司联合多家单位共同承担了国网科技项目，之后研制了 200kV 混合直流断路器，开断能力为 15kA/3ms，目前已在舟山五端柔直工程中挂网运行；在此基础上，2017 年全球能源互联网研究院联合华中科技大学、西安交通大学、华北电力大学等多个单位承担了国家重点研发计划，同时开发了 500kV 混合式直流断路器，通过验证并应用于张北柔性直流输电工程中；南瑞继保电气有限公司、清华大学、上海思源电气股份有限公司等单位各自开发了 500kV 直流断路器并成功通过测试并在张北工程中获得应用；上海思源电气有限公司与华中科技大学联合研制了 160kV 磁耦合电流注入式直流断路器，其电流开断能力为 9kA，已成功应用于南方电网南澳岛直流工程；同时，在中压配电领域西安交通大学开发了 10kV/10kA、15kA、60kA 等多个开断电流等级的直流快速断路器、负荷开关等开关设备，部分应用于国网江苏直流配电示范工程。

从总体上看，我国在直流断路器领域的研究取得了阶段性的进展，开发水平已经不落后于国外，有些领域甚至超过了国外。然而，与交流相比，当前中高压直流断路器相对昂贵、体积大、控制复杂，对环境适应性有待提升，开断能力容易受到器件性能的限制，制约着未来中高压直流电网发展和规模化推广应用。着眼于未来人们对直流断路器技术指标、经济性和可靠性要求的不断提升，直流开断技术的研究仍然需要不断深入开展。

参 考 文 献

陈虹. 2005. 基于直流配电系统的船舶综合电力系统. 舰船科学技术, 27: 31-37.
陈名, 饶宏, 李立涅, 等. 2012. 南澳柔性直流输电系统主接线分析. 南方电网技术, 6(6): 1-5.
陈卫华. 2010. 飞机 270V 高压直流供电系统结构及仿真技术研究. 南京: 南京航空航天大学硕士学位论文.
董愿恩, 丛吉远, 邹积岩, 等. 2004. 1500V 船用新型直流断路器的研究. 中国电机工程学报, 24(5): 153-159.
郭铸, 刘涛, 陈名, 等. 2018. 南澳多端柔性直流工程线路故障隔离策略. 南方电网技术, 12(2): 41-46.
何俊佳, 袁召, 赵文婷, 等. 2015. 直流断路器技术发展综述. 南方电网技术, 9(2): 9-15.
侯秀芳, 梅建萍, 左超. 2021. 2020 年中国内地城轨交通线路概况. 都市快轨交通, 34(1): 12-17.

刘黎, 蔡旭, 俞恩科, 等. 2019. 舟山多端柔性直流输电示范工程及其评估. 南方电网技术, 13 (3) : 79-88.

刘麒麟, 张英敏, 陈若尘, 等. 2020. 张北柔直电网单极接地故障机理分析. 电网技术, 44 (8) : 3172-3178.

罗锦华. 2004. ZDS-2 直流快速断路器. 船电技术, 24 (1) : 36-37.

马伟明. 2002. 舰船动力发展的方向——综合电力系统. 海军工程大学学报, 14 (6) : 1-5.

丘玉蓉, 田胜利. 2001. 地铁直流 1500V 开关柜框架泄漏保护探讨. 电力系统自动化, 14 : 64-66.

裴鹏, 黄晓明, 王一, 等. 2018. 高压直流断路器在舟山柔直工程中的应用. 高电压技术, 44 (2) : 403-408.

荣命哲, 吴益飞, 吴翊, 等. 2020. 一种电磁斥力开关的触头磁吹方法及开关系统: 中国, ZL201810830908.3.

荣命哲, 吴益飞, 吴翊, 等. 2020. 一种基于植物油的高压直流快速开关及其分断方法: 中国, ZL201710421603.2.

荣命哲, 吴益飞, 吴翊, 等. 2020. 用于直流开断的液体灭弧室直流断路器及其方法: 中国, ZL201910322260.3.

荣命哲, 杨飞, 吴益飞, 等. 2017. 一种磁感应转移式直流断路器: 中国, ZL201610854057.7.

史宗谦, 贾申利. 2015. 高压直流断路器研究综述. 高压电器, 51 (11) : 1-9.

汤广福, 罗湘, 魏晓光. 2013. 多端直流输电与直流电网技术. 中国电机工程学报, 33 (10) : 8-17.

吴益飞, 荣命哲, 杨飞, 等. 2019. 磁感应转移和电阻限流相结合的直流断路器及其使用方法: 中国, ZL201611005311.2[P].

吴益飞, 杨飞, 荣命哲, 等. 2018. 一种磁耦合换流式转移电路及其使用方法: 中国, ZL201610854252.X.

吴翊, 荣命哲, 吴益飞, 等. 2014. 混合式直流断路器: 中国, ZL201210498261.1[P].

吴翊, 荣命哲, 吴益飞, 等. 2017. 一种隔离注入式电流转移电路及其使用方法: 中国, ZL201610854069.X.

吴翊, 荣命哲, 吴益飞, 等. 2019. 一种磁感应电流转移模块及其电流转移方法: 中国, ZL201710422136.5.

杨飞, 荣命哲, 吴益飞, 等. 2014. 一种双向分断的混合式断路器: 中国, ZL201310048385.4.

张海英, 郝琳召. 2020. 飞机改装供配电技术研究. 科技创新与应用, 301 (9) : 173-177.

张祖安, 黎小林, 陈名, 等. 2018. 160kV 超快速机械式高压直流断路器的研制. 电网技术, 42 (7) : 2331-2338.

周迪, 周洁敏, 姜春燕, 等. 2016. 多电飞机直流配电系统电压监控策略研究. 计算机测量与控制, 24 (10) : 82-86.

Franck C M, Smeets R, Adamczyk A, et al. 2017. Technical Requirements and Specifications of State-of-the-Art HVDC Switching Equiment. Cigre: Joined working group A3/B4.34 TB683.

Geenwood A N, Barkan P, Kracht W C. 1972. HVDC vacuum circuit breakers. IEEE Transactions on Power Apparatus and Systems, 91 (4) : 1575-1588.

Lu Y, Su L, Yuan D, et al. 2019. Design of control and protection system for medium-low voltage flexible DC distribution network. 8th Renewable Power Generation Conference, Shanghai, China: 425-433.

Rong M Z, Wu Y, Wu Y F, et al. 2020. DC Circuit Breaker Based on Magnetic Induction Commutation Circuit: EP, 3321949B1.

Tang G F, Zhou W D, He Z Y, et al. 2018. Development of 500kV modular cascaded hybrid HVDC breaker for DC grid applications. CIGRE 2018 Session, Paris: A3-105.

Tokuyama S, Aimatsu K, Yoshioka Y. 1985. Development and interrupting tests on 250kV HVDC circuit breaker. IEEE Transactions on Power Apparatus and Systems, 5 (9) : 42-43.

Wu Y, Hu Y, Wu Y F, et al. 2018. Investigation of an active current injection DC circuit breaker based on a magnetic induction current commutation module. IEEE Transactions on Power Delivery, 33 (4) : 1809-1817.

Wu Y, Rong M Z, Wu Y F, et al. 2020. DC circuit breaker based on combination of damping circuit and magnetic induction commutation circuit: EP, 3321948B1.

Wu Y F, Rong M Z, Wu Y, et al. 2020. Damping HVDC circuit breaker with current commutation and limiting integrated. IEEE Transactions on Industrial Electronics, 67 (12) : 10433-10441.

Wu Y F, Rong M Z, Yang F, et al. 2019. DC circuit breaker combining magnetic induction transfer and resistance current limiting: US, 10381819B2.

Wu Y F, Wu Y, Rong M Z, et al. 2015. A new Thomson coil actuator: Principle and analysis. IEEE Transactions on Components, Packaging and Manufacturing Technology, 5 (11): 1644-1655.

Wu Y F, Wu Y, Yang F, et al. 2020. A novel current injection DC circuit breaker integrating current commutation and energy dissipation. IEEE Journal of Emerging and Selected Topics in Power Electronics, 8 (3): 2861-2869.

Wu Y F, Wu Y, Yang F, et al. 2020. Bidirectional current injection MVDC circuit breaker: Principle and analysis. IEEE Journal of Emerging and Selected Topics in Power Electronics, 8 (2): 1536-1546.

Wu Y F, Yi Q, Wu Y, et al. 2019. Research on snubber circuits for power electronic switch in DC current breaking. Proceedings of the 14th IEEE Conference on Industrial Electronics and Applications, Xi'an: 2082-2086.

Xiao Y, Wu Y, Wu Y F, et al. 2020. Study on the Dielectric Recovery Strength of Vacuum Interrupter in MVDC Circuit Breaker. IEEE Transactions on Instrumentation and Measurement, 69 (9): 7158-7166.

Yang F, Wu Y, Rong M Z, et al. 2019. Hybrid circuit breaker having a bridge induction transfer structure: US, 10373774B2.

Yi Q, Wu Y F, Zhang Z H, et al. 2021. Low-cost HVDC circuit breaker with high current breaking capability based on IGCTs. IEEE Transactions on Power Electronics, 36 (5): 4948-4953.

Zhou W D, Wei X G, Zhang S, et al. 2015. Development and test of a 200kV full-bridge based hybrid HVDC breaker. 17th European Conference on Power Electronics and Applications, Geneva: 1-7.

第 2 章　直流开断基本原理和方案

直流开断过程需要通过电流转移和过零、电压建立和耐受、电能耗散等多个物理过程来完成对故障和负荷的切除。当前，应用于低、中、高压不同电压等级的直流电力开关采用了不同方案，但其最基本的原理相同。本章介绍直流开断过程的数学描述、电弧熄灭机理、直流开断主要参数，并简要罗列直流开断典型原理方案，为后续章节不同直流开断方案的详细介绍提供基础铺垫。

2.1　直流开断过程的数学描述

2.1.1　直流开断基本方程与条件

与交流不同，直流电流没有自然过零点，这也是直流开断更为困难的主要原因。为了便于分析直流开断的原理，本章对实际的直流系统通过电路模型来进行简化，如图 2-1 所示，包含了电源、线路、开关、负荷几个元件。其中，U_p 为直流电源输出电压，R_p、L_p 为电源内部阻抗，R_1、L_1 为电缆或者线路阻抗，R_2、L_2 为负荷阻抗，u_b 为直流断路器开断过程中进出线端子间的电压，其大小随开断过程的时间而发生变化。

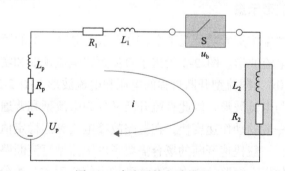

图 2-1　直流系统电路模型

根据基尔霍夫电压定律可知

$$U_p = i(R_p + R_1 + R_2) + \frac{\mathrm{d}i}{\mathrm{d}t}(L_p + L_1 + L_2) + u_b \tag{2-1}$$

$$i = \frac{U_p - \dfrac{\mathrm{d}i}{\mathrm{d}t}(L_p + L_1 + L_2) - u_b}{R_p + R_1 + R_2} \tag{2-2}$$

由上式可知，若要开断一个给定的直流电流，则电流不断减小，这意味着 $\mathrm{d}i/\mathrm{d}t < 0$，此时，有

$$\frac{\mathrm{d}i}{\mathrm{d}t} = \frac{U_p - u_b - i(R_p + R_1 + R_2)}{L_p + L_1 + L_2} < 0 \tag{2-3}$$

$$u_b > U_p - i(R_p + R_1 + R_2) \tag{2-4}$$

考虑到断路器开断过程需要考虑不同的场景，无论线路长短、负荷阻抗大小处于什么状况，断路器均要能够开断电流。因此，为了便于断路器的设计和开断的分析，通常直流开断的条件设为

$$u_b > U_p \tag{2-5}$$

由上式可知，直流断路器开断直流电流的条件是，需要断路器进出线端上产生足够大小、方向与电流相反的电压(反向电压)，来抵制系统电源及线路电感电压，从而将电流快速削弱直至为零。无论是机械灭弧式直流开关还是多支路换流型直流开关，其对电流的开断都必须满足这一基本要求。

2.1.2　直流开断波形示意

通常，断路器未施加影响情况下(u_b=0)由系统电路产生的短路电流波形，称为系统预期短路电流波形。图 2-2 给出了直流短路电流预期和实际开断波形的示意图。图 2-2(a)(b)为限流型开断过程的电压和电流波形，图 2-2(e)、(f)为普通分断过程的电压与电流波形，因此直流开断又分为限流型和普通型两种类型。限流型直流断路器一般的动作速度快，在短路故障电流到达稳定值之前，断路器就启动了分闸操作，一般快速开断的场合需要考虑限流型直流断路器；普通型直流断路器操作速度较慢，短路故障电流在达到稳定值之后才开始分断操作。在实际应用场合，通常装设在主母线出口或者母联的断路器采用普通型直流断路器，与终端负荷用断路器相配合实现线路故障的选择性保护。一些直流断路器兼具有限流分断和普通分断的功能，根据选配不同的脱扣装置，用以适应不同的应用场景需要。

直流电路发生短路的预期电流波形通常与系统内电源、线路参数有关,图 2-2 中曲线①②所示为两个典型的预期短路故障电流波形,曲线①为脉冲变压器整流等情况下容易出现的预期短路故障电流波形,曲线②为由蓄电池等普通电源所产生的预期短路故障电流波形。曲线③为断路器实际开断电流的波形,曲线④为电流开断过程中断路器进出线端子间的电压波形,受开断电弧或者其他元件的影响,该电压波形通常随时间变化且开断过程的平均电压不低于系统电源电压的大小,该电压波形称为断路器的开断过程电压波形(开断电压波形)。可见,随着断路器开断电压 u_b 超过系统电源电压 U_p,直流短路电流下降,并最终过零。此后,施加在断路器两端的电压恢复为系统的电源 U_p。

由于系统设备参数以及断路器断口之间寄生电容的影响,直流开断过程在电流过零点附近,往往会发生电流及断路器断口电压的暂态高频震荡现象,如图 2-2(c)(d)所示,导致这一现象的主要原因为:断路器自身的寄生电容与系统设备及线路上存在的杂散电容、电感相互作用,使存储在电感和电容上的能量通过震荡而耗散,其具体震荡幅值等跟系统参数有关。

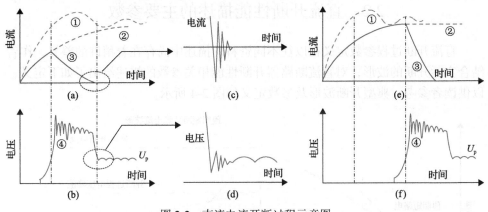

图 2-2　直流电流开断过程示意图

另外,根据式(2-3)所示,在开断电流大小和电源电压给定的条件下,开断电流的下降速度与直流开关开断电压 u_b 直接相关,u_b 越大,则 $\mathrm{d}i/\mathrm{d}t$ 越大,电流 i 下降的越快,开断时间越短;反之,u_b 越小,则 $\mathrm{d}i/\mathrm{d}t$ 越小,电流 i 下降得越慢,开断时间越长;当 u_b 过小的时候,则直流电流过零无法实现,最终开断失败。如图 2-3 所示,$u_{b1} > u_{b2} > u_{b3}$ 开断过程断路器的端电压 u_b 越高,则电流开断所需的时间越短。

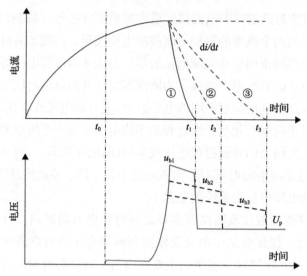

图 2-3　直流电流开断过程不同电压波形的示意图

2.2　直流开断性能描述的主要参数

　　直流开断过程参数定义在以往不同资料的描述中尚存在着稍许的差异，作者结合实际开断的波形，对直流断路器开断性能相关参数的描述给出了如下定义，以供读者参考。典型开断波形及参数定义如图 2-4 所示。

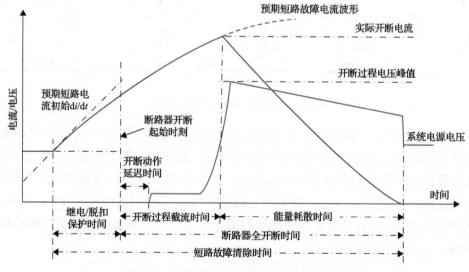

图 2-4　直流短路电流开断典型波形及参数

1) 额定电压(U_n)

额定电压为直流断路器能够正常工作的电压大小，通常该电压不小于系统电压，多数情况下会高于系统电压值。

2) 额定电流(I_n)

额定电流为直流开关合闸情况下能够长期承载且不发生其他异常的电流大小，一些断路器的脱扣装置以此为依据对过电流的动作参数进行整定。

3) 预期短路故障电流波形(i_p)

断路器未施加影响条件下，由系统电路产生的短路故障电流波形，称为预期短路故障电流波形。

4) 预期短路故障电流稳态值(I_{ps})

预期短路故障电流稳态值为短路故障电流波形上升达到稳态后的电流大小，用于衡量断路器开断或短耐性能的重要参数。

5) 预期短路故障电流峰值(I_{pk})

该参数为断路器需要开断系统短路预期电流波形的峰值电流大小，用于衡量断路器开断或短耐性能的重要参数。需要注意的是，蓄电池等电源场合下发生短路时 $I_{pk}=I_{ps}$。

6) 预期短路电流初始上升率($di/dt|_{t0}$)

预期短路电流初始上升率指预期短路电流初始上升过程的电流变化率，用于规定限流型直流断路器需要开断电流波形的重要参数。有些情况下通过规定回路的时间常数来描述开断电流波形特点。

7) 实际开断电流能力(I_b)

在给定的预期短路电流波形或者参数条件下(额定电压、时间常数、稳态电流)的直流电流开断过程中，电流波形从上升转为下降所对应的电流大小，称为实际开断电流能力，通常也是为实际开断波形的峰值，一些文献里面又称为截流值。该参数通常用于规定限流型直流开断要求下断路器开断能力的重要指标。

需要注意的是，对于限流型直流断路器而言，开断短路电流速度越快，则实际开断的电流越小。

8) 临界小电流开断值(I_c)

对于直流开断，除了短路大电流开断能力指标之外，还需要标定断路器或者负荷开关的开断临界小电流性能。图 2-5 为某型直流断路器小电流开断时间-电流特性曲线图。临界小电流开断值是指在给定的开断条件下(额定电压、时间常数、正反向开断操作时序），直流开关最难开断的小电流大小。临界小电流开断值通常跟开断时间一起来规定直流开关的开断性能。

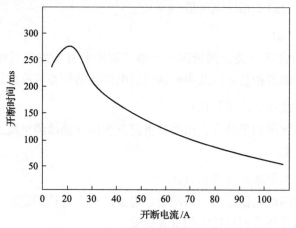

图 2-5　直流开断小电流时间-电流特性

9）继电保护时间（t_{rl}）

从故障产生时刻到断路器收到分闸命令时刻的时间间隔。通常，该时间由故障识别和信号传输的时间组成，根据断路器功能的不同，由继电保护系统或者断路器自身来决定。有的断路器自身带有脱扣保护装置，用以识别短路过载等故障，并发送分闸命令；有的断路器依靠继电保护单元识别故障并接收分闸信号，如图 2-6 所示。

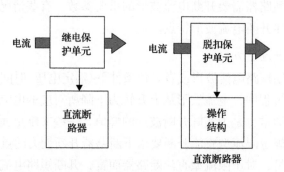

图 2-6　直流断路器不同保护单元配置示意图

10）脱扣动作时间（t_{trip}）

对于自身带有脱扣单元的直流断路器而言，其对短路电流的识别可以通过脱扣单元来实现的。脱扣动作时间是指从故障电流发生时刻到向断路器执行机构发出跳闸指令时刻的时间间隔。

11) 断路器开断动作延迟时间 (t_{rs})

该参数针对不带脱扣单元的直流断路器而言,从断路器收到继电保护单元分闸命令的时刻到断路器开始动作的时间间隔,属于断路器自身机械或者电子部分的延迟时间。该参数是描述直流断路器开断速度的重要指标。

12) 断路器开断过程截流时间 (t_{op})

该参数表示从断路器收到继电保护单元/脱扣保护单元分闸命令的时刻到电流起始下降时刻的时间间隔。该过程中断路器内部的机械部分、电子部分处于不断动作的过程。该参数通常用于规定限流型直流断路器开断速度性能的重要指标。当前中高压直流示范工程中混合式直流快速断路器 t_{op} 为数毫秒。

13) 断路器全开断时间 (t_b)

断路器从收到开断操作命令时刻到该故障电流降为零时刻的时间间隔。根据开断电流工况的不同,分为临界电流开断时间、负荷电流开断时间和短路电流开断时间。需要注意的是,在短路开断条件下,该时间加上继电/脱扣保护时间为短路故障的全清除时间。该参数通常用于规定所有直流断路器开断速度性能的重要指标。

14) 短路故障清除时间 (t_{cl})

该参数指从短路电流的产生时刻到电流被断路器开断过零时刻的时间间隔。该参数是从系统角度提出的对短路故障清除的时间要求指标,与继电保护时间和断路器开断时间密切相关,有时并不直接作为断路器的参数指标。对于低压空气式直流断路器而言,其断路器短路故障完全清除时间的典型要求为<20ms。该参数通常用于规定所有直流断路器开断速度性能的重要指标。

15) 能量耗散时间 (t_e)

该参数是直流开断电流过程直流开关耗散系统能量实现电流开断所需要的时间,通常可以理解为开断电压建立后的电流下降过程所需要的时间。该参数通常需要与暂态开断过电压峰值相匹配,共同作为断路器的参数指标。一般来讲,断路器开断暂态过电压越大,能量耗散所需的时间就越短。

16) 开断过程电压波形 (u_b)

直流开断过程中断路器进出线端产生的电压波形,简称为开断电压波形。

17) 开断过程电压峰值 (U_{bp})

直流开断过程中断路器进出线端产生的电压峰值,称为开断过程电压峰值。该参数是直流断路器开断过程产生的过电压性能的重要指标。

18) 开断过程耗散能量 (E_b)

直流开断过程中断路器在给定时间内耗散的系统回路能量大小，一般为进出线端产生的电压波形与开断电流波形的积分值。开断过程耗散能量、能量耗散时间以及开断过电压峰值相结合，共同对直流断路器耗能元件提出具体的要求。该参数通常用于直流断路器在给定时间内对耗散系统回路能量的重要指标。

需要注意的是，对直流断路器分断性能的考核，除了需要对其最大短路分断能力进行考核之外，还需要结合开断时间针对较小短路电流、过载电流、额定电流、临界小电流的开断性能进行考核。

除了以上电流开断性能之外，直流断路器或者直流开关还有绝缘耐压性能、温升性能、脱扣性能、机械寿命、电寿命、短时电流耐受能力、峰值电流耐受能力、冲击振动、高低温试验等多项性能考核指标。

2.3　机械灭弧式直流开断方案

按照电路结构形式，直流断路器通常可以分为机械灭弧式直流开断方案和多支路换流型直流开断方案。其中，机械灭弧式直流开断方案从电路上看仅有一个支路，而多支路换流型直流开断方案则具有多个支路，根据操作原理又可分为固态电力电子式、自激振荡式、电流注入式、混合式、阻尼式等多种类型，不同的方案适用于不同电压、额定电流、开断电流及开断速度的应用场合。以下分别简要介绍常见直流开断方案的工作原理，不同方案的具体介绍详见后面章节。

机械灭弧式开断方案主要依靠机械结构的运动来产生电弧、拉长电弧、控制电弧，最终通过电弧的熄灭来实现直流电流的过零开断。该方案开断过程主要依靠电弧来建立开断所需的反向电压，即电弧电压作为开断过程的反向电压。有关直流电弧特性和熄灭原理见 2.5 节。该类型直流断路器的主要组成结构为操作机构、脱扣单元、触头系统、灭弧系统。该方案大量应用于低压空气式直流断路器、接触器，以及充气式直流接触器、继电器等产品，现有的应用例子电压等级可达 4k～5kV（多个机械断口的串联有望实现更高的电压等级），其开断能力强，电流开断能力可达百千安。此类开断方案的核心是如何调控电弧以建立开断所需的反向电压 u_b。

机械灭弧式直流断路器按照灭弧系统主要分为带跑弧道与不带跑弧道结构。其中，带跑弧道的结构通常用于大容量空气直流断路器的设计，不带跑弧道结构通常用于小容量接触器、继电器的设计。

带跑弧道结构的空气直流断路器常见的典型结构为地铁供电用直流断路器，如图 2-7 所示为典型的赛雪龙直流断路器示意图，其主要的组成部件为灭弧室、触头系统、脱扣装置、操作机构，其简要功能描述如下。

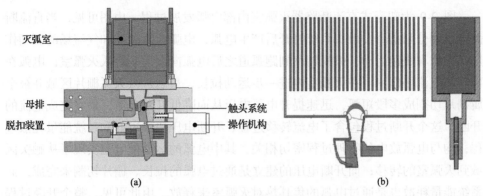

图 2-7　地铁用直流断路器结构示意图

（1）操作机构：由机械零部件和电磁等驱动部件为主体，用于驱动触头系统的合闸与分闸操作。

（2）脱扣装置：一般由电磁脱扣、电子脱扣或热脱扣，用于感测故障电流并发出分闸跳扣命令。

（3）触头系统：由导电杆及电接触材料组成，受操作机构的驱动，用于接通与分断电流。

（4）灭弧室：用于熄灭触头系统分离而产生的电弧，实现电路的分断。

上述结构直流开断时的电弧演变发展过程如图 2-8 所示，其基本思想是在开断过程中驱使电弧在灭弧室内快速运动、拉长、切割冷却，从而迅速提升电弧电压使其幅值超过电源电压，迫使直流系统回路电流下降过零，最终电弧熄灭，完成开断过程。

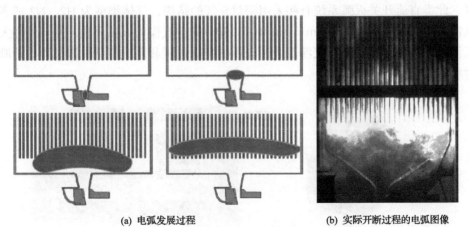

(a) 电弧发展过程　　　　　　　　(b) 实际开断过程的电弧图像

图 2-8　地铁用直流断路器开断过程电弧发展示意图

图 2-9 为塑壳式直流断路器灭弧室内部电弧发展过程,由图可见,当直流断路器接到分闸指令,触头系统打开后产生电弧,电弧在电磁场和气流场的驱动作用下拉长和快速运动,弧根转移到跑弧道之后电弧向上运动进入灭弧室,电弧在磁场和气流场作用下在灭弧室内进一步运动拉长,最后进入灭弧栅片区域并被金属栅片切割成多段短弧,迅速提升电弧电压从而降低开断电流,最终完成电流的开断。这个开断过程包含了电流转移过程、开断电压建立过程和系统能量耗散过程,均与电弧放电的物理过程密切相关,其中电弧的运动使电流实现了从触头区域到灭弧室的转移;而开断电压的建立是通过电弧的拉长、栅片切割来完成,而系统能量耗散也是通过电弧的焦耳热对灭弧室来释放。由此可见,整个开断过程的核心是电弧特性的调控。

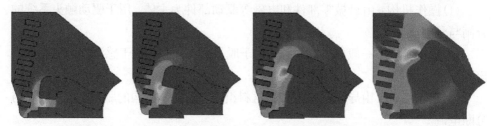

图 2-9 塑壳式直流断路器开断过程电弧发展示意图

不带跑弧道的直流开关结构如图 2-10 所示。其主要组成部件为灭弧室、电磁机构、触头系统,其开断过程同样依靠操作机构驱动触头分离来完成,电弧在被触头分离拉长的同时,受到磁场力的作用进一步拉长,最终建立电压实现电流过零。由于灭弧室不存在跑弧道,因而电弧的运动过程不显著。根据不同的应用场景,此类直流开关灭弧系统有些采用密封充气的结构,气体类型为 H_2、N_2 或者其混合物,有些则采用 1atm(1atm=101325Pa)的空气作为灭弧介质,并与外界大气压联通。此类开断过程仅涉及开断电压的建立过程和系统能量耗散过程,开断过程相对简单。

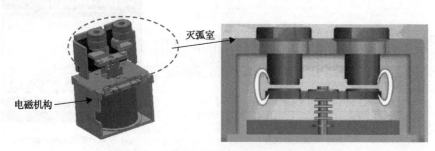

图 2-10 不带跑弧道的直流开关结构示意图

2.4　多支路换流型直流开断方案

机械灭弧式方案常用于低电压等级的分断，对于中压甚至高压等级的直流系统，根据前面直流电流的开断条件可知，其开断电压需要更高的要求，难以直接通过电弧的调控来实现。为了解决高电压等级直流开断的问题，人们采用多个支路或者多个零部件的相互配合来实现，即直流断路器由多个支路或者多个部件通过电路连接而成，此类由多个支路及器件连接而成的电路称为直流断路器的电路拓扑结构。此类直流断路器常见的支路数为三支路或者两支路结构。

中高电压等级直流断路器典型的采用三支路电路拓扑结构，如图 2-11(a) 所示，由于机械开关具有接触电阻小的特点，承担了正常电流的导通功能。当执行电流开断操作时，打开载流支路的机械开关，同时通过额外的电流转移模块或者方法(图中未给出)，将机械开关的电流快速换流至电流转移支路，图 2-11(b) 所示；紧接着，通过控制电流转移支路，在建立开断电压的同时并将电流转移至能量耗散支路，图 2-11(c) 所示，最终开断电流在能量耗散支路过零，从而完成系统电流的开断任务。

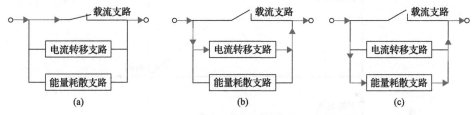

图 2-11　三支路拓扑直流断路器开断过程示意

可见，多支路换流型直流断路器与机械灭弧式直流开断路器有较大的不同，不再以机械操作为主，涉及电流在不同支路间的转移过程、开断电压的建立过程、系统能量耗散的过程，而如何实现电流在支路间的快速转移、开断电压的建立及能量的耗散是此类直流断路器研究的难点和关键。多支路换流型直流开断大致介绍如下。

2.4.1　自激振荡式开断方案

在高压直流场中常用的一种开断方案是自激振荡式开断方案，其基本的组成拓扑结构如图 2-12 所示，由一个机械断口并联 LC 支路和 ZnO 吸能支路组成，其开断原理主要利用机械断口开断电弧的负阻特性，通过与 LC 串联支路发生谐振产生高频震荡电流，使电流从机械断口转移到 LC 支路，开断电流对电容充电从而建立开断电压，当开断电压超过 ZnO 阀片的启动电压，则 ZnO 耗能器件导通，电流转移至 ZnO 器件，最终系统的能量耗散在 ZnO 阀片中，电流过零开断。机械断口开断电弧的伏安特性曲线示意图如图 2-13 所示，可见，随着电流的降低，电弧电压快速上升，电弧伏安特性呈现出明显的负阻特性。机械断口的负阻特性、LC 参数的匹配对于引起开断电流的自激振荡十分关键。

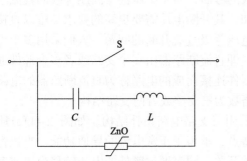

图 2-12　自激振荡式直流断路器简单示意图

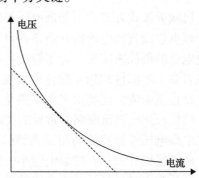

图 2-13　静态电弧电压伏安特性

自激振荡式直流开断方案典型的开断波形如图 2-14 所示。图 2-14(a)为开断电流波形，图(b)为开断电压波形，图(c)为流过机械断口的电流波形。由图可见，

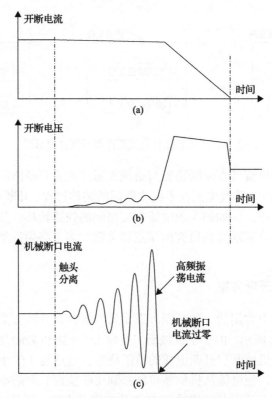

图 2-14　机械断口电流高频振荡过零

自激振荡开断过程中，随着机械断口触头的分离并产生电弧，电流在机械断口与 LC 支路之间发生来回反复高频振荡，直至机械断口电流振荡过零电弧熄灭；之后，开断电流进入 LC 支路，相当于电容被开断电流在充电，由此导致开断电压快速上升并导通 ZnO 耗能器件，电流转移到 ZnO 耗能器件中并最终降为 0。可见，该开断方案中开断电压的建立主要依靠电容及 ZnO 阀片而实现，机械断口电弧熄灭后并不意味着开断成功，真正开断电流的过零是在 ZnO 阀片中实现的。

　　该方案典型的应用是点对点高压直流输电场中金属回路转换开关(metal return transfer breaker，MRTB)，用于切换电流在金属回路和大地之间的流通路径。该方案开断的操作过程简单，基本等同于机械开关，无需额外的控制步骤，但其开断能力和速度相比于以下几种较低。

2.4.2　电流注入式开断方案

　　电流注入开断方案也称为强迫换流方式，在高压直流领域有些文献也称为机械式开断方案或者人工过零开断方案，其典型的电路拓扑方案如图 2-15 所示。为了描述简单，此处仅给出了单方向电流开断的拓扑图，部件组成与自激振荡相似，唯一不同的是此处电容是预充电的电容(电流注入式开断不限于电容预充电的方式，还包括磁耦合电流转移开断方式)，而自激振荡式方案的电容不是预先充电的。其开断过程中，首先打开机械断口 S，利用电容 C 预充的电压产生放电电流"注入"到机械断口，该放电电流与机械断口开断电流方向相反，两者大小相等时则相互"抵消"，断口 S 电流为零因而电弧熄灭，如图 2-15 所示，其后开断电流转移至 LC 支路，开断过程与自激振荡过程类似。需要注意的是，电流注入式开断方案并非只有图 2-15 所示的拓扑结构，有些拓扑则采用磁耦合线圈的方式来实现电流的换流，如图 2-16 所示，在后面的章节中有更多的介绍。

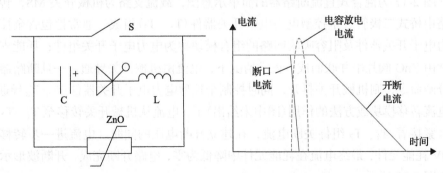

图 2-15　电流注入式断路器简单示意图

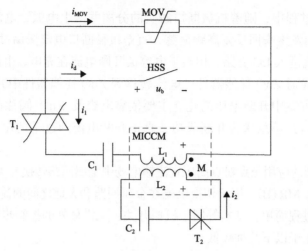

图 2-16　电流注入式开断示意图

　　电流注入式开断方案通常用于直流电压较高且需要快速开断的场合，其特点是开断电流可以通过电容储能的大小进行方便的调节，但其需要额外的电容充放电设备，详见后续章节。

2.4.3　混合式开断方案

　　随着大功率电力电子技术的发展，IGBT、IGCT、IEGT 等新型全控型电力电子开关器件正处于不断更新换代的过程中。这些器件具有电流关断速度快、可控性强的特点，适合用于直流快速开断等场合，但由于其导通损耗较机械开关大、绝缘耐受能力差，仅在小容量场合下单独使用(固态开关)。为了降低通流损耗同时提升电流的开断速度，人们将全控型电力电子开关器件与传统的机械开关相结合，发展出了混合式开断的方案。

　　图 2-17 为混合式直流断路器的简单示意图，载流支路为机械开关 MS，转移支路由桥式二极管、全控型电力电子开关器件(T_1、T_2)组成，通常把包含全控型电力电子开关器件及阻容吸收回路的组合模块称为电力电子开关组件；耗能支路通常由 ZnO 阀片串并联而成。正常情况下，电流由机械开关导通，一旦断路器收到分闸命令，则机械开关打开，同时控制全控型电力电子开关器件 T_1、T_2 导通，在电流转移模块或方法的作用(图中未给出)下，电流从机械开关转移至 T_1、T_2 组件；紧接着 T_1、T_2 组件关断电流，在建立开断电压的同时，电流进一步转移至 MOV 耗能元件，最终电流在耗能元件中降低为零，电路开断完成，开断波形示意图如图 2-18 所示。

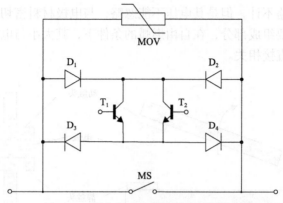

图 2-17　混合式直流断路器简单示意图

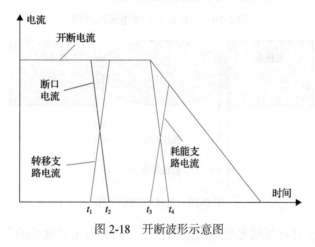

图 2-18　开断波形示意图

2.5　直流电弧特性和熄灭原理

2.5.1　开断过程的电弧现象

　　电流流过系统线路时，系统中设备、线路存在的电感中储存着对应的电磁能，在直流电流的开断过程中，电流的降低过程实际上也对应着系统中电磁能的耗散，也就是说直流电流的开断过程同时也伴随着能量的耗散过程。机械灭弧式开断方案中，当系统带载情况下，触头打开将产生电弧等离子体，如图 2-19 所示。电弧是电力开关设备开断电流常见的放电现象，具有高温导电、明亮发光的特点，其本身是放电等离子体，具有气体的性质，其形态可以随着气流、电磁力、电极运动而发生变化。如图 2-20 所示，电弧的结构主要由弧柱部分、阴极鞘层、阳极鞘层，而电弧的电压也是由三部分电压相加而成，分别对应弧柱压降、近阳极压降、近阴极压降，阴极压降和阳极压降又称为近极压降。与电弧弧柱相比，鞘层的厚度基本上可以忽略不计，但是其电压不能忽略，与电极材料密切相关。弧柱电压是电弧电压的主要组成部分，在自由燃弧的条件下，其大小与电弧的介质、电流大小及电弧长度直接相关。

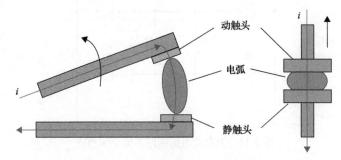

图 2-19　电极拉开产生电弧示意图

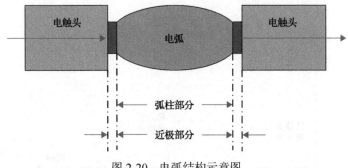

图 2-20　电弧结构示意图

电弧的存在具有耗散系统电磁能的作用，同时也正是电弧的存在，使电流开断经历一个电流下降的时间，限制了 di/dt，从而避免了开断过程线路上可能出现的过电压。

如图 2-21 是一个自由燃弧条件下直流开断电弧产生、发展、熄灭的演变过程，电弧的产生由转动的触头分离导致，其后电弧经历了膨胀、拉长阶段。可以看到电弧的长度不断拉长会导致电弧电压的提升，根据前面开断方程，电弧电压的提升进而导致了电流的降低，电弧也相应地变细熄灭，最终电流过零电路开断。需要注意的是，由于电弧具有导电性，电触头的分离并不意味着电流的分断，电流的分断是在电弧熄灭之后才是真正完成。

2.5.2　直流电弧的伏安特性

1. 直流电弧静态伏安特性

直流电弧的静态伏安特性是指在稳态情况下电弧电压与电流的关系曲线。用图 2-22 所示的直流电路可以测量直流电弧的静态伏安特性，其中电源电压为 E，

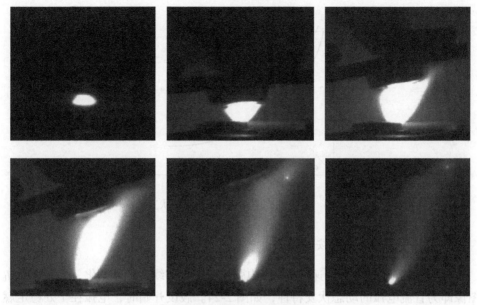

图 2-21 电极拉开电弧演变过程

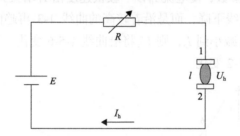

图 2-22 测量直流电弧伏安特性的线路

电弧在触头 1 和 2 之间燃烧，通过调节可变电阻 R 的值可以改变流过电弧的电流 I_h。

当给定电弧长度 l 的情况下，通过调节 R 可以获得电弧电流 I_h，在发热和散热达到平衡后，测量弧隙两端的电压 U_h，由此可以得到如图 2-23 所示电弧伏安特性曲线。可以发现，在一定电流范围内，直流电弧的静态伏安特性不同于一般金属导体，当 I_h 增大时 U_h 减小，即电弧电阻随着电流增大而减小。这是由于 I_h 在增大时，电弧的输入功率增大，由此导致弧柱温度升高，电弧直径增大，从而使弧柱电阻下降。如果增大电弧长度 l 为一较大值时，则可以得到另一较高的静态伏安特性，如图 2-23 所示。需要说明的是，除了电弧长度外，直流电弧的静态伏安特性还与电极材料、气体介质种类、压力和介质相对于电弧的运动速度等因素有关。

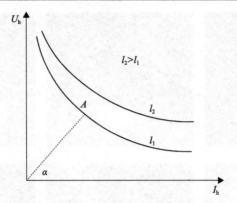

图 2-23　不同弧长时直流电弧的静态伏安特性

2. 直流电弧的动态伏安特性

对于固定弧长 l 以一定速度变化，电弧伏安特性曲线也随着变化，测得的 U_h-I_h 图像即为直流电弧的动态伏安特性，如图 2-24。假设开始时，电弧在 1 处稳定燃烧，$I_h = I_1$，改变电路参数，使电流 I_h 以一较快速度由 I_1 增大到 I_2，则 U_h 此时不是沿着静态伏安特性曲线下降，而是沿着较高的曲线 1-3 再趋向点 4。反之，若 I_h 以一较快的速度由 I_1 减小到 I_3，则 U_h 将沿曲线 1-5-6 变化。当 I_h 以 $\mathrm{d}I_h/\mathrm{d}t = \infty$ 变化时，将 U_h 沿直线 0-1-2 变化。

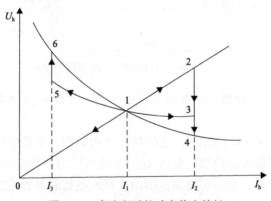

图 2-24　直流电弧的动态伏安特性

电弧可以通过调节弧柱温度和直径来达到输入和散发功率平衡，然而，由于弧柱的直径和温度具有热惯性，改变需要一定的时间，所以电弧动态伏安特性不同于静态特性。由图 2-23 可知，一定条件下，电弧静态伏安特性只有一条，而动态伏安特性可以有无数条，动态特性与电流的变化率有关。

2.5.3　直流电弧的熄灭原理

考虑到实际情况，有图 2-25 所示电路模型。E 为电源电势，L 和 R 分别为电路电感和电阻，C 为折算到弧隙两端的线路电容，通常数值很小，在电弧电压变化不是很快时可以忽略不计。当触头间存在电弧时，对回路列微分方程：

$$E = L\frac{dI_h}{dt} + RI_h + U_h \tag{2-6}$$

或

$$L\frac{dI_h}{dt} = E - RI_h - U_h \tag{2-7}$$

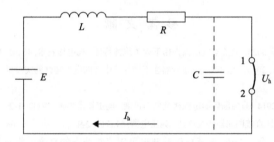

图 2-25　带有电弧的直流电路

采用图解法求解式(2-6)中的稳态电弧电流。在图 2-26 中，曲线表示给定条件下电弧的静态伏安特性，直线 1-2 为 $E - RI_h$，其中 $R = \tan\alpha$，α 为图中直线 1-2 与水平线的夹角。电弧稳定燃烧时，$\dfrac{dI_h}{dt} = 0$，由图可知，在 1 和 2 点，$\dfrac{dI_h}{dt} = 0$，但只有点 2 为稳定燃弧点。

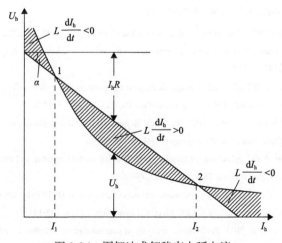

图 2-26　图解法求解稳态电弧电流

在开关电器中，不希望电弧长时间持续燃烧，即不存在稳定燃弧点。由图 2-26可知，要使稳定燃弧点不存在，一方面可以增大 α，即增大回路电阻 R，比如熄弧过程中串入另一电阻；另一方面，可以提高电弧静态伏安特性曲线，使之和直线没有交点，这样电弧也将趋于熄灭。

由电弧电压公式

$$U_h = U_0 + El \tag{2-8}$$

式中，U_0 为近极压降；E 为弧柱电场强度；l 为电弧长度（近似等于极间距离）。

可以采取以下方法提高静态伏安特性曲线：①增大近极压降 U_0，如金属栅片切割电弧；②增大电弧长度，如机械运动、电动力吹弧等；③增大弧柱电场强度。

参 考 文 献

李兴文, 吕启深, 田甜, 等. 2020. 直流空气电弧作用下触头烧蚀特性. 高电压技术, 46(6): 1970-1977.

纽春萍, 熊乾村, 徐丹, 等. 2019. 大功率直流接触器在不同介质中开断电弧特性的实验研究. 高电压技术, 45(11): 3481-3486.

荣命哲, 杨飞, 吴翊, 等. 2014. 直流断路器电弧研究的新进展. 电工技术学报, 29(1): 1-9.

史宗谦, 贾申利. 2015. 高压直流断路器研究综述. 高压电器, 51(11): 2-9.

吴益飞, 荣命哲, 杨飞, 等. 2019. 磁感应转移和电阻限流相结合的直流断路器及其使用方法: 中国, ZL201611005311.2[P].

吴益飞, 吴翊, 杨飞, 等. 2020. 半导体组件及其控制方法: 中国, ZL201910332293.6.

吴益飞, 杨飞, 荣命哲, 等. 一种磁耦合换流式转移电路及其使用方法: 中国, ZL201610854252.X.

吴翊, 荣命哲, 钟建英, 等. 2018. 中高压直流开断技术. 高电压技术, 44(2): 337-346.

辛超, 武建文. 2015. 直流氢气-氮气混合气体电弧开断过程实验研究. 电工技术学报, 30(13): 117-124.

熊乾村. 2020. 大功率直流接触器燃弧特性分析. 西安: 西安交通大学硕士学位论文.

翟国富, 薄凯, 周学, 等. 2017. 直流大功率继电器电弧研究综述. 电工技术学报, 32(22): 251-263.

张冠生. 1989. 电器理论基础. 北京: 机械工业出版社: 78-79.

Cui Y F, Niu C P, Wu Y, et al. 2019. Experimental study on the transformation of the W70Cu30 anode erosion mode in DC gaseous arcs-better insights into mechanisms of electrode erosion behavior using in situ diagnosis. Journal of Physics D: Applied Physics, 52(47): 474001.

Cui Y F, Wu Y, Niu C P, et al. 2020. Evolution of anodic erosion components and heat transfer efficiency for W and Wag in atmospheric-pressure arcs. Journal of Physics D: Applied Physics, 53(47): 475203.

Franck C M, Smeets R, Adamczyk A, et al. 2017. Technical Requirements and Specifications of State-of-the-Art HVDC Switching Equiment. Cigre: Joined working group A3/B4.34 TB683.

Meyer J M, Rufer A. 2006. A DC hybrid circuit breaker with ultra fast contact opening and integrated gate-commutated thyristors. IEEE Transactions on Power Delivery, 21(2): 646-651.

Shi Z Q, Zhang Y, Jia S L, et al. 2015. Design and numerical investigation of A HVDC vacuum switch based on artificial current zero. IEEE Transactions on Dielectrics & Electrical Insulation, 22(1): 135-141.

Virdag A, Hager T, Doncker R W. 2019. Performance analysis of counter-current injection based DC circuit breaker with improved capacitor charging circuit. 21st European Conference on Power Electronics and Applications, Geova: 1-10.

Wu Y, Cui Y F, Rong M Z, et al. 2017. Visualization and mechanisms of splashing erosion of electrodes in a DC air arc. Journal of Physics D: Applied Physics, 50 (47): 47LT01.

Wu Y, Hu Y, Wu Y F, et al. 2018. Investigation of an Active Current Injection DC Circuit Breaker Based on a Magnetic Induction Current Commutation Module. IEEE Transactions on Power Delivery, 33 (4): 1809-1817.

Wu Y F, Rong M Z, Wu Y, et al. 2015. Investigation of DC hybrid circuit breaker based on high-speed switch and arc generator. Review of Scientific Instruments, 86 (2): 024704.

Wu Y F, Wu Y, Yang F, et al. 2018. Bidirectional current injection MVDC circuit breaker: Principle and analysis. IEEE Journal of Emerging and Selected Topics in Power Electronics, 8 (2): 1536-1546.

Wu Y F, Wu Y, Yang F, et al. 2020. A novel current injection DC circuit breaker integrating current commutation and energy dissipation. IEEE Journal of Emerging and Selected Topics in Power Electronics, 8 (3): 2861-2869.

Xiao Y, Wu Y, Wu Y F, et al. 2020. Study on the Dielectric Recovery Strength of Vacuum Interrupter in MVDC Circuit Breaker. IEEE Transactions on Instrumentation and Measurement, 69 (9): 7158-7166.

Yoshida K, Sawa K, Suzuki K, et al. 2017. Influence of sealed gas and its pressure on arc discharge in electromagnetic contactor//IEEE Holm Conference on Electrical Contacts, Denver, USA: 236-241.

Yuji S, Yukinaga M, Shuhei K, et al. 2011. Study of DC circuit breaker of H_2-N_2 gas mixture for high voltage. Electrical Engineering in Japan, 174 (2): 9-17.

Yuan C Y, Xing J Y, et al. 2016. ... and regulation of spring drive mechanism of 110 kV vacuum circuit breaker[J]. Journal of Physics: Applications, ...: ....

Sun H, Wu Y, et al. 2015. ... of ... contactor for DC ... breaking module [J]. IEEE Transactions on ..., ...: ...

Li Y, Wang X X, et al. 2015. Analysis of ... and ... breaking in DC circuit ..., ...: ...

第3章 放电等离子体基础数据及直流电弧仿真

含有机械断口的断路器在动静触头分开的过程中，触头间会产生高温导电的电弧等离子体。直流开断领域采用的常见介质有多种，如机械灭弧式断路器及部分接触器中多采用空气作为开断介质，而有些密闭的接触器则采用氮气或氢气作为开断介质。此外，以低压塑壳断路器为例，灭弧室内部会放置产气材料提高灭弧室压力，以达到增强电弧冷却、提升电弧电压的目的，因此此类设备中的开断介质是空气和产气材料的混合气体。在中高压直流开断领域，机械断口的灭弧介质一般为真空、SF_6 或 SF_6 混合气体。通过仿真分析手段研究直流开断过程中电弧特性，是直流断路器设计的重要手段，而构建电弧仿真模型又需要基于放电等离子体的基础数据。本章基于作者团队以往研究成果，将对放电等离子体基础数据的计算方法、直流电弧仿真涉及的基本数学模型以及电弧基础数据对电弧特性的潜在影响进行介绍。

3.1 放电等离子体基础数据

直流开断用气体在高温情况下的密度、比热、焓、热导率、电导率、黏滞系数等物性参数是构建电弧模型、研究机械灭弧式直流开断性能的前提和基础；在电弧等离子体数值仿真计算中，等离子体物性参数作为仿真的输入数据，对仿真的准确性和可靠性起到至关重要的作用；除此之外，等离子体的物性参数对于分析气体的开断性能具有极高的参考价值，通过对电导率、热导率、比热、质量密度等参数的分析可以定性判断气体介质在电弧放电过程中的灭弧能力；由于电弧等离子体放电过程中的温度达到一万至两万开尔文难以通过实验测量相关数据，因此数值计算是获得此类参数的经济可行方法。

除上述物性参数外，开关电弧的反应率系数、碰撞截面以及辐射系数等放电等离子体基础数据也是构建电弧模型的基础，本书介绍了上述基础数据的计算方法，而对于不同气体的基础数据，可参阅笔者团队的公开数据库共享网站——气体放电等离子体基础数据库：http://plasma-data.net/。

3.1.1 电弧等离子体物性参数计算

由于电弧物性参数计算较为复杂，具体计算方法在笔者团队公开发表的论著中已有大量描述，本书仅重点对局部热力学平衡状态下的电弧物性参数计算方法进行介绍。

电弧等离子体的特性与其热力学状态密切相关。当温度很高、所有粒子具有统一的热力学温度时，等离子体处于热力学平衡状态，粒子的运动速度符合 Maxwell-Boltzmann 分布，粒子的数密度符合 Boltzmann 分布。然而，完全处于热力学平衡态的等离子体几乎无法在自然环境和实验室环境中存在。对于电弧等离子体，通常假设其处于局域热力学平衡态，电子温度与重粒子(包括分子、原子、离子)温度近似相等，粒子数密度近似符合 Boltzmann 分布。在此基础上，电弧物性参数的基本计算流程如图 3-1 所示。在该电弧物性参数计算过程中，主要获得的基础数据有粒子配分函数、粒子组分、热力学参数、粒子间碰撞积分及输运系数等。

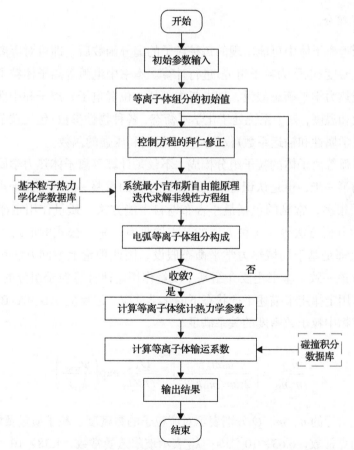

图 3-1　局域热力学平衡态电弧等离子体物性参数计算流程

1. 配分函数

配分函数是统计物理学中的一个重要概念，是联系微观物理状态和宏观物理量的桥梁。配分函数 Q 由平动配分函数与内部配分函数构成。

$$Q = Q_{tr} \cdot Q_{int} = Q_{tr} \cdot Q_{rot} \cdot Q_{vib} \cdot Q_{el} \cdot Q_{nucl} \tag{3-1}$$

式中，Q_{tr} 为平动配分函数/无量纲；Q_{int} 为内部配分函数；Q_{rot} 为转动配分函数；Q_{vib} 为振动配分函数；Q_{el} 为电子配分函数；Q_{nucl} 为核配分函数，通常为常数。

实际配分函数计算的过程中，根据粒子种类的不同，计算对象可分为单原子粒子、双原子粒子以及多原子粒子等，每种粒子的配分函数计算均有对应的方法，具体可参见荣命哲和吴翊撰写的《开关电器计算学》。

2. 粒子组分

在获取等离子体中可能出现的每种粒子的配分函数后，即可对等离子体中每种粒子的数密度(也称为粒子组分)进行计算。本书中电弧等离子体粒子组分的计算基于局域热力学平衡态假设，即电弧内部任一位置电子、离子和中性粒子具有相同的动能和温度，整个系统处于化学平衡态，各种物性参数(包括粒子化学组分构成、热力学属性和输运系数)仅仅是关于温度和压强的函数。

计算电弧等离子体的粒子组分构成，不仅是计算等离子体热力学属性和输运系数必要的第一步，也是认识等离子体微观过程的重要一环。电弧等离子体的粒子计算方法很多，常见的包括最小吉布斯自由能方法、质量作用定律及平衡态反应动力学分析方法等。每种方法的基本原理有差别，公式的形式各不相同，但从根本上都是基于局域热力学平衡态假设，因此理论上不同方法获得的粒子组分结果应该一致。本书主要介绍基于质量作用定律计算粒子组分的方法。

质量作用定律用来描述平衡状态下的化学反应。以反应 AB→A+B 为例，反应物和生成物中粒子数密度的关系满足

$$\frac{n_{AB}}{n_A n_B} = \left(\frac{h_P^2 m_{AB}}{2\pi m_A m_B k_B T} \right)^{3/2} \frac{Q_{AB}}{Q_A Q_B} \exp\left(\frac{\psi_{reac}}{k_B T} \right) \tag{3-2}$$

式中，带有角标的 n、m、Q 分别表示对应粒子的数密度、粒子质量及配分函数；h_P 表示普朗克常数，6.63×10^{-34} J/s；k_B 表示玻尔兹曼常数，1.38×10^{-23} J/K；T 表示平衡态系统中的温度，K；ψ_{reac} 表示该反应的能量，eV。

在上述公式的基础上，再通过补充理想气体状态方程、元素守恒方程及准中性方程即可得到等离子体在不同温度和压力情况下的平衡态组分结果。

3. 热力学参数

在求得电弧等离子体的粒子组分构成后，运用标准的统计热力学关系即可直接求得各种热力学参数。

1) 质量密度

$$\rho = \sum_{i=1}^{w_{\max}^g} m_i n_i \tag{3-3}$$

式中，ρ 为电弧等离子体的质量密度，kg/m^3；$w_{\max}^g$ 为反应系统中气相粒子的种类数；m_i 为粒子 i 的质量，kg；n_i 为粒子 i 的数密度，m^{-3}。

2) 比焓

$$h = \sum_{i=1}^{w_{\max}^g} x_i H_{T,i}^0 \bigg/ M \tag{3-4}$$

$$x_i = n_i \bigg/ \sum_{i=1}^{w_{\max}^g} n_i \tag{3-5}$$

$$M = \sum_{i=1}^{w_{\max}^g} x_i M_i \tag{3-6}$$

式中，h 为电弧等离子体的比焓，J/kg；x_i 为粒子 i 的体积分数；$H_{T,i}^0$ 为粒子 i 的标准态焓，J/mol；M_i 为粒子 i 的摩尔质量，kg/mol。

标准态焓 $H_{T,i}^0$ 可由配分函数得到：

$$\frac{H_T^0 - H_0^0}{RT} = T \frac{\mathrm{d}(\ln Q_{\mathrm{int}})}{\mathrm{d}T} + 2.5 \tag{3-7}$$

3) 定压比热

$$C_{\mathrm{p}} = \left(\frac{\partial h}{\partial T} \right)_{\mathrm{p}} = \sum_{i=1}^{w_{\max}^g} n_i C_{\mathrm{p},i}^0 + \sum_{i=1}^{w_{\max}^g} n_i H_{T,i}^0 \left(\frac{\partial \ln n_i}{\partial \ln T} \right)_{\mathrm{p}} \bigg/ T \tag{3-8}$$

式中，$C_{\mathrm{p},i}^0$ 为粒子 i 的标准态定压比热，$J/(K \cdot mol)$。

式 (3-8) 右边的第一项是没有化学反应发生时混合气体的比热，通常被称为冻结比热；第二项是反应比热。标准态定压比热可由配分函数得到：

$$\frac{C_p^0}{R} = T^2 \frac{\mathrm{d}^2(\ln Q_{\mathrm{int}})}{\mathrm{d}T^2} + 2T \frac{\mathrm{d}(\ln Q_{\mathrm{int}})}{\mathrm{d}T} + 2.5 \tag{3-9}$$

4. 输运系数

输运系数包含黏滞系数、热导率和电导率，跟粒子质量、动量和能量的输运有关，而后者由分子的随机运动和碰撞完成，由 Boltzmann 方程来描述。该方程是一个复杂的多重积分微分方程，直接求解非常困难，可以基于局域热力学平衡态假设在流动平衡态附近，对其作 Chapman-Enskog 展开近似得到输运系数。计算中，假定各个粒子的速度分布函数处于麦克斯韦分布的一阶微扰逼近，将分布函数展开成 Sonine 多项式的有限级数，对 Boltzmann 方程进行线性化近似处理。借助 Sonine 多项式对分布函数一阶微扰的有限项展开，求得各个输运系数的表达式。Chapman-Enskog 方法建立了 Boltzmann 经典方程与 Navier-Stokes 流体力学方程的联系。

1) 碰撞积分

获得粒子之间相互作用的碰撞积分是完成 Chapman-Enskog 方法求解的基础和前提，而碰撞积分由粒子之间的相互作用势能积分得到，反映了位能函数对分布函数的影响，其精确度对输运参数的可信度有显著影响。碰撞积分由下面的表达式计算得到：

$$\Omega_{ij}^{(l,s)} = \sqrt{\frac{k_B T}{2\pi \mu_{ij}}} \int_0^\infty e^{-\gamma_{ij}^2} \gamma_{ij}^{2s+3} Q_{ij}^l(g)\mathrm{d}\gamma_{ij} \tag{3-10}$$

式中，$\Omega_{ij}^{(l,s)}$ 为粒子 i、j 相互作用的 (l,s) 阶碰撞积分，m^2；μ_{ij} 为粒子 i、j 相互作用的约化质量，kg；γ_{ij} 为粒子 i、j 相互作用的约化初始速度，m/s；$Q_{ij}^l(g)$ 为粒子 i、j 相互作用的 l 阶碰撞截面，m^2。

约化初始速度和约化质量由下列公式计算得到：

$$\frac{1}{\mu_{ij}} = \frac{1}{m_i} + \frac{1}{m_j} \tag{3-11}$$

$$\gamma_{ij} = \sqrt{\frac{\mu_{ij}}{2k_B T}} g_{ij} \tag{3-12}$$

式中，g_{ij} 为粒子 i、j 相互作用的相对初始速度，m/s。碰撞截面 $Q_{ij}^l(g)$ 由下面的表达式计算得到：

$$Q_{ij}^l(g) = 2\pi \int_0^\infty (1 - \cos^l \chi) b\, \mathrm{d}b \tag{3-13}$$

$$\chi = \pi - 2b \int_{r_m}^\infty \frac{\mathrm{d}r / r^2}{\sqrt{1 - \varphi_{ij}(r)/(0.5\mu_{ij}g_{ij}^2) - b^2/r^2}} \tag{3-14}$$

式中，χ 为碰撞粒子相对于重力坐标系中心的偏转角度，rad；$\varphi_{ij}(r)$ 为碰撞粒子之间的相互作用势，J；b 为碰撞参数；r_m 为式 (3-15) 的最小正根。

$$1 - \frac{\varphi_{ij}(r)}{\frac{1}{2}\mu_{ij}g_{ij}^2} - \frac{b^2}{r_m^2} = 0 \tag{3-15}$$

需要注意的是，粒子之间的相互碰撞可分为中性粒子之间的碰撞、中性粒子和离子之间的碰撞、电子和中性粒子之间的碰撞及带电粒子之间的碰撞四种典型形式。对于某种类型的碰撞，相互作用势函数 $\varphi_{ij}(r)$ 存在不同的表达方式，具体可参见荣命哲和吴翊撰写的《开关电器计算学》。

2）电导率

电导率是描述带电粒子在电势梯度下迁移情况的参数。在实际计算中，由于电子质量比离子小得多，迁移速度更快，常常忽略离子的影响，并由下列公式近似得到：

$$\sigma = \frac{3}{2} q_e^2 n_e^2 \sqrt{\frac{2\pi}{m_e k_B T}} \frac{\begin{vmatrix} q^{11} & q^{12} \\ q^{12} & q^{22} \end{vmatrix}}{\begin{vmatrix} q^{00} & q^{01} & q^{02} \\ q^{01} & q^{11} & q^{12} \\ q^{02} & q^{12} & q^{22} \end{vmatrix}} \tag{3-16}$$

式中，q_e 为电子电荷量，1.6×10^{-19}C；n_e 为电子数密度，m^{-3}；m_e 为电子质量，kg；q^{ij} 为碰撞系数，是粒子组分与碰撞积分的函数。

3）黏滞系数

黏滞系数是描述流体黏滞阻力大小的参数。由于电子质量较重粒子小得多，实际计算中一般不计电子对黏滞系数的贡献，并由如下公式计算得到：

$$\eta = -\frac{\begin{vmatrix} H_{11} & \cdots & H_{1v} & x_1 \\ \vdots & & \vdots & \vdots \\ H_{v1} & \cdots & H_{vv} & x_v \\ x_1 & \cdots & x_v & 0 \end{vmatrix}}{\begin{vmatrix} H_{11} & \cdots & H_{1v} \\ \vdots & & \vdots \\ H_{v1} & \cdots & H_{vv} \end{vmatrix}} \tag{3-17}$$

$$H_{ii} = \frac{x_i^2}{\eta_i} + \sum_{k=1, k \neq i}^{v} \frac{2 x_i x_k}{\eta_{ik}} \frac{M_i M_k}{(M_i + M_k)^2} \left(\frac{5}{3 A_{ik}^*} + \frac{M_k}{M_i} \right) \tag{3-18}$$

$$H_{ij} = -\frac{2 x_i x_j}{\eta_{ij}} \frac{M_i M_j}{(M_i + M_j)^2} \left(\frac{5}{3 A_{ij}^*} - 1 \right) \quad (i \neq j) \tag{3-19}$$

$$\eta_i = \frac{5}{16} \frac{1}{\Omega_{ii}^{(2,2)}} \sqrt{\frac{k_B T}{\pi N_a}} \sqrt{M_i} \tag{3-20}$$

$$\eta_{ij} = \frac{5}{16} \frac{1}{\Omega_{ij}^{(2,2)}} \sqrt{\frac{k_B T}{\pi N_a}} \sqrt{\frac{2 M_i M_j}{M_i + M_j}} \tag{3-21}$$

式中，v 为重粒子的个数；x_i 为粒子 i 的摩尔分数；N_a 为阿伏伽德罗常数，mol^{-1}；A_{ij}^* 为碰撞参数，是碰撞积分的函数，$A_{ij}^* = \Omega_{ij}^{(2,2)} / \Omega_{ij}^{(1,1)}$。

4) 热导率

热导率 λ 是描述热能传导能力的参数。电弧等离子体的热导率计算较为复杂，这是因为等离子体的热导率由 3 部分组成，分别是平动热导率 λ_{tr}、内部热导率 λ_{int} 和反应热导率 λ_{reac}，即

$$\lambda = \lambda_{tr} + \lambda_{int} + \lambda_{reac} \tag{3-22}$$

平动热导率 λ_{tr} 根据运动粒子类型的不同又可分为电子平动热导率 λ_{tr}^e 和重粒子平动热导率 λ_{tr}^h，即

$$\lambda_{tr} = \lambda_{tr}^e + \lambda_{tr}^h \tag{3-23}$$

$$\lambda_{tr}^e = \frac{75}{8} n_e^2 k_B \sqrt{\frac{2 \pi k_B T}{m_e}} \frac{q^{22}}{q^{11} q^{22} - (q^{12})^2} \tag{3-24}$$

$$\lambda_{tr}^{h} = 4 \frac{\begin{vmatrix} L_{11} & \cdots & L_{1v} & x_1 \\ \vdots & & \vdots & \vdots \\ L_{v1} & \cdots & L_{vv} & x_v \\ x_1 & \cdots & x_v & 0 \end{vmatrix}}{\begin{vmatrix} L_{11} & \cdots & L_{1v} \\ \vdots & & \vdots \\ L_{v1} & \cdots & L_{vv} \end{vmatrix}} \tag{3-25}$$

$$L_{ii} = -4\frac{x_i^2}{k_{ii}} - \sum_{k=1,k \neq i}^{v} \frac{2x_i x_k \left(\frac{15}{2} M_i^2 + \frac{25}{4} M_k^2 - 3B_{ik}^* M_k^2 + 4A_{ik}^* M_i M_k \right)}{k_{ik} A_{ik}^* (M_i + M_k)^2} \tag{3-26}$$

$$L_{ij} = \frac{2x_i x_j M_i M_j}{k_{ij} A_{ij}^* (M_i + M_j)^2} \left(\frac{55}{4} - 3B_{ij}^* - 4A_{ij}^* \right), \quad i \neq j \tag{3-27}$$

$$k_{ij} = \frac{75}{64} \frac{k}{\Omega_{ij}^{(2,2)}} \sqrt{\frac{N_a k_B T}{\pi}} \sqrt{\frac{M_i + M_j}{2M_i M_j}} \tag{3-28}$$

式中，B_{ij}^* 为碰撞参数，是碰撞积分的函数，$B_{ij}^* = \left(5\Omega_{ij}^{(1,2)} - 4\Omega_{ij}^{(1,3)} \right) / \Omega_{ij}^{(1,1)}$。

内部热导率 λ_{int} 是粒子内部自由度的表征，可由下列公式近似得到：

$$\lambda_{int} = \sum_{i=1}^{N} \frac{\lambda_{int}^{i}}{1 + \sum_{j=1, j \neq i}^{N} \frac{x_j D_{ii}}{x_i D_{ij}}} \tag{3-29}$$

$$\lambda_{int}^{i} = \frac{PD_{ii}}{T} \left(\frac{C_{pi}}{R} - \frac{5}{2} \right) \tag{3-30}$$

$$D_{ij} = \frac{3}{8} \frac{k_B T}{P\Omega_{ij}^{(1,1)}} \sqrt{\frac{N_a k_B T}{\pi}} \sqrt{\frac{M_i + M_j}{2M_i M_j}} \tag{3-31}$$

式中，P 为压力，Pa；C_{pi} 为粒子 i 的定压比热，J/(K·mol)，具体见式(3-9)。

反应热导率 λ_{reac} 是电弧等离子体内部化学反应热量的表征。考虑某个由 N 个粒子构成的电弧等离子体，内部进行着 μ 种独立的(即线性不相关的)化学反应，反应热导率 λ_{reac} 可以表示为

$$\lambda_{\mathrm{reac}} = -\frac{1}{RT^2} \frac{\begin{vmatrix} A_{11} & \cdots & A_{1\mu} & \Delta H_1 \\ \vdots & & \vdots & \vdots \\ A_{\mu 1} & \cdots & A_{\mu\mu} & \Delta H_\mu \\ \Delta H_1 & \cdots & \Delta H_\mu & 0 \end{vmatrix}}{\begin{vmatrix} A_{11} & \cdots & A_{1\mu} \\ \vdots & & \vdots \\ A_{\mu 1} & \cdots & A_{\mu\mu} \end{vmatrix}} \tag{3-32}$$

$$A_{ij} = \sum_{k=1}^{N-1} \sum_{l=k+1}^{N} \frac{RT}{PD_{kl}} x_l x_k \left(\frac{a_{ik}}{x_k} - \frac{a_{il}}{x_l} \right) \left(\frac{a_{jk}}{x_k} - \frac{a_{jl}}{x_l} \right) \tag{3-33}$$

式中，H_i 为化学反应 i 的焓变，J/mol；a_{ij} 为化学反应计量系数。

3.1.2　电弧等离子体辐射输运系数计算

　　直流开断过程中产生的电弧瞬时功率大、温度高，辐射输运作为电弧等离子体的主要能量耗散方式，在电弧行为的研究中不可忽略。例如在断路器开断短路电流的过程中，辐射带来的能量耗散提高了电弧的冷却速度，同时也对触头和喷口造成烧蚀。

　　辐射是光量子的集合，描述辐射输运的方程（即光子输运方程）也是粒子输运方程的一种形式。相比于普通粒子，光子不仅是空间、时间和速度的函数，也是频率或波长的函数，其输运方程比普通粒子的方程复杂得多。在电弧等离子体中，光子的波长范围通常是从远紫外到红外，这使得辐射性质需要在相当广的波长范围内计算，其计算的复杂度可想而知。

　　为了降低电弧等离子体辐射输运计算的复杂度，一些简化的辐射模型相继被提出并获得应用，例如净辐射模型、局部特征模型、P-1 模型等。其中净辐射模型和 P-1 模型被广泛用于开关电弧和焊接电弧的数值模拟。在净辐射模型中，辐射损耗的估计被最终归结为净辐射系数（net emission coefficient，NEC）的计算；而在 P-1 模型中，关键的模型参数则是平均辐射吸收系数（mean absorption-emission coefficient，MAC）。

　　辐射输运方程是一个复杂的非线性微分-积分方程，直接求解非常困难，通常需要某些简化或近似处理。NEC 模型就是其中一种被广泛应用的简化模型。在 NEC 模型中，辐射能量的计算由净辐射系数得到，无需求解辐射输运方程。但 NEC 模型假设电弧等离子体成轴对称柱状，净辐射系数是柱状电弧半径的函数，这在某种程度上限制了它的使用，例如自由燃弧和低压开关电弧就很难保持轴对称。此外，NEC 模型也很难细致地处理壁面辐射重吸收问题。因此，求解复杂形状的电弧的辐射能量输运问题需要更精细的模型。

球谐函数法（即 P-N 方法）是辐射输运方程的一种近似方法。P-N 方法是把按立体角分布的辐射强度展成球谐函数，将求解辐射输运方程转化为求解展开系数所满足的微分方程组。用 N 表示方程组近似的阶，当 N 趋于无穷大时，P-N 方法的近似解就是辐射输运方程的精确解。在 P-N 方法中，谱线强度 I_λ 由下式得到：

$$I_\lambda(\boldsymbol{r},\boldsymbol{n}) = \sum_{l=0}^{\infty} \sum_{m=-l}^{l} I_l^m(\boldsymbol{r}) Y_l^m(\boldsymbol{n}) \tag{3-34}$$

式中，$\boldsymbol{r}$ 表示等离子体区域的位置向量；$\boldsymbol{n}$ 表示辐射方向的单位向量；I_l^m 为与空间位置有关的 Fourier 级数；Y_l^m 为球谐函数，通常取 Legendre 多项式。

当 N 取 1 时，得到 P-N 方法的一阶近似，即 P-1 辐射模型。其谱线强度的表达式变为

$$I_\lambda(\boldsymbol{r},\boldsymbol{n}) = \frac{1}{4\pi}(G_\lambda + 3\boldsymbol{F}_R \cdot \boldsymbol{n}) \tag{3-35}$$

$$G_\lambda = \int_{4\pi} I_\lambda(\boldsymbol{r},\boldsymbol{n})\,\mathrm{d}\Omega \tag{3-36}$$

$$\boldsymbol{F}_R = \int_{4\pi} I_\lambda(\boldsymbol{r},\boldsymbol{n})\boldsymbol{n}\,\mathrm{d}\Omega \tag{3-37}$$

式中，G_λ 为入射谱强度，W/m^3；$\boldsymbol{F}_R$ 为辐射流能量流，W/m^3。

由此可得 P-1 模型的守恒方程为

$$\nabla \cdot \left(\frac{1}{\kappa_\lambda}\nabla G_\lambda\right) = 3\kappa_\lambda\left(G_\lambda - 4\pi B_\lambda\right) \tag{3-38}$$

式中，κ_λ 为吸收系数，m^{-1}；B_λ 为黑体辐射强度，$W/(m^3 \cdot ster)$。

辐射能量流 $\boldsymbol{F}_R$ 的散度由入射谱强度 G_λ 得到：

$$\nabla \cdot \boldsymbol{F}_R = \kappa_\lambda(4\pi B_\lambda - G_\lambda) \tag{3-39}$$

完整的 P-1 模型还应包括守恒方程的边界条件。常用的边界包括 Dirichlet 条件和 Marshak 条件。P-1 模型虽然只是 P-N 方法的一阶近似，但很多情况下已能获得很高的近似精度。相比于 NEC 模型，P-1 模型虽然需要求解额外的守恒方程，提高了数值计算的难度，但可以获得更高的辐射模拟精度。该部分内容中涉及的辐射系数计算方法本书中不再做详细说明，具体可参阅荣命哲和吴翊撰写的

《开关电器计算学》，部分气体净辐射系数详见气体放电等离子体基础数据库（http://plasma-data.net/）。

3.1.3　等离子体化学反应速率常数计算

一般来讲，开关电弧等离子体温度较高、电弧过程可达毫秒级，电弧仿真一般不需考虑化学反应过程。然而，在中高压直流开断中，电弧持续时间短、电流衰减速率高，计算过程中应考虑该电弧过程的化学非平衡效应，因此化学反应速率常数是此类电弧研究的重要数据。

目前，电弧微观反应速率常数的获取途径主要由数据库、文献和碰撞理论估算。但是，部分反应的速率常数仍然不全面或未知，此外高温下的速率常数缺失是造成电弧动力学模型计算结果可靠性降低的重要因素。为了获取完善的电弧反应速率常数、提高电弧动力学模型计算结果可靠性，本书将介绍一种计算速率常数的有效方法——过渡态理论，该理论结合量子化学方法目前已成为研究化学反应速率常数的主要手段。

过渡态理论（transition state theory，TST）是将分子结构、能量与化学反应速率联系在一起的重要理论，认为化学反应不是只通过简单碰撞就变成产物，而是经过一个由反应物分子以一定的构型存在的过渡态，形成这个过渡态需要一定的活化能。过渡态与反应分子之间建立化学平衡，总反应的速率由过渡态转化成产物的速率决定。该理论还认为，反应物分子之间相互作用势能是分子间相对位置的函数，由反应物转变为产物的过程中，只要知道分子的振动频率、质量、能量等，即可计算反应速率常数。过渡态理论比分子碰撞理论更为进步，在许多方面能够简单且充分地阐明基元反应过程。

过渡态理论在反应物区和产物区之间选取一个通过势能面鞍点的临界分界面，假定所有反应物处于局部平衡，并且所有反应轨线一次性跨过此界面后就变成产物分子而不再返回反应物区，则化学反应速率 k 就等于反应轨线单向跨越分界面的速率，这一临界分界面被称作过渡态（transition state，TS）或分隔面。

1）传统过渡态理论（conventional transition state theory，CTST）

CTST 认为化学反应的过渡态 TS 与势能面鞍点的构型是同一的，即将分割面选在反应坐标 $s=0$ 的过渡态处，认为过渡态 TS 处于势能面的鞍点位置。传统过渡态速率常数公式为

$$k(T) = \frac{k_B T}{h_P} \frac{Q^{\neq}(T)}{\Phi^R(T)} e^{-V^{\neq}/(k_B T)} \tag{3-40}$$

式中，k_B 为玻尔兹曼常数；h_P 为普朗克常数；T 为温度；$Q^{\neq}(T)$ 为过渡态的内配

分函数；$\Phi^R(T)$ 为单位体积内反应物的总配分函数；$V^{\neq}(s)$ 为过渡态结构 $AB^{\neq}$ 与反应物 $A+B$ 的势能差。

2）变分过渡态理论（variational transition state theory，VTST）

VTST 并不认为过渡态与势能面鞍点构型是同一的，而是采用变分方法通过在反应物和产物之间的最小能量路径上移动分割面、用反应速率最小的方法来保证返回效应最小。通常在变分过渡态理论中以反应坐标 s 作为变量，选取过渡态与反应物体系的势能差 $V^{\neq}(s)$ 最大时的 s 作为分隔面对速率常数进行计算。选择反应坐标 $s \neq 0$ 位置作为分隔面，可以得到广义过渡态理论速率常数公式：

$$k^{GT}(s,T) = \frac{k_B T}{h_P} \frac{Q^{\neq}(s,T)}{\Phi^R(T)} e^{-V^{\neq}(s)/k_B T} \tag{3-41}$$

基于正则变分过渡态理论，在给定的温度 T 下，沿反应坐标对 $k^{GT}(s,T)$ 进行变分处理，在 $s = s_*$ 取得极小值即为正则变分过渡态理论速率常数 $k^{CVT}(T)$ 计算公式：

$$k^{CVT}(T) = \min_s k^{GT}(s,T) = k^{GT}(s_*,T) \tag{3-42}$$

3）速率常数计算程序

目前，常用的速率常数计算程序有 KiSThelP、GPOP、Polyrate 等，这些程序可以使用其他量子化学计算软件（例如 Gaussian 软件）的输出结果作为输入文件，以计算额外的信息。

KiSThelP 程序由法国里尔科学技术大学的 Canneaux 等主持开发，该程序由 JAVA 语言编写，有简单易用的图形界面，可以在 Windows 下运行。KiSThelP 程序可以计算热力学属性、可以通过 TST 或 VTST 计算单分子或双分子反应的反应速率常数并以 Wigner 或 Eckart 方式考虑隧道效应校正、也可以通过 RRKM 方法计算单分子反应速率常数。GPOP 程序是东京大学 Miyoshi 教授课题组于 2013 年开发的一款 Gaussian 程序后处理软件，可用于计算气相化学反应的速率常数，支持 TST、CVT、RRKM 等速率常数计算方法。Polyrate 程序由美国明尼苏达大学的 Truhlar 教授主持研发，在过渡态理论计算方面功能强大，支持全部 VTST 类的速率常数计算方法，可以考虑多维隧道效应校正。

3.2　直流电弧仿真

电弧仿真是各类开关设备研究的关键问题之一。本书根据实际开断将电弧过程分为三个阶段：电弧燃烧过程、电弧熄灭过程及电压耐受过程。除介绍电弧仿真的通用问题外，也对直流电弧问题的特殊性进行了说明。

3.2.1　电弧燃烧过程

电弧等离子体在燃烧过程中，电子、离子和其他中性粒子之间发生强烈的质量、动量、能量交换，是一个多物理场互相作用的复杂过程。等离子体成分虽然复杂，但是都遵循流体质量守恒、动量守恒、能量守恒方程，可以用形式统一的控制方程来进行约束。灭弧室内电流的主要通道是高温的弧柱区域，由弧柱区域的温度、压强等气体物性参数可以获得该区域的电导率分布，当电导率改变时，灭弧室内电场强度、电流分布、磁场分布也随之发生改变。由电场计算得到的电流将产生焦耳热，作为源项直接参与了热场的计算，通过焦耳热和电导率将电弧热场与电场计算耦合。由于磁场的存在，弧柱电流将受到洛伦兹力的作用，其作为源项参与了气流场的计算，实现了磁场与气流场的耦合。电弧的能量来源除了焦耳热以外还需考虑热辐射，因此由辐射场计算得到的辐射热与焦耳热都将作为源项参与电弧热场计算，而求解辐射热时用到的辐射系数是温度、压力的函数，因此通过辐射热和辐射系数实现了热场与辐射场的耦合计算。在整个电弧仿真过程中，各个场之间通过一系列参数进行复杂的耦合。

燃弧过程是一个多场耦合的复杂物理过程，一般基于磁流体动力学理论（magnetohydrodynamics，MHD）对电弧进行数值建模。此外在燃弧阶段电弧区域可以认为处于局部热力学平衡状态。基于此假设，通过耦合流体力学中的质量守恒方程、动量守恒方程、能量方程和电磁学中的麦克斯韦方程组即可得到磁流体动力学的基本方程。平衡态磁流体建模的基本控制方程目前已经比较成熟，本书中不再赘述。

除了基本的 MHD 方程以外，对直流电弧燃烧过程的建模还须考虑如下关键问题：

(1) 鞘层模型。如前两章所述，在直流开断中电弧电压是决定直流开断成功与否的重要因素。其中在机械灭弧式直流开断中，通过栅片切割提高电弧电压是重要手段，因此需要对电弧与触头边界区域进行准确建模。

电弧与金属触头、栅片接触的部位，即弧根处，温度和电位变化剧烈，且伴有电子放电和吸收等非平衡现象，该区域并不满足电子和等离子体温度相等的局部热平衡假设，处于非平衡状态，称为鞘层（sheath region）。在电弧跑动和切割的过程中，弧根以外的金属表面低于金属熔点，如果完全按照平衡态假设，鞘层区域应该是基本不导电的，实际情况中非平衡效应使鞘层区域具有较高的电导率。具体电弧近极区域鞘层的数值建模方法可参见荣命哲和吴翊撰写的《开关电器计算学》。

(2) 触头打开过程。机械灭弧式直流断路器通常用于中低压直流系统中，尤其是对于塑壳断路器，整个分断过程中电弧弧根几乎始终存在于触头上，因此触头打开过程影响了电弧长度进而决定了电弧电压变化，在直流开断过程中是必须考虑的因素。作者团队基于以往研究成果，以某低压塑壳断路器为例进行介绍，在计算中通过动网格功能考虑了触头打开过程对电弧行为的影响。

在断路器电弧开断过程仿真中，一般采用在计算初始阶段设定一高温区域，对温度、压力、电导率做初始化；如图 3-2 所示，初始化区域为一动静触头间的柱状区域，初始化温度为 18000K；图中为 0.05ms 后的温度分布及电导率分布。电导率由网格所处位置的温度及压力插值得到。

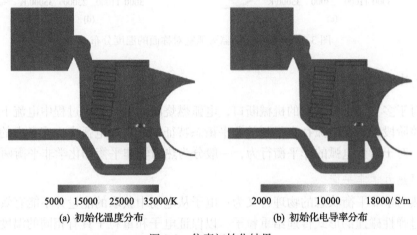

5000　15000　25000　35000/K
(a) 初始化温度分布

2000　　10000　　18000/ S/m
(b) 初始化电导率分布

图 3-2　仿真初始化结果

在起始时刻对高温区域进行初始化之后，动静触头间已经建立了导电通道，可以进行低压断路器的仿真计算。在设置静触头电流流入面 15kA 的输入电流，动触头处设为零电位时，即可获得图 3-3 所示对称面温度分布随时间变化的结果，可以看到电弧行为伴随触头运动过程的计算结果。通过研究发现，只有在仿真过程中准确考虑触头的运动速度，获得的电弧电压结果才能与实验吻合。因此对于机械灭弧式直流开断，触头打开过程的电弧仿真是未来电弧建模必须考虑的问题。

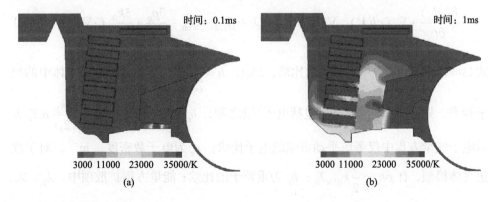

时间：0.1ms

时间：1ms

3000　11000　23000　35000/K
(a)

3000　11000　23000　35000/K
(b)

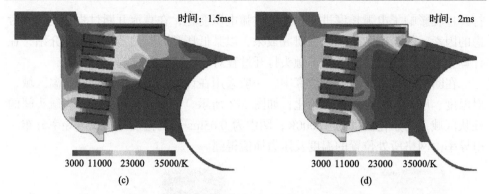

图 3-3　某塑壳断路器灭弧室对称面的温度分布

3.2.2　电弧熄灭过程

对于多支路直流开断的机械断口，电弧燃烧时间短、熄灭过程中电流下降率快，该阶段的瞬变电弧存在强烈的非平衡态特征，是直流电弧中也应考虑的重要问题。对于瞬变电弧的非平衡行为，一般分为热力学非平衡和化学非平衡两种。

1) 热力学非平衡

热力学非平衡状态的物理含义为：电子从电场中获取的能量并不能有效快速地通过弹性碰撞的形式传递给重粒子，以保证电子和重粒子具有相同的温度。因此，电子和重粒子分别遵循不同的能量守恒方程。热非平衡模型中，电子和重粒子的能量守恒方程分开考虑，分别求解重粒子温度 T_h 和电子温度 T_e。

重粒子能量守恒方程：

$$\frac{\partial(\rho h_h)}{\partial t} + \nabla \cdot (\rho h_h \boldsymbol{V}) = \nabla \cdot (\lambda_h \nabla T_h) + Q_{rad}^h + \Phi + \frac{\partial p_h}{\partial t} \tag{3-43}$$

电子能量守恒方程：

$$\frac{\partial(\rho h_e)}{\partial t} + \nabla \cdot (\rho h_e \boldsymbol{V}) = \nabla \cdot (\lambda_e \nabla T_e) + Q_J + Q_{rad}^e - Q_{eh} + \frac{\partial p_e}{\partial t} + \frac{5k_B}{2e} \boldsymbol{J} \cdot \nabla T_e \tag{3-44}$$

式(3-43)和式(3-44)中，h 为总比焓，J/kg，$h = \sum_{i=1}^{n} h_i$，其中 n 为等离子体中的粒子种类，即总焓等于各粒子(包括电子)焓之和；h_e 为电子比焓，$h_e = \frac{5k_B}{2\rho} n_e T_e$ 表示电子能量方程中仅考虑平动贡献的电子比焓；n_e 为电子数密度，m^{-3}，对于理想气体模型，有 $\rho h_e = \frac{5}{2} k_B n_e T_e$；$h_h$ 为重粒子的比焓；能量方程扩散项中，λ_h、λ_e

分别代表重粒子和电子的热导率；Q_{rad} 为能量辐射项；Q_{rad}^e 为电子能量辐射项；Q_{rad}^h 为重粒子能量辐射项；Q_{eh} 为电子和重粒子之间的能量交换项；Φ 为黏性应力做功项，大部分文献认为该项较小，不考虑其作用；p_h 为重粒子压力；p_e 为电子压力；Q_J 为焦耳热；$\dfrac{5k_B}{2e}\boldsymbol{J}\cdot\nabla T_e$ 为电流载体部分的焓的输运项。

当 $T_e = T_h$ 时，重粒子能量守恒方程加上电子能量守恒方程等于总能量守恒方程，这也是检验双温度模型方程准确性的最基本条件。

h_h 相比于电子比焓 h_e 要复杂得多，目前仍有争议。对于系统中的特定粒子焓值计算，一般可分单原子和多原子两种情况考虑。

单原子粒子 i 的焓 $h_i = \dfrac{5\kappa}{2\rho}n_i T_i + \dfrac{1}{\rho}n_i E_i + \dfrac{k_B}{\rho}n_i\left(T_e^2\dfrac{\partial\ln Q_i^{el}}{\partial T_e}\right)$，分别考虑平动、反应及电子跃迁对重粒子比焓的影响。E_i 为从参考态生成粒子 i 的反应焓变，T_i 为粒子 i 的温度。

多原子粒子 i 的焓 $h_i = \dfrac{5k_B}{2\rho}n_i T_i + \dfrac{1}{\rho}n_i E_i + \dfrac{k_B}{\rho}n_i\left(T_e^2\dfrac{\partial\ln Q_i^{el}}{\partial T_e} + T_h^2\dfrac{\partial\ln(Q_i^{rot}Q_i^{vib})}{\partial T_e}\right)$，在单原子基础上增加了振动、转动带来的焓的变化。

为了简便起见，无论是单原子还是多原子，对于重粒子焓，可以只考虑平动及反应的作用，且认为所有重粒子温度一样，均为 T_h，即 $h_h = \sum\limits_{i\neq e}^{n}\dfrac{5k_B}{2\rho}n_i T_h + \dfrac{1}{\rho}n_i E_i$。

焦耳热 Q_J 为等离子体主要能量来源。在电弧等离子体中，可以认为电流主要是由电子流动导致的，离子流动造成的电流可忽略不计，所以在这里将焦耳热源项归于电子能量方程。需要注意的是，这里的焦耳热源项与平衡态模型下的焦耳热有所区别。$Q_J = \sigma\boldsymbol{E}_p\left(\boldsymbol{E}_p - \dfrac{\nabla p_e}{|e|n_e}\right)$，$\boldsymbol{E}_p$ 为通过求解静电场方程获得的电场，p_e 为电子压力，e 为单个电子电量，如果作理想气体假设，又可以将 Q_J 写成 $Q_J = \sigma\boldsymbol{E}_p\left(\boldsymbol{E}_p - \dfrac{\nabla k_B n_e T_e}{|e|n_e}\right)$。

重粒子和电子能量守恒方程通过 Q_{eh} 相互耦合。从微观的角度看，电子运动速度大于重粒子，电子通过碰撞作用向重粒子传递能量。计算公式如下：

$$Q_{eh} = \sum_{i\neq e}\frac{3}{2}k_B(T_e - T_h)n_e\frac{2m_i m_e}{(m_i + m_e)^2}\nu_{ei}\delta_{ei} \tag{3-45}$$

式中，带角标的变量 m 表示特定粒子的质量，kg；$\nu_{ei} = \sqrt{\dfrac{8k_B T_e}{\pi m_e}}n_i Q_{ei}$ 为电子与重

粒子 i 的碰撞频率，其中 Q_{ei} 为电子、重粒子 i 的碰撞截面，m^2。Q_{ei} 的值为电子温度和电子数密度的函数。电子与离子的碰撞截面使用库仑势计算，电子与中性粒子的碰撞截面数据可以查相关文献获得。δ_{ei} 为非弹性系数。通过调整该值来计算实际碰撞中出现的非弹性碰撞损失。

上述能量守恒方程是高度耦合的，所有电弧等离子体的物性参数与气压、电子温度和重粒子温度三个独立变量有关。另外，本章中列举的能量守恒方程以焓值作为求解变量。在建模的过程中，根据数值求解方法的特点，也能够选择温度作为求解变量，相应的方程形式需要根据进行微调。

2）化学非平衡

上一节中介绍了由于电子和重粒子弹性碰撞不充分引起的热非平衡效应。除了引起能量交换的弹性碰撞之外，电弧内部还存在引起激发、电离、复合、电子吸附和解吸附等非弹性碰撞过程，这些过程通常又称为化学反应过程。在一个各向同性系统中，经历过相当长的一段时间之后，系统中所有反应的正反应速率等于逆反应速率的状态称为化学平衡状态。由于直流开断过程中瞬变电弧持续时间短，随着电流过零、焦耳热输入迅速衰减，电弧内部的化学反应速率迅速降低，在时间尺度上，所有化学反应中进行最慢的化学反应的特征时间与电弧运动的特征时间可比，在空间尺度上，粒子空间的浓度梯度引起的对流和扩散的速率与化学反应速率可比，等离子体不再满足化学平衡状态，需要对化学非平衡电弧进行建模。

化学非平衡模型耦合了化学反应动力学和磁流体动力学方程，而完成这一耦合过程的核心就是建立电弧内部粒子的输运方程，第 j 种粒子的输运方程如式（3-46）所示：

$$\frac{\partial \rho Y_j}{\partial t} + \nabla \cdot (\boldsymbol{u}\rho Y_j) = \nabla \cdot (\rho D_j \nabla Y_j) + S_j \tag{3-46}$$

式中，Y_j 为 j 粒子的质量分数；每一项从左到右的物理意义分别为：粒子组分的时变项、由于对流引起的粒子组分变化、由于扩散引起的粒子组分变化以及粒子的化学反应生成项。其中源项与扩散系数的计算分别如式（3-47）～式（3-50）所示。

$$S_j = m_j \sum_l^L (\beta_{jl}^r - \beta_{jl}^f)\left(k_l^f \prod_{i=1}^N n_i^{\beta_{il}^f} - k_l^r \prod_{i=1}^N n_i^{\beta_{il}^r} \right) \tag{3-47}$$

$$D_j = \frac{1 - Y_j}{\sum_{k \neq j}(x_k / D_{jk})} \tag{3-48}$$

$$D_{jk} = \frac{k_\mathrm{B} T}{p} \frac{1}{\Delta_{kj}^{(1)}} \tag{3-49}$$

$$\frac{1}{\Delta_{kj}^{(1)}} = \frac{3}{8} \left[\frac{\pi k_\mathrm{B} T (m_i + m_j)}{2 m_i m_j} \right]^{1/2} \frac{1}{\pi \Omega_{ij}^{(1,1)}} \tag{3-50}$$

j 粒子的质量分数和数密度的关系为

$$n_j = \frac{\rho Y_j}{m_j} \tag{3-51}$$

式中，ρ 为气体密度，kg/m^3；u 为气体流速矢量，m/s；β_{jl}^{r}、β_{jl}^{f} 为第 l 个反应中 j 粒子在逆、正反应中的化学计量数；k_l^{f} 和 k_l^{r} 为分别是第 l 个反应中正、逆反应中的时间常数，m^3/s；T 为温度，K；p 为气体压强，Pa；$\pi \Omega_{ij}^{(1,1)}$ 为 i 与 j 粒子之间的动量转移碰撞积分，m^2；n_j 为 j 粒子的数密度，m^{-3}。

　　上述方程是化学非平衡模型中的核心方程，直接考虑了由于对流、扩散及化学反应共同作用下粒子的迁移情况，是化学非平衡计算的基础。在此基础上，通过粒子迁移获取粒子组分的时空分布，结合 3.1.1 节中物性参数的计算方法，建立电弧磁流体动力学方程，即可获得化学非平衡电弧的数值模型。

　　在考虑粒子输运的化学非平衡模型中，一方面涵盖了粒子由于速度引起的对流、梯度引起的扩散作用下粒子空间分布的改变，如图 3-4(a) 所示，化学非平衡情况下电弧内部各个量的空间梯度趋于减小，电弧半径增大，计算获得更低的电弧电压更趋于实际情况；另一方面，化学非平衡模型考虑了电弧熄灭过程中化学反应速率的减慢过程，所预测的电子密度衰减相对较慢，更接近实际情况。由于电弧熄灭过程中电弧的电子分布很大程度上决定了电弧电导的变化，建立更为准

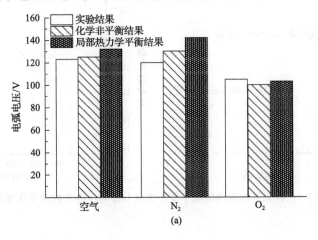

(a)

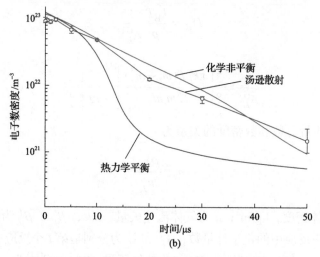

(b)

图 3-4　不同气体 100L/min 流速下电弧电压结果对比

确的化学非平衡模型对于气体电弧熄灭过程研究尤为重要。然而，化学非平衡模型计算量大、建模难度高，未来需要对计算模型进行优化以期实现工程应用。

3.2.3　电压耐受过程

在无外加电场的等离子体系统中，一般认为电子能量分布遵循 Maxwell 分布规律。在直流开断过程中，机械断口电流过零后会迅速承载恢复电压，导致电弧电子能量分布函数强烈偏离 Maxwell 分布，如图 3-5 所示，α 为电离反应常数，η 为吸附反应常数。电子能量分布函数的改变会进一步影响电弧中电子的生成与消失过程，即电离反应常数与吸附反应常数会发生相应变化。

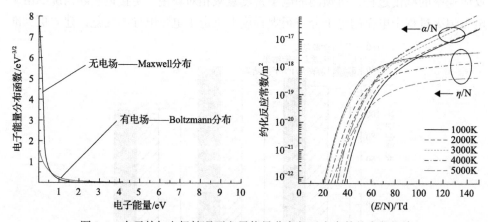

图 3-5　有无外加电场情况下电子能量分布与反应常数的变化规律

针对电子能量的非 Maxwell 分布行为，前人的很多研究工作中提出了临界击穿场强计算的零维模型，能够得到不同气体介质在不同温度、压力情况下的临界击穿场强，用以对弧后阶段高温电弧气体的介质特性进行数值评估。

高温气体临界击穿场强计算模型如图 3-6 所示，其基本原理可以概括为：首先计算得到不同气体介质高温情况下的粒子组分；其次通过所得的粒子组分，基于 Boltzmann 方程获得不同电场强度情况下电子的能量分布函数，在已知能量分布函数的基础上计算得到不同电场强度对应的电子生成与消失反应的常数，最终电子生成与消失反应达到平衡情况下的电场强度即为气体的临界击穿场强。

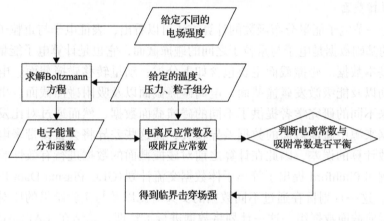

图 3-6　高温气体临界击穿场强计算模型

1) 电子能量分布函数的 Boltzmann 分析

电子能量分布函数是通过对零维空间的 Boltzmann 方程通过二阶球谐近似获得。关于这一求解方法，利用 ELENDIF 代码或法国 Laplace 实验室提供的 Bolsig+ 软件，均能够实现对电子能量分布函数的求解。

Boltzmann 分析的具体求解方程如下：

$$\frac{\partial n(\varepsilon)}{\partial t} = -\frac{\partial J_f}{\partial \varepsilon} - \frac{\partial J_{el}}{\partial \varepsilon} + \frac{\partial J_{inel}}{\partial \varepsilon} + \frac{\partial J_{ion}}{\partial \varepsilon} + I_{att} + \left(\frac{\partial n}{\partial t}\right)_{e-e} \tag{3-52}$$

式 (3-52) 为 Boltzmann 输运方程，其中左侧表示电子数密度 n 随能量 ε 的关系相对时间的变化率，右侧几项分别为几种电子碰撞过程对数密度与能量对应关系的作用，意义分别为：J_f 为电场作用对电子能量分布函数的影响；J_{el} 为电子与重粒子的弹性碰撞对电子能量分布函数的影响；J_{inel} 为电子与重粒子的非弹性碰撞对电子能量分布函数的影响；J_{ion} 为电子与重粒子的碰撞电离对电子能量分布函数的影响；I_{att} 为电子与重粒子的碰撞吸附对电子能量分布函数的影响，最后一项则表示电子间相互作用对电子能量分布的影响。

$$n(\varepsilon) = n_e f_0(\varepsilon) \varepsilon^{1/2} \tag{3-53}$$

式中，n_e 为总的电子数密度。

$$\int_0^\infty f_0(\varepsilon) \varepsilon^{1/2} \mathrm{d}\varepsilon = 1 \tag{3-54}$$

最终通过式 (3-53) 与式 (3-54) 的变换过程，所得的 $f_0(\varepsilon)$ 即电子能量分布函数的表达式。

2) 碰撞截面

从上一节电子能量分布函数的计算方法可以看出，表征电子与重粒子之间相互作用的基础数据是电子与重粒子之间的碰撞截面，它也是计算电子能量分布函数的最基本数据。碰撞截面主要包含如下分类：动量转移碰撞截面，电子的转动、振动以及能级激发碰撞截面，电离碰撞截面以及吸附碰撞截面。事实上，近些年来不同的研究学者提供了不同的碰撞截面数据，然而通过对比发现，不同的数据来源中碰撞截面的数据差异较大，而这些差异将会直接带来电子能量分布函数计算的误差，因此在计算之前对碰撞截面的数据进行有效性验证必不可少。例如 Pitchford 提出了等离子体数据交流计划 (GEC Plasma Data Exchange Project)，这一计划旨在通过不同数据的交叉对比以及与实验结果的比对，确定最佳的碰撞截面数据组。这一计划将数据进行了整理，总结在 LAPLACE 实验室的数据库中。

3) 电离与吸附反应常数计算

在临界击穿场强的计算中，认为电离反应主导电子的生成，吸附反应主导电子的消失，因此获得两种反应的反应常数是临界击穿场强分析中的重要步骤，其中两种反应常数的计算分别如下所示。

电离反应常数：

$$\frac{\alpha}{N} = \frac{1}{v_d} \sum_s \left(\frac{2}{m_e} \right)^2 \int_0^\infty x_s \sigma_s^i(\varepsilon) f_0(\varepsilon) \varepsilon \mathrm{d}\varepsilon \tag{3-55}$$

吸附反应常数：

$$\frac{\eta}{N} = \frac{1}{v_d} \sum_s \left(\frac{2}{m_e} \right)^2 \int_0^\infty x_s \sigma_s^a(\varepsilon) f_0(\varepsilon) \varepsilon \mathrm{d}\varepsilon \tag{3-56}$$

$$v_d = -\left(\frac{2}{m_e} \right)^{1/2} \left(\frac{eE}{3N} \right) \int_0^\infty \frac{1}{\sum_s x_s \sigma_s^m(\varepsilon)} \frac{\mathrm{d}f_0(\varepsilon)}{\mathrm{d}\varepsilon} \varepsilon \mathrm{d}\varepsilon \tag{3-57}$$

式(3-55)~式(3-57)中，v_d 为电子漂移速度；x_s 为第 s 个粒子的摩尔分数；m_e 为电子质量，kg；E 为电场强度，V/m；N 为当地粒子的总数密度，m^{-3}；σ_s^i 为第 s 个粒子的电离碰撞截面，m^2；σ_s^a 为第 s 个粒子的吸附碰撞截面，m^2；σ_s^m 为第 s 个粒子的动量转移碰撞截面，m^2。

3.3　电弧物性参数对电弧行为的潜在影响

电弧物性参数是电弧行为仿真研究的基础数据。基于电弧物性参数和磁流体动力学模型，能够获得断路器灭弧室内部温度、压力等分布及电弧的电流电压特性。此外，根据电弧某些关键物性参数，也可以对不同开断介质的电弧行为进行一定程度的预测。

3.3.1　开断介质对电弧半径的影响

电弧半径是决定电弧开断特性的重要因素之一。对于同等工况下燃烧的电弧，电弧半径越小，一方面电弧电压越高，另一方面电弧熄灭过程中冷却速度越快。基于前期电弧物性参数和电弧仿真的联合研究，发现电弧的密度和比热的乘积可以有效决定电弧半径。从图 3-7(a) 中可以发现，一般在 5000K 以上电弧处于导电状态，大部分电流从这一温度范围的电弧中流过。10000K 以下的 ρC_p 则决定了电弧半径。

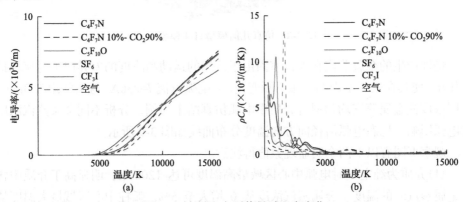

图 3-7　电导和电弧能量随温度变化

通过对比研究发现，在湍流存在的情况下，电弧的能量输运由径向传导主导，该变量与 ρC_p 成正比。众所周知，SF_6 具有绝对优异的开断特性，这主要是由于 SF_6 显著的热扩散能力及极小的电弧半径(极高的径向温度梯度)。从图 3-7(b) 中可以看出，SF_6 电弧在 4000K 到 10000K 的 ρC_p 具有极低的值，对应着电弧 4000K 以上温度区间极高的径向温度梯度和极小的电弧半径。而空气、CO_2、N_2 等介质，由于这一温度区间出现的化学反应，在 6000~8000K 区域 ρC_p 会有显著升高，导致这些气体电弧半径明显大于 SF6，开断特性也较低。因此，寻求开断性能优秀的气体介质可将 ρC_p 作为重要参数。

3.3.2　材料烧蚀对电弧特性的影响

机械灭弧式直流开断中电弧容量大，会对灭弧室内材料造成剧烈烧蚀。烧蚀材料进入电弧区域后，又会对电弧基础参数产生影响，进而改变电弧行为特性。本书介绍中低压直流开断用断路器中金属材料烧蚀对电弧特性的影响机理和规律，对象采用的仿真模型如图 3-8 所示，触头材料为铁材料，模拟机械灭弧式开断栅片间电弧燃烧过程。该模型中也考虑了鞘层的影响，其中模型建立的鞘层厚度为 0.1mm。

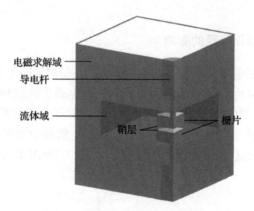

图 3-8　仿真几何模型(1/4 模型)

烧蚀产生的金属蒸汽在灭弧室内由于流场的运动和浓度的差异产生对流和扩散作用，使其在灭弧室内的分布不断变化。以电弧电流 I=250A、触头间距为 3mm、不同浓度铁金属蒸汽均匀混合介质中电弧仿真结果为例，分析不同金属蒸汽浓度对电弧影响。稳态电弧沿径向方向温度分布曲线如图 3-9 所示。

观察下图有以下两个明显现象值得注意。

(1)介质为纯空气时电弧中心区域最高温度可达 12000K，明显高于介质中含有金属蒸汽时的温度。金属蒸汽浓度从 0 增大至 5%，弧柱中心区域最大温度从 12000K 下降至 7500K。随着金属蒸汽浓度从 5%增大至 60%，电弧最大温度略有升高，从 7500K 增大至 9000K。

(2)加入金属蒸汽后，尽管在靠近弧柱中心(0~4mm)高温区间内，电弧温度有所下降，但在电弧中心外侧(4~10mm)区间内，介质含有金属蒸汽情况下的电弧温度更高。若以 4000K 作为分界线，观察电弧弧柱从 T_{max} 至 4000K 区域宽度，则从小到大依次是纯空气<60%Fe<40%Fe<20%Fe<5%Fe。

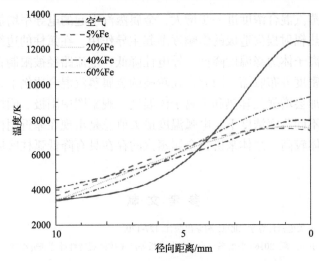

图 3-9　不同金属蒸汽浓度稳态电弧沿径向方向温度分布

为了解释以上两个现象，结合仿真结果绘制电弧沿径向方向电流密度分布矢量图、温度分布云图，如图 3-10 所示，其中图上侧为阳极触头下侧为阴极触头。由于铁蒸汽的电离电位(7.902eV)远小于空气的主要成分氮(14.534eV)、氧(13.618eV)，因此少量金属蒸汽的存在就可以大大提升介质电导率，这种趋势在较低温度区域更加明显。5%的铁蒸气使混合介质在较宽的径向范围内提高了电导率，使电流密度分布趋于均匀。除了对电导率的影响，金属蒸汽的存在使弧柱中心周围较低温度区域流体的辐射吸收能力大幅增强，从而使弧柱中心高温区域向外辐射能力增强。因此，在焦耳热减少和辐射损失增加的双重作用下，混合气体中金属蒸汽浓度从 0 增加至 5%，弧柱中心区域的温度降低了 4500K。

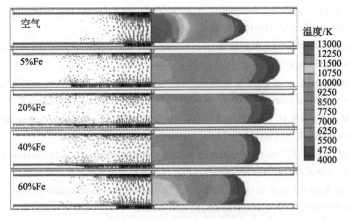

图 3-10　电弧沿径向方向电流密度分布矢量图、温度分布云图

随着金属蒸汽混合浓度进一步增大，金属蒸汽引起的电导率增加效应逐渐趋于饱和，此时热辐射损失造成的影响逐渐起主导作用。在弧柱的边缘，由于辐射热损失引起等离子体边缘温度降低，导电性降低，电流路径被限制在电弧轴心附近，引起电流密度分布收缩。因此，在较高的金属蒸汽混合比例下，由收缩引起的电流密度增加会增强焦耳热和等离子体温度。观察图中阳极、阴极区域的电弧温度分布，在不同蒸汽浓度下，电弧温度最大值总是出现在靠近阴极的区域，近阴极区温度整体较高。总体来讲，金属蒸汽的存在具有降低弧柱区域电弧电压的效果。

参 考 文 献

荣命哲, 吴翊. 2018. 开关电器计算学. 北京: 科学出版社: 127-170.

荣命哲, 仲林林, 王小华, 等. 2016. 平衡态与非平衡态电弧等离子体微观特性计算研究综述. 电工技术学报, 31 (19): 54-65.

孙昊, 吴翊, 荣命哲, 等. 2016. Investigation on the dielectric properties of CO_2 and CO_2-based gases based on the Boltzmann equation analysis. 等离子体科学与技术: 英文版, 18 (3): 217-222.

王伟宗, 荣命哲, Yan J D, 等. 2015. 高压断路器 SF6 电弧电流零区动态特征和衰减行为的研究综述. 中国电机工程学报, 35 (8): 2059-2072.

王伟宗, 吴翊, 荣命哲, 等. 2012. 局域热力学平衡态空气电弧等离子体输运参数计算研究. 物理学报, 61 (10): 105201.

仲林林, 王小华, 荣命哲. 2018. 高压开关 SF6-Cu 电弧净辐射系数计算. 电工技术学报, 33 (23): 5600-5606.

Capitelli M, Cappelletti D, Colonna G, et al. 2007. On the possibility of using model potentials for collision integral calculations of interest for planetary atmospheres. Chemical Physics, 338 (1): 62-68.

Coufal O. 2007. Composition and thermodynamic properties of thermal plasma up to 50 kk. Journal of Physics D-Applied Physics, 40 (11): 3371-3385.

Cui Y F, Niu C P, Wu Y, et al. 2019. Experimental study on the transformation of the $W_{70}Cu_{30}$ anode erosion mode in DC gaseous arcs—better insights into mechanisms of electrode erosion behavior using in-situ diagnosis. Journal of Physics D: Applied Physics, 52 (47): 474001.

Drellish K S, Aeschlim D P, Cambel A B. 1965. Partition functions and thermodynamic properties of nitrogen and oxygen plasmas. Physics of Fluids, 8 (9): 1590.

Duan J, Sun H, Rong M Z, et al. 2018. Low-voltage arc plasma simulation in 3D with contact opening process// Proceedings of the XXIInd International Conference on Gas Discharges and Their Applications. 1: 195-199, Novi Sad.

Fu Y W, Rong M Z, Wang X H, et al. 2019. Rate constants of $C_5F_{10}O$ decomposition reactions at temperatures of 300-3500K. JOURNAL OF PHYSICS D-APPLIED PHYSICS, 52 (3): 035202.

Fu Y W, Wang X H, Li X, et al. 2016. Theoretical study of the decomposition pathways and products of C_5-perfluorinated ketone $(C_5 PFK)$. AIP ADVANCES, 6 (8): 085305.

Fu Y W, Wang X H, Yang A J, et al. 2018. Theoretical study of the decomposition mechanism of SF_6/Cu gas mixtures. JOURNAL OF PHYSICS D-APPLIED PHYSICS, 51 (42): 425202.

Gleizes A, Rahmani B, Gonzalez J J, et al. 1991. Calculation of net emission coefficient in N_2, SF_6 and SF_6-N_2 arc plasmas. Journal of Physics D: Applied Physics, 24 (8): 1300.

Kovitya P. 1985. Physical-properties of high-pressure plasmas of hydrogen and copper in the temperature-range 5000-60000k. IEEE Transactions on Plasma Science, 13(6): 587-594.

Laricchiuta A, Bruno D, Capitelli M, et al. 2009. High temperature Mars atmosphere. Part I: transport cross sections. European Physical Journal D, 54(3): 607-612.

Liu J, Zhang Q, Yan J D, et al. 2016. Analysis of the characteristics of dc nozzle arcs in air and guidance for the search of sf6 replacement gas. Journal of Physics D: Applied Physics, 49(43): 435201.

Murphy A B. 2001. Thermal plasmas in gas mixtures. Journal of Physics D-Applied Physics, 34(20): R151-R173.

Murphy A B, Arundell C J. 1994. Transport-coefficients of argon, nitrogen, oxygen, argon-nitrogen, and argon-oxygen plasmas. Plasma Chemistry and Plasma Processing, 14(4): 451-490.

Niu C P, Chen Z X, Rong M Z, et al. 2016. Calculation of 2-temperature plasma thermo-physical properties considering condensed phases: application to CO_2-CH_4 plasma: part 2. Transport coefficients. Journal of Physics D: Applied Physics, 49(40): 405204.

Norton D G, Vlachos D G. 2003. Combustion characteristics and flame stability at the microscale: a CFD study of premixed methane/air mixtures. Chemical engineering science, 58(21): 4871-4882.

Pechukas P. 1981. Transition state theory. Annual Review of Physical Chemistry, 32(1): 159-177.

Rong M Z, Sun H, Yang F, et al. 2014. Influence of O_2 on the dielectric properties of CO_2 at the elevated temperatures. Physics of Plasmas, 21(11): 112117.

Rong M Z, Yang F, Wu Y, et al. 2010. Simulation of arc characteristics in miniature circuit breaker. IEEE Transactions on Plasma Science, 38(9): 2306-2311.

Sun H, Rong M Z, Wu Y, et al. 2015. Investigation on critical breakdown electric field of hot carbon dioxide for gas circuit breaker applications. Journal of Physics D: Applied Physics, 48(5): 055201.

Sun H, Tanaka Y, Tomita K, et al. 2015. Computational non-chemically equilibrium model on the current zero simulation in a model N_2 circuit breaker under the free recovery condition. Journal of Physics D: Applied Physics, 49(5): 055204.

Sun H, Wu Y, Tanaka Y, et al. 2018. Investigation on chemically non-equilibrium arc behaviors of different gas media during arc decay phase in a model circuit breaker. Journal of Physics D Applied Physics, 52(7): 075202.

Tanaka Y, Michishita T, Uesugi Y. 2005. Hydrodynamic chemical non-equilibrium model of a pulsed arc discharge in dry air at atmospheric pressure. Plasma Sources Science and Technology, 14(1): 134-151.

Tanaka Y, Suzuki K. 2013. Development of a chemically nonequilibrium model on decaying SF_6 arc plasmas. Power Delivery, IEEE Transactions on, 28(4): 2623-2629.

Truhlar D G, Garrett B C. 1984. Variational transition state theory. Annual Review of Physical Chemistry, 35(1): 159-189.

Truhlar D G, Garrett B C, Klippenstein S J. 1996. Current status of transition-state theory. The Journal of physical chemistry, 100(31): 12771-12800.

Wang W Z, Rong M Z, Wu Y, et al. 2012. Thermodynamic and transport properties of two-temperature SF_6 plasmas. Physics of Plasmas, 19(8): 083506.

Wang W Z, Rong M Z, Yan J D, et al. 2012. The reactive thermal conductivity of thermal equilibrium and nonequilibrium plasmas: application to nitrogen. IEEE Transactions on Plasma Science, 40(4): 980-989.

Wang W Z, Wu Y, Rong M Z, et al. 2012. Theoretical computation of thermophysical properties of high-temperature F_2, CF_4, C_2F_2, C_2F_4, C_2F_6, C_3F_6 and C_3F_8 plasmas. Journal of Physics D: Applied Physics, 45(28): 285201.

Wang W Z, Yan J D, Rong M Z, et al. 2013. Investigation of SF_6 arc characteristics under shock condition in a supersonic nozzle with hollow contact. IEEE Transactions on Plasma Science, 41 (4): 915-928.

Wang W Z, Yan J D, Rong M Z, et al. 2013. Theoretical investigation of the decay of an SF_6 gas-blast arc using a two-temperature hydrodynamic model. Journal of Physics D: Applied Physics, 46 (6): 065203.

Wang X H, Zhong L L, Cressault Y, et al. 2014. Thermophysical properties of SF_6-Cu mixtures at temperatures of 300–30,000 K and pressures of 0.01–1.0 MPa: part 2. Collision integrals and transport coefficients. Journal of Physics D: Applied Physics, 47 (49): 495201.

Wang X H, Zhong L L, Rong M Z, et al. 2015. Dielectric breakdown properties of hot SF_6 gas contaminated by copper at temperatures of 300–3500K. Journal of Physics D: Applied Physics, 48 (15): 155205.

Wu Y, Chen Z X, Cressault Y, et al. 2015. Two-temperature thermodynamic and transport properties of SF_6–Cu plasmas. Journal of Physics D: Applied Physics, 48 (41): 415205.

Wu Y, Chen Z X, Rong M Z, et al. 2016. Calculation of 2-temperature plasma thermo-physical properties considering condensed phases: application to CO_2–CH_4 plasma: part 1. Composition and thermodynamic properties. Journal of Physics D: Applied Physics, 49 (40): 405203.

Wu Y, Rong M Z, Li X W, et al. 2008. Numerical analysis of the effect of the chamber width and outlet area on the motion of an air arc plasma. IEEE transactions on plasma science, 36 (5): 2831-2837.

Wu Y, Sun H, Tanaka Y, et al. 2016. Influence of the gas flow rate on the nonchemical equilibrium N_2 arc behavior in a model nozzle circuit breaker. Journal of Physics D: Applied Physics, 49 (42): 425202.

Wu Y, Wang C L, Sun H, et al. 2018. Properties of C_4F_7N-CO_2 thermal plasmas: thermodynamic properties, transport coefficients and emission coefficients. Journal of Physics D: Applied Physics, 51 (15): 155206.

Wu Y, Wang W Z, Rong M Z, et al. 2014. Prediction of critical dielectric strength of hot CF_4 gas in the temperature range of 300-3500 K. IEEE Transactions on Dielectrics and Electrical Insulation, 21 (1): 129-137.

Yang A J, Liu Y, Sun B W, et al. 2015. Thermodynamic properties and transport coefficients of high-temperature CO_2 thermal plasmas mixed with C_2F_4. Journal of Physics D: Applied Physics, 48 (49): 495202.

Yang A J, Liu Y, Zhong L L, et al. 2016. Thermodynamic Properties and Transport Coefficients of CO_2–Cu Thermal Plasmas. Plasma Chemistry and Plasma Processing, 36 (4): 1141-1160.

Zhong L L, Wang X H, Rong M Z, et al. 2014. Calculation of combined diffusion coefficients in SF_6-Cu mixtures. Physics of Plasmas, 21 (10): 103506.

Zhong L L, Yang A J, Wang X H, et al. 2014. Dielectric breakdown properties of hot SF_6-CO_2 mixtures at temperatures of 300–3500 K and pressures of 0.01–1.0MPa. Physics of Plasmas, 21 (5): 053506.

第4章　机械灭弧式直流开断1：直流接触器

接触器是一种用于远距离频繁接通和分断交直流主电路及大容量控制电路的电器元件，其操作频率高。按照主触头控制的电路种类不同，接触器分为交流接触器和直流接触器。直流接触器主要用于远距离接通、分断直流电路以及频繁启动、停止、反转和反接制动直流电动机，也用于频繁接通和断开起重电磁铁、电磁阀、离合器的电磁线圈等，主要用来分断负荷型电流。近年来，随着电动汽车、航空电力系统等直流配电系统的快速发展，对直流接触器的性能提出了更高的要求，需求量也日渐增大。本书介绍直流接触器的工作原理和基本结构，并以电动汽车和航空系统用密封充气式直流接触器为例来介绍其关键特性和设计技术。

4.1　直流接触器的工作原理和结构

4.1.1　基本结构

直流接触器根据灭弧介质和应用条件有多种结构和型号如图 4-1 所示。无论哪种型号的直流接触器，它的基本结构都包括电磁机构、触头系统和灭弧室，如图 4-2 所示。

电磁机构：直流接触器电磁机构由电磁系统和弹簧系统组成，其中电磁系统由线圈、动铁芯、静铁芯组成，线圈将电能转化为磁能，动铁芯和静铁芯组成电磁系统的磁路。弹簧系统包括触头弹簧、反力弹簧及传动连杆等组件。线圈通电后产生磁场通过磁路，动铁芯受到电磁吸力，当电磁吸力超过弹簧反力，动铁芯向静铁芯运动吸合，压缩反力弹簧和触头弹簧，并通过与动铁芯连接的传动连杆

CZT-20直流接触器

EV直流接触器

GSZ1直流接触器

图 4-1　不同型号的直流接触器样机

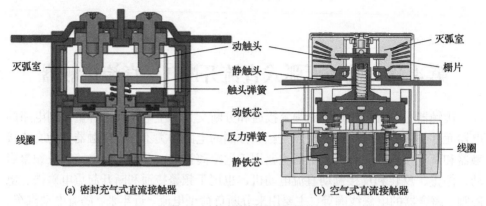

图 4-2　直流接触器基本结构

带动动触头向静触头吸合。线圈断电后，电磁吸力消失，压缩的反力弹簧和触头弹簧产生反力推动动铁芯和动触头打开。

触头系统：直流接触器的触头包括主触头和辅助触头(图中未画出)，辅助触头与主触头同时受电磁机构控制。主触头通常连接在主回路中，控制主回路通断，通过的电流大，需要安装灭弧室实现电流开断。辅助触头连接在控制回路中，通过的电流较小，不需要灭弧装置。主触头一般做成双断点结构，以提高触头总的近极压降，快速提高电弧电压。

灭弧室：由于直流电弧没有自然过零点，为了实现电流开断需要产生高于电源电压的电弧电压强制电流过零。直流接触器一般装有灭弧室，通过磁吹作用拉长电弧提高电弧电压。对于敞开式结构的空气直流接触器，为了实现更高电压等级的电流开断，灭弧室中常装有灭弧栅片，通过灭弧栅片对电弧的切割进一步提高电弧电压。针对电动汽车、航空直流配电系统安全性、小型化设计的要求，目前多采用密封充气式的直流接触器结构，通过充一定压力的 H_2、N_2 等气体介质实现开断灭弧。

4.1.2　基本工作原理

直流接触器和交流接触器的基本工作原理类似，直流线圈通电后，动铁芯受力吸合，带动动触头与静触头闭合，实现电路的接通；直流线圈断电后，在反力弹簧的作用下，动铁芯被释放，带动动触头与静触头分离，实现电路的分断。

直流接触器吸合动作过程如图 4-3 所示：线圈通电，线圈电流建立磁场使动静铁芯磁化，电磁场通过动铁芯、气隙与静铁芯构成闭合回路，电磁力从零开始增大直到大于反力弹簧提供的反力($F_{反1}$)时，动铁芯开始运动，并带动连杆与动触点运动，动静触点闭合，触头弹簧开始压缩，产生反力 $F_{反2}$，动铁芯继续运动直到与静铁芯接触止位，从动静触头接触到动静铁芯接触的这一段行程称为超程，触头弹簧通过超程阶段的压缩为触头提供可靠的接触压力，保证触头在电磨损后仍能保持一定的接触压力。

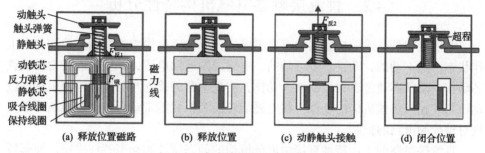

图 4-3　直流接触器吸合过程示意

　　接触器在打开位置时，动静铁芯开距大，需要产生较大的电磁吸力才能使动铁芯克服反力动作，因此线圈中需要通过较大的电流进行励磁，而动静铁芯吸合后，磁路的磁阻小，要使动铁芯保持闭合状态，所需电磁吸力小，线圈中只需较小的电流进行励磁即可。为了减小线圈的功耗，通常采用两种方式励磁，一种是采用启动线圈和保持线圈分别工作的双绕组线圈，启动线圈用来保证吸合过程的电磁吸力，保持线圈用来保证动静铁芯闭合后保持铁芯处于稳定吸合状态，具体过程为：机构可靠闭合后，断开吸合线圈仅保留保持线圈，在保持机构可靠吸合的同时，减小线圈功耗；另一种是利用 PWM（pulse width modulation，脉冲宽度调制）波控制的电压来对线圈进行励磁，通过调整方波的占空比减小保持电流，降低保持状态下线圈的功耗，具体过程为：吸合过程线圈输入电压为恒定 U_0，机构可靠闭合后，通过控制电路切换线圈输入电压为 PWM 波电压，在保持机构可靠吸合的同时，减小线圈功耗，如图 4-4 所示。

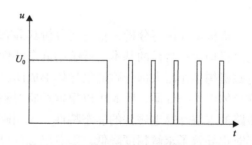

图 4-4　PWM 波控制的线圈电压示意

　　接触器释放过程为：线圈断电，由于线圈存在自感，线圈中的电流逐渐消失，所以电磁吸力逐渐减小。这一过程很快，当电磁吸力不足抵消以弹簧系统的反作用力总和时，动铁芯开始运动，脱离与静铁芯的接触状态，带动连杆运动，当动触点与静触点分离后，触头弹簧不再提供反作用力，动铁芯与连杆在反力弹簧作用下继续运动，最后稳定在图 4-3 所示释放位置。

4.2 直流接触器电磁机构特性分析

电磁机构是电磁式接触器的重要组成部分，电磁机构中的线圈、静铁芯在工作状态下是不动的，动铁芯是可动的。电磁线圈通以电流，产生电磁吸力带动铁芯动作，动铁芯通过支架带动触头动作，实现电路的接通与分断。电磁机构通过动铁芯和相应机械机构的动作，将电磁能转换为机械能带动触点闭合或断开以实现对被控制电路的控制。

直流接触器的工作特性直接由电磁机构的静态特性和动态特性决定，静态特性是电磁系统在稳态条件下，动铁芯在各不同位置上，不计及电磁参量在动铁芯运动过程中的变化时，电磁吸力与气隙的关系。静态吸力特性与反力特性配合的适当与否，是决定其动作特性及工作性能优劣的主要因素。

然而，仅依靠电磁机构的静态吸力特性来判断其工作特性存在局限性，因为接触器动作过程实际上是随时间而变化的工作过程，在动作过程中各物理量随着运动过程是变化的，静态特性没有考虑各物理量随运动过程的变化。动态特性通常包括线圈中的电流、电磁吸力、线圈磁链、运动部分的位移及其速度、加速度随时间而变化的关系，在同一开距时动态吸力不同于静态吸力。因此，对电磁机构特性的分析和设计通常基于对静态特性和动态特性的分析。通过静态特性分析确定电磁机构在一定开距下的电磁吸力，评判吸力和反力的配合，通过动态特性的分析获得动铁芯运动过程各变量的变化，确定电磁铁结构参数间的关系，以保证工作的可靠性和一定的使用寿命。

4.2.1 静态特性分析

对直流接触器电磁机构特性进行分析，首先要分析其静态特性，吸力与反力特性的配合是决定电磁机构运动特性的基本。传统的静态特性分析方法是基于磁路进行计算，由于电磁机构工作时大部分磁通沿导体形成闭路，另外一部分磁通完全或部分地取道磁导体以外的媒质，因此可以根据经验对磁场的分布进行一定的近似等效，通过磁路的求解计算电磁铁的静态特性。采用磁路方法可以简化电磁机构的计算，但同时也导致了求解精度降低。随着电磁计算技术的发展，静态特性的计算可以直接采用基于有限元分析的电磁计算软件进行。

在进行静态特性计算时，一般计算铁芯在一定开距下的磁场分布及动铁芯所受电磁吸力，通过动静铁芯处于最大开距下电磁吸力的计算判断动铁芯是否能启动动作，选择动静铁芯处于闭合位置的电磁吸力判断动静铁芯是否能稳定保持在吸合状态。动铁芯运动过程的吸力属于动态过程，通过动态特性计算来分析。以如图 4-5 所示的充气式直流接触器电磁机构为例来说明静态特性的计算。

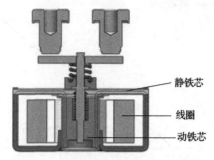

图 4-5　充气式直流接触器电磁机构

　　直流接触器在保持状态下的电磁过程属于静态特性分析，通过静态特性分析计算得到接触器处于保持状态所需要的最小磁动势($N \times I$)，进而为线圈的设计和控制提供参数依据。接触器在保持位置，动铁芯受到的电磁吸力需要克服反力弹簧和触头弹簧的反力而保持触头不断开，因此线圈的磁动势应能保证，在该状态下，动、静铁芯产生的电磁力大于反力弹簧和触头弹簧所产生的最大反作用力。

　　图 4-5 所示的电磁机构为轴对称结构，为了减小计算工作量，可以根据对称性采用 2D 模型进行仿真分析，如图 4-6 所示。为了计算使电磁系统保持闭合的最小磁动势，通过建立动静铁芯处于闭合位置的几何模型、设置稳态磁场求解类型、施加边界条件、对线圈和电磁铁赋材料、施加线圈磁动势($N \times I$)作为激励、对模型剖分、计算，即可得到一定磁动势下电磁系统的磁场和动铁芯所受电磁吸力。改变不同安培匝数可以得到图 4-7 所示不同磁动势($N \times I$)下，动铁芯在吸合位置所受电磁力的变化关系，由图可以确定保证线圈保持稳定吸合的磁动势为 220A（这里反力最大值为 100N）。

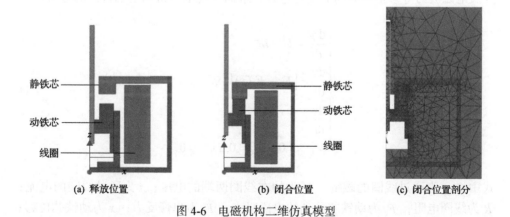

图 4-6　电磁机构二维仿真模型

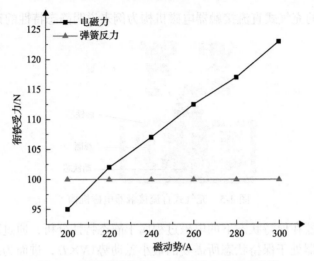

图 4-7　不同磁动势（$N \times I$）下动铁芯的受力曲线

4.2.2　动态特性分析

电磁机构运动过程的动态特性直接决定直流接触器的动作性能，动态特性由电磁机构的吸力特性和弹簧的反力特性共同决定。电磁机构吸合过程动铁芯的运动涉及磁场和运动的相互耦合，磁场产生电磁吸力使动铁芯运动，而运动过程动铁芯的位移使工作气隙变化，进而引起磁场的变化，同时产生感应电动势，对外加电路的电流产生影响，进而影响磁场。因此电磁机构的运动过程，磁场与动铁芯运动和外加电路相互耦合，如式 (4-1) 所示分别为外加电路方程、运动方程和初始条件，通过外加电路、磁场和运动方程的耦合求解，可以获得动铁芯位移、速度及电磁吸力等参量随时间的变化过程，进而实现电磁机构动态特性的分析。

$$\begin{cases} \dfrac{\mathrm{d}\psi}{\mathrm{d}t} = U - iR \\[2mm] \dfrac{\mathrm{d}v}{\mathrm{d}t} = \left[F_{\mathrm{x}} - F_{\mathrm{f}}(x) \right] / m \\[2mm] \dfrac{\mathrm{d}x}{\mathrm{d}t} = v \\[2mm] \psi\,|_{t=0} = 0, v\,|_{t=0} = 0, x\,|_{t=0} = 0 \end{cases} \tag{4-1}$$

式中，ψ 为通过线圈的磁链；U 为加在线圈两端的电压；i 为通过线圈的电流；R 为线圈电阻；F_{x} 为动铁芯受到的电磁吸力；F_{f} 为弹簧反力；x 为动铁芯位移；v 为动铁芯速度；t 为时间。

这里以双线圈并联控制方式为例来说明动态特性分析结果。控制部分的双线圈并联结构示意如图 4-8 所示，双线圈控制的思路是在上电时刻同时接入吸合线圈 L1 和保持线圈 L2，此时回路的总电流较大，可提供较大的磁动势使动铁芯运动到指定位置。当动铁芯稳定吸合后，气隙较小，相同的磁动势下电磁吸力较大，此时可以减小回路电流，故控制吸合线圈 L1 关断，回路中只保留保持线圈 L2 通电，产生的电磁吸力足以使铁芯保持在闭合状态。

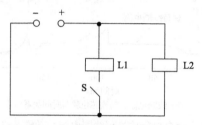

图 4-8　双线圈并联结构示意

图 4-9 为额定电压下动铁芯先吸合再释放过程中线圈的电流、动铁芯受力和位移曲线。由图可见，动铁芯吸合过程中，动铁芯经过一定的触动时间后吸合。动铁芯吸合后，气隙最小，吸合线圈电流最大，动铁芯受到的电磁吸力达最大值。吸合线圈断电后，吸合线圈的电流和电磁吸力减小，由保持线圈保持动铁芯处于吸合状态。保持线圈断电后，动铁芯释放。在吸合线圈和保持线圈断电过程，由于保持线圈电感的感应作用，使线圈的电流发生变化，另一方面动铁芯释放过程中的加速产生反电动势对保持线圈电流产生影响。

利用动态特性分析模型，可以计算获得不同参数下铁芯的动态特性，通过改变磁动势可以获得不同磁动势下动铁芯的位移过程如图 4-10 所示。由图 4-10 可以获得能够满足铁芯完成吸合动作的最小磁动势为 1200A。

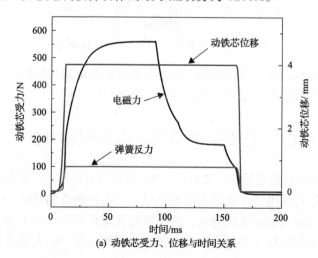

(a) 动铁芯受力、位移与时间关系

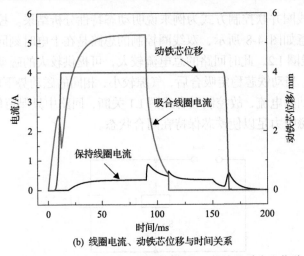

(b) 线圈电流、动铁芯位移与时间关系

图 4-9 动铁芯先吸合再释放过程线圈电流、动铁芯受力和位移曲线

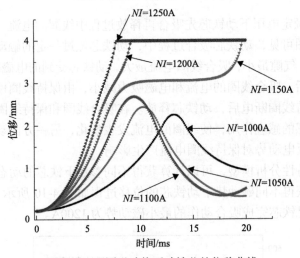

图 4-10 不同磁动势下动铁芯的位移曲线

通过电磁机构的静态特性和动态特性分析可以为电磁机构的结构设计和线圈参数设计提供参数依据，指导电磁机构的设计和优化。

4.3 直流接触器的灭弧原理和方法

直流电弧的熄灭原理见本书 2.5 节，直流电流没有过零点，根据电路方程，只有电弧电压高于电源电压才能使电流减小过零，实现电弧的开断，因此要实现直流接触器电流开断过程电弧的熄灭，要尽量提高电弧电压。对于空气式直流接触器，通常通过外加磁吹，并结合加装灭弧栅片切割电弧，增大近极压降提高电弧电压，或者通过纵缝式灭弧室结构，加强电弧散热，提高电弧电阻，进而提高电弧电压。空气式直流接触器的灭弧方式与空气直流断路器灭弧方式相似，详见本书第 5 章空气直流断路器章节。

对于密封充气式直流接触器，若在密封灭弧室中加装灭弧栅片，多次开断后灭弧栅片的烧蚀会影响灭弧气体介质的组分，进而影响气体介质的熄弧能力，因此一般不额外加装灭弧栅片，而主要通过提高触头打开速度、外加磁吹拉长电弧、采用不同压力的气体介质冷却电弧等方法来提高电弧电压，进而提高直流接触器的灭弧能力。

为了实现有限灭弧空间内的电弧迅速拉长，目前，密封充气式直流接触器产品普遍使用桥式触头配合外加磁场吹弧的方式来快速拉长电弧，同时配合气体灭弧介质对电弧的冷却作用使电弧弧柱直径减小，从而实现电弧电压迅速升高。

图 4-11 为桥式触头结构的直流接触器电弧分断过程示意图。分断起始时刻，触头打开很小的一段距离，在强电场和热效应的作用下触头间产生电弧；触头间距继续拉大，电弧在自励磁场和外加磁场的作用下，受洛伦兹力的作用向两端迅速弯曲拉长，电弧电压不断升高；随着触头间距的增大，电弧长度增加，同时在灭弧介质及绝缘器壁的冷却作用下，电弧弧柱变细，电弧电压超过了系统电压值，电流能量不足以维持电弧的燃烧，此时电弧熄灭，完成分断。

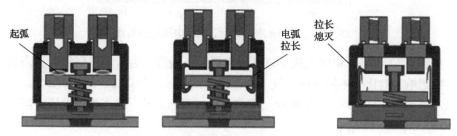

图 4-11　直流接触器电弧分断过程示意图

4.4　气体介质中直流电弧的燃弧特性

对于密封充气式直流接触器，主要通过外加磁场吹弧，结合气体介质实现电弧的熄灭。掌握气体介质种类和压力对直流电弧特性的影响，以及不同吹弧磁场对电弧运动特性的影响，对于提出直流接触器中的电弧调控方法，提高直流接触器性能具有重要意义。本节通过对比不同气体介质中的稳态燃弧特性以及气体压强和吹弧磁场大小对气体电弧的影响，为直流接触器中气体介质和压力的选择以及吹弧磁场的确定提供帮助。

4.4.1 不同气体介质中的稳态燃弧特性

图 4-12 所示为通过实验测试没有外加磁场、触头开距为 10mm、保持触头间稳态燃弧、气压为 0.1MPa、电流为 350A 条件下，在氩气（Ar）、氦气（He）、氮气（N₂）和氢气（H₂）中的电弧电压。四种介质中，相同条件下，氩气电压最低，氦气其次，氮气中的电弧电压高于氦气但明显低于氢气，氢气中的稳态燃弧电压远高于其他气体。

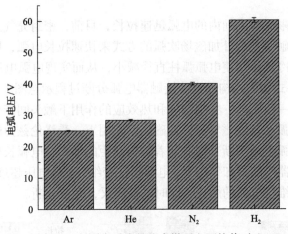

图 4-12　不同介质中的稳态燃弧电压均值对比

由图 4-12 可见，相同气压下氢气中电弧电压最高。为了了解气压对稳态燃弧特性的影响，对比了不同气压氢气下的稳态燃弧电压。在 0.10～0.30MPa 气压范围内氢气电弧的电压如图 4-13 所示。随着介质气压的上升，稳态燃弧电压也随之增

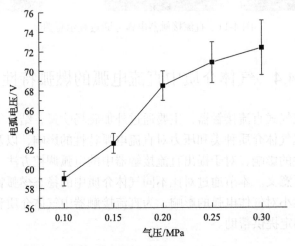

图 4-13　不同气压条件下的氢气稳态燃弧电压对比

大。随着压力的上升，电弧电压的上升幅度变小，压力从 0.15MPa 增加到 0.20MPa 时，电压增加约 6V，而当压力从 0.25MPa 增加到 0.30MPa 时，电压仅增加 1.5V。此外，电弧的不稳定性随压力的增加而增大，造成误差线的增加。因此，在相同的实验条件下，增大气压有助于介质灭弧能力的提升，但当气压增大到一定程度后，介质灭弧能力的变化已不明显。

4.4.2　磁吹作用下不同气体中直流电弧的燃弧特性

在密封充气式直流接触器中，通常通过外加吹弧磁场，利用磁场对电弧产生的洛伦兹力将电弧拉长来熄灭直流电弧。根据上一节四种气体介质中稳态燃弧特性测试结果，在相同条件下氮气和氢气电弧电压较高，有利于电弧电压的快速上升。同时氮气和氢气也是目前充气式接触器中常用的气体介质，本节首先对比了氮气和氢气介质中，相同磁吹作用下电弧特性的不同，随后对比了不同外加磁场大小对直流电弧燃弧特性的影响，以便指导直流接触器吹弧磁场的选择。

图 4-14 所示为在 0.1MPa 氮气、吹弧磁场为 30mT、触头打开速度 1.5m/s 条件下，开断 200A 直流电流时的电弧的图像和电弧电压电流波形，动静触头在 $t=0$ 时刻打开，由于近极压降，电弧电压出现一个跳变，之后电弧电压随触头开距增大近似线性增大，电弧弧根由处于触头中心位置的起弧点运动至边缘处，并在边

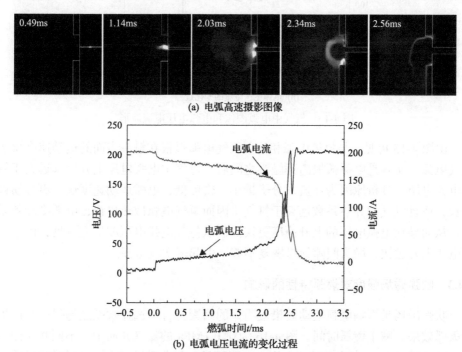

(a) 电弧高速摄影图像

(b) 电弧电压电流的变化过程

图 4-14　氮气中电弧图像和电弧电压电流波形

缘处停滞一段时间，当动静触头拉开足够距离，阴阳极弧根分别沿阴阳极侧表面运动，电弧迅速弯曲变长，对应电弧电压快速升高，电弧电压在上升过程出现快速下降，说明电弧拉长过程发生了背后击穿，随后又快速上升直至电弧熄灭。

图 4-15 所示为在 0.1MPa 氢气中、吹弧磁场为 30mT、触头打开速度 1.5m/s 条件下，开断 200A 直流电流时的电弧的图像和电弧电压电流波形。

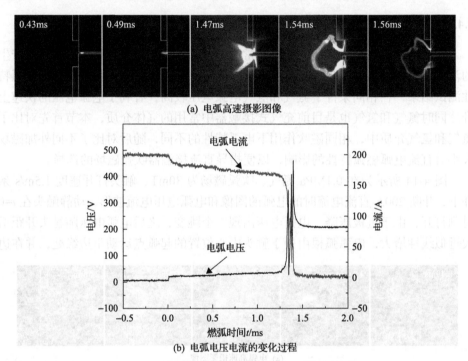

(a) 电弧高速摄影图像

(b) 电弧电压电流的变化过程

图 4-15　氢气中电弧图像和电弧电压电流波形

由图 4-15 可见，与氮气电弧相比，氢气电弧弧根在触头表面的运动速度快于氮气电弧。尤其是电弧弧根离开触头之间后，氢气中电弧电压上升率远远大于氮气电弧电压。分析原因为：氢气分子量小，密度低，电弧运动速度快，更容易被拉长，而且氢气的导热系数远高于氮气，因而氢气电弧散热更快，电弧冷却效果好，从而导致电弧电压的上升速度更快。但从氢气电弧电压波形上可见，由于电弧电压上升过快，触头间隙绝缘恢复不够，引起多次重击穿。

4.4.3 吹弧磁场强度对燃弧特性的影响

吹弧磁场是影响电弧运动效果最明显的因素，合理选择吹弧磁场强度可以提升灭弧效果，减小燃弧时间。图 4-16 为在 0.1MPa 的氮气介质中，不同吹弧磁场下开断 200V/200A 直流电弧的波形。由图可见，随着磁场增大，燃弧时间显著减小，并且重击穿次数一定程度上减小。这是因为，较小吹弧磁场下电弧受到的洛

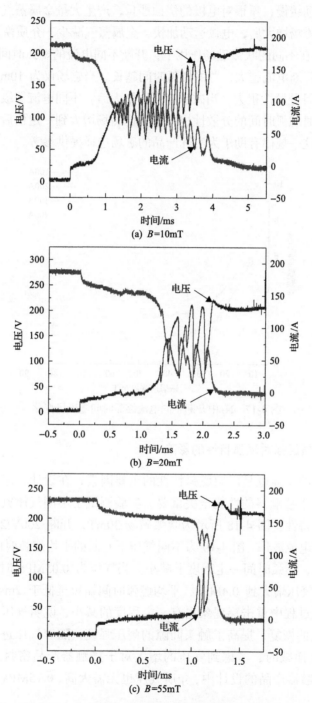

图 4-16　N_2 中开断 200V/200A 燃弧时间随磁场变化

伦兹力小，运动缓慢，弧根对电极的烧蚀严重，产生大量金属蒸气，不利于介质强度的恢复，磁场增大后，电弧运动加快，金属蒸气减少，介质恢复加快。

图 4-17 为在不同的吹弧磁场作用下，开断不同电流的燃弧时间。由图可见，相同磁场下，开断电流越大，总的燃弧时间越长。当磁场仅为 10mT 时，燃弧时间大于 5ms，且分散性很大。当磁感应强度增大后，不同电流等级的燃弧时间都显著减小，同时燃弧时间的分散性也减小。但磁场增大到一定值后，燃弧时间改变不再明显，这一规律有助于为实际产品的磁场选择提供参考。

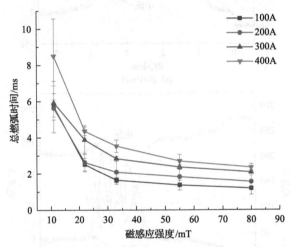

图 4-17　N$_2$ 中开断不同电流燃弧时间随磁场变化

4.4.4　气体介质压强对燃弧特性的影响

气体介质的压强也是影响燃弧特性的重要因素，在设计直流接触器时选择合适的气压对于接触器的性能至关重要。实验测试了不同气压氮气介质中磁吹作用下的燃弧特性。图 4-18 所示为吹弧磁场 30mT，开断 200V/200A 直流电流下的电弧电压电流波形，图 4-19 为不同气压下开断的平均燃弧时间。可以看到，随着气压增大，燃弧时间一定程度上减小。当气压为 0.05MPa 时，燃弧时间约为 3.6ms，当气压增大到 0.4MPa，平均燃弧时间缩短至低于 2ms。同时，增大气压后，燃弧过程中重击穿现象也有一定程度的减小，说明气压的增大有利于介质绝缘强度的恢复，提高了触头间隙的耐压强度。随着气压进一步增大，燃弧时间减小是递减的，考虑到气压的增大对于接触器产品密封工艺的要求提高，因此在接触器产品的设计中，介质气压也无需太高，0.15MPa 或者 0.20MPa 即可。

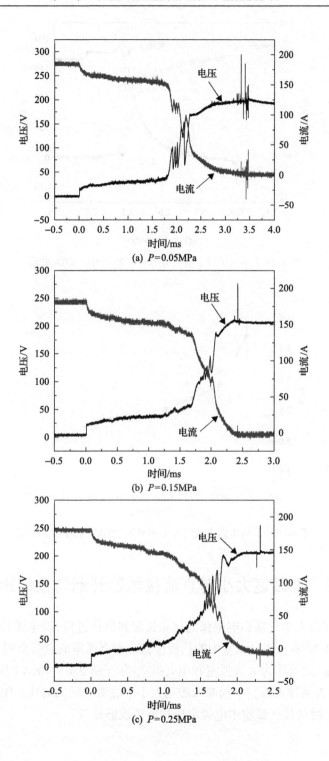

(a) $P=0.05\text{MPa}$

(b) $P=0.15\text{MPa}$

(c) $P=0.25\text{MPa}$

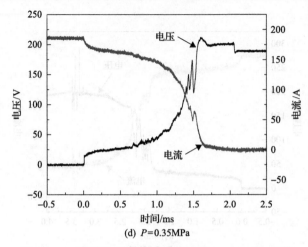

(d) $P=0.35\text{MPa}$

图 4-18　不同压强下氮气介质中开断 200V/200A 波形

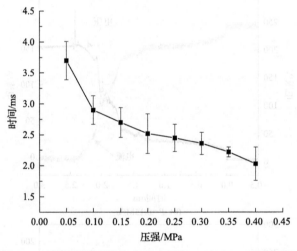

图 4-19　不同压强下氮气介质中开断 200V/200A 燃弧时间

4.5　灭弧室大小对直流接触器开断特性的影响

　　灭弧空间的大小直接影响电弧的拉长长度和散热过程,对电弧特性产生影响。通过调整图 4-20 所示的灭弧室中的挡板位置改变灭弧室的燃弧空间,对比两种不同尺寸灭弧室(此处称为大灭弧室和小灭弧室)在开断 270V/400A 时的开断特性。图 4-21 所示为两种灭弧室不同吹弧磁场大小下燃弧时间的对比,图 4-22 为磁场强度为 85mT 时两种灭弧室中电弧电压和电流波形比较。

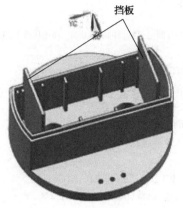

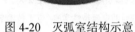

图 4-20 灭弧室结构示意

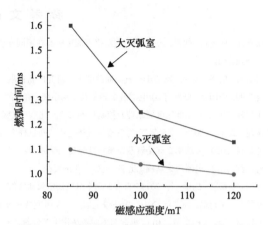

图 4-21 不同磁场下大小灭弧室燃弧时间对比

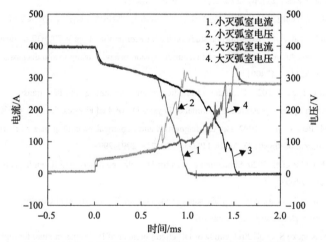

图 4-22 大小灭弧室磁场强度为 85mT 时燃弧波形比较

由图可见，对于测试的两种灭弧室尺寸下，较大灭弧室中，随着磁场增加，燃弧时间显著减小；而对于小尺寸的灭弧室，磁场增加对燃弧时间的影响较小。在任一磁场强度下，小尺寸灭弧室的燃弧时间均小于大尺寸灭弧室。因此，虽然灭弧室尺寸增大有利于电弧的拉长，但并不是灭弧室尺寸越大越利于开断。在设计接触器灭弧室时，需要根据开断的电压电流条件，确定合适的灭弧室尺寸。在保证具有足够电弧拉长所需空间的前提下，较小的灭弧室更有利于气压的快速上升，并可以使电弧充分和灭弧室器壁接触，增强散热，从而缩短燃弧时间。

参 考 文 献

纽春萍, 熊乾村, 徐丹, 等. 2019. 大功率直流接触器在不同介质中开断电弧特性的实验研究. 高电压技术, 45(11): 3481-3486.

荣命哲, 杨飞, 吴翊, 等. 2014. 直流断路器电弧研究的新进展. 电工技术学报, 29(1): 1-9.

佟为明, 翟国富. 2000. 低压电器继电器及其控制系统. 哈尔滨: 哈尔滨工业大学出版社.

王仁祥. 2009. 常用低压电器原理及控制技术. 2 版. 北京: 机械工业出版社.

辛超, 武建文. 2015. 直流氢气-氮气混合气体电弧开断过程实验研究. 电工技术学报, 30(13): 117-124.

熊乾村. 2020. 大功率直流接触器燃弧特性分析. 西安: 西安交通大学硕士学位论文.

许志红. 2014. 电器理论基础. 北京: 机械工业出版社.

翟国富, 薄凯, 周学, 等. 2017. 直流大功率继电器电弧研究综述. 电工技术学报, 32(22): 251-263.

翟国富, 崔行磊, 杨文英. 2016. 电磁继电器产品及研究技术发展综述. 电器与能效管理技术, 2: 1-8.

翟国富, 周学, 杨文英. 2011. 纵向与横向磁场作用下分断直流感性负载时的电弧特性实验. 电工技术学报, 26(1): 68-74.

张冠生. 1997. 电器理论基础(修订本). 2 版. 北京: 机械工业出版社.

周学. 2011. 航天继电器分断电弧及其抑制措施的仿真和实验研究. 哈尔滨: 哈尔滨工业大学博士学位论文.

Cui Y F, Niu C P, Wu Y, et al. 2019. Experimental study on the transformation of the W70Cu30 anode erosion mode in DC gaseous arcs-better insights into mechanisms of electrode erosion behavior using in situ diagnosis. Journal of Physics D: Applied Physics, 52(47): 474001.

Cui, Y F, Wu Y, Niu C P, et al. 2020. Evolution of anodic erosion components and heat transfer efficiency for W and W(80)Ag(20) in atmospheric-pressure arcs. Journal of Physics D: Applied Physics, 53. (47):475203.

Fievet C, Barrault M, Petit P, et al. 1997. Optical diagnostics and numerical modelling of arc re-strikes in low-voltage circuit breakers. Journal of Physics D: Applied Physics, 30(21): 2991-2999.

Huang K Y, Sun H, Niu C P, et al. 2020. Simulation of arcs for DC relay considering different impacts. Plasma Science & Technology, 22(2): 024003.

Huo T Y, Niu C P, He H L, et al. 2019. An arc squeeze method for DC interruption-experiments and analysis. IEEE Transactions on Power Delivery, 34(3): 1069-1078.

Shiba Y, Morishita Y, Kaneko S, et al. 2011. Study of DC circuit breaker of H_2-N_2 gas mixture for high voltage. Electrical Engineering in Japan, 174(2): 9-17.

Sun H, Fan S D, Wu Y F, et al. 2018. Spatially resolved temperature measurement in the carbon dioxide arc under different gas pressures. Applied Optics, 57(21): 6004-6009.

Sun H, Rong M Z, Chen Z X, et al. 2014. Investigation on the arc phenomenon of air DC circuit breaker. IEEE Transactions on Plasma Science, 42(10): 2706-2707.

Wu Y, Cui Y F, Rong M Z, et al. 2017. Visualization and mechanisms of splashing erosion of electrodes in a DC air arc. Journal of Physics D: Applied Physics, 50(47): 47LT01.

Wu Y, Sun H, Tanaka Y, et al. 2016. Influence of the gas flow rate on the nonchemical equilibrium N2 arc behavior in a model nozzle circuit breaker. Journal of Physics D: Applied Physics, 49(42): 425202.

Yoshida K, Sawa K, Suzuki K, et al. 2017. Influence of sealed gas and its pressure on arc discharge in electromagnetic contactor. IEEE Holm Conference on Electrical Contacts, IEEE: 236-241.

Zhang H T, Wu Y, Sun H, et al. 2019. Application of calibration-free Boltzmann plot method for composition and pressure measurement in argon free-burning arcs. Plasma Chemistry and Plasma Processing, 39 (6)：1429-1447.

Zhang H T, Wu Y, Sun H, et al. 2019. Investigations of laser-induced plasma in air by Thomson and Rayleigh scattering. Spectrochimica Acta Part B: Atomic Spectroscopy, 157: 6-11.

Zhou X, Chen M, Cui X L, Zhai G F. 2014. Study on arc characteristics of a DC bridge-type contactor in air and nitrogen at different pressure, IEICE Transactions on Electronics, E97.C (9)：850-857.

第5章 机械灭弧式直流开断2：直流断路器

中低压直流供电系统不仅在很多民用领域如城市无轨电车、地铁、冶炼、化工、轧材、矿山等场合应用日益广泛，而且在国防领域也备受瞩目。中低压直流系统中广泛采用机械灭弧式直流断路器作为其核心保护元件，而且，随着人们对供电系统可靠性的要求越来越严格，直流用电负荷容量持续增加，机械灭弧式直流断路器的需求量不断增大，同时对其开断性能提出了更高的要求。

5.1 机械灭弧式直流断路器基本结构

机械灭弧式直流断路器主要包含如下几个核心部分，如图 5-1 所示以赛雪龙直流断路器结构简图为例。

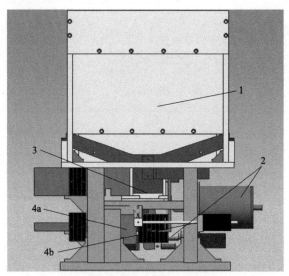

图 5-1 机械灭弧式直流断路器主要部件

1-灭弧室；2-分合闸机构；3-触头系统；4a-直接脱扣装置；4b-间接脱扣装置

（1）分合闸操作机构：主要用于实现机构合闸动作、合闸保持和分闸功能，能够保证合闸过程中具有一定的合闸速度，合闸保持状态下具有足够的触头终压力，分闸过程中满足一定的触头打开速度。机械灭弧式直流断路器根据应用场合不同，合闸操作结构主要分为弹簧式操作机构和电磁式操作机构两类，同时合闸机构与脱扣机构配合，实现机构在合闸状态的锁扣。分闸机构由分闸弹簧作为提供分闸速度的动力装置。在额定分断情况下，如采用电磁合闸的断路器可以通过合闸机构掉电完成额定分闸；在故障情况下，分闸机构配合脱扣系统完成快速分闸动作。具体机构动作原理见本章 5.3 节。

(2)脱扣装置：在断路器合闸状态下，脱扣装置具有锁扣功能，保证机构锁定在合闸位置。在线路出现过电流故障时，脱扣装置解除锁定，断路器在分闸机构的作用下快速实现机构的分闸操作。

直流断路器一般按照功能有 4 种脱扣装置：①直接脱扣装置又称瞬动脱扣装置，当发生大电流短路故障时，在主回路磁场的作用下实现快速脱扣，使断路器完成故障分闸动作；②间接脱扣装置有些场合也称他励脱扣装置，一般常见于框架断路器，可以接受继保装置的分闸控制指令完成断路器脱扣动作；③热脱扣装置一般基于双金属片原理，常用在塑壳断路器中，在断路器主回路电流过载一定时间后，通过双金属片发热形变完成脱扣动作，达到过载长延时保护的目的；④手动脱扣装置一般与其他脱扣装置有一定机械联系，可以实现手动快速分闸操作。

(3)触头系统：一方面接通和承载额定电流以保证断路器温升满足标准要求，另一方面在断路器故障分闸时，动静触头迅速分离产生电弧，配合断路器灭弧系统完成灭弧操作并提供可承受系统恢复电压的断口。部分场合用断路器还对触头系统的短时耐受电流提出了要求。

(4)栅片式空气灭弧室：由于直流系统的开断缺乏自然过零点，机械灭弧式直流断路器采用栅片式空气灭弧室迅速促使电弧被拉长、切割以提升电弧电压，保证主回路电流过零熄灭，最终实现可靠分断。

5.2　机械灭弧式直流断路器灭弧室

机械灭弧式直流断路器完成直流电流分断的核心部件一般采用栅片式空气灭弧室。如前文所述，由于直流系统的开断缺乏自然过零点，栅片式灭弧室主要功能是实现电弧电压的可靠提升以抵消直流电源电压、促使电流过零完成灭弧功能。因此，如何增加电弧电压数值与上升速度、同时降低电弧往复运动引起的电压跌落，是栅片式空气灭弧室需要实现的基本功能。

5.2.1　栅片式空气灭弧室的基本原理

为了实现上述功能，栅片式空气灭弧室常采用如下原理进行灭弧：通过电弧运动、拉长来对流冷却；通过器壁材料产气来冷却电弧；通过金属栅片将电弧切成许多串联的短弧(电弧段)；通过绝缘栅片形成的壁垒增加电弧长度。在大多灭弧室中，最少包含上述两种功能。

根据电弧栅片的材料，栅片式空气灭弧室主要分为具有金属栅片的灭弧室和具有绝缘栅片的灭弧室。

金属栅片灭弧室使电弧被许多平行的栅片切割为若干短弧（电弧可分为靠近电极的近极区域和弧柱区域）。电弧电压会因阳极和阴极压降而增加，每一个短弧的近极电压在 15～20V，而弧柱的电压降与栅片空间及短弧长度有关。此外，栅片的热传导加强了对电弧的冷却。金属栅片通常采用钢，因为它的铁磁效应有助于吸引电弧并将它们维持在栅片中。在这种类型的灭弧室中，为了保证初始电弧顺利从触头进入栅片，一般在触头和栅片相邻近的位置设计引弧角。随后，电弧在载流导体电磁力与高温流体气动力的共同作用下充分进入灭弧室，完成电弧的拉伸和切割。金属栅片灭弧室的熄弧方法通常用于低压开关，至今在 1000V 电压以下它仍然是最经济实用的技术。当使用更大尺寸的灭弧室时，该类型的断路器甚至能够覆盖配电系统的应用需求。

绝缘栅片灭弧室是另一种结构，其原理是利用绝缘材料制成的栅片拉长和冷却电弧。绝缘的灭弧栅片由各种陶瓷材料制成。这种类型的灭弧室通常与金属栅片灭弧室配合使用，应用于中压范围的机械灭弧式直流断路器。图 5-2 为某型号直流断路器灭弧室结构，其中包含金属栅片和绝缘栅片。对于相对低电压等级的微型断路器、塑壳断路器或框架断路器，一般进采用金属栅片进行灭弧。

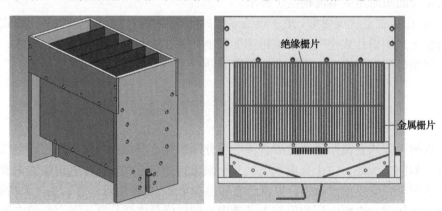

图 5-2　典型机械灭弧式直流断路器灭弧室结构

5.2.2　栅片式空气灭弧室内电弧运动过程

如前文所述，机械灭弧式直流断路器开断过程中必须产生足够高的电弧电压，从而抵制电源电压完成分断。电弧电压提升不充分或者电弧往复运动引起多次电弧电压跌落均有可能造成开断失败，进而引起严重事故。因此，充分了解栅片式空气灭弧室内电弧运动过程是机械灭弧式直流断路器设计的核心问题之一。

　　为了研究方便，常把电弧从产生到熄灭这段时间划分为四个过程，如图 5-3 所示。首先，电流流通下触头分离触头间隙产生电弧；其次在触头系统的打开过程中，电弧被逐渐拉长；接着，电弧在灭弧室内受磁场力和气流场的作用发生运动；最后电弧被金属栅片切割冷却而导致熄灭或发生重燃。在这四个阶段中，电弧等离子体内部始终存在着热传导、对流、辐射的能量传递，电弧在外力作用下又可能发生弯曲变形，研究电弧实际上也就是要研究这四个过程中所发生的相关物理现象的内在机理。

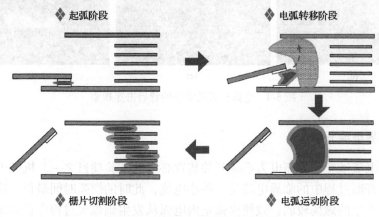

图 5-3　灭弧室内电弧的发展过程

5.2.3　直流开断的背后击穿现象

　　机械灭弧式开断的核心在于提升电弧电压、强迫线路中电流过零。然而，机械灭弧式开关电弧的特点是释放能量大，电流过零后，电弧趋于熄灭时灭弧室内气体的残余温度高，由此可能导致弧后的介质恢复强度低，如果电弧电压过高则易发生电弧背后击穿或者重燃，进而引起开断失败的问题。

　　如图 5-4(a)～(c)所示，电弧在自身洛伦兹力及流场力的作用下不断被拉长，并最终被栅片切割。电弧电压高于电源电压后，电弧电流逐渐过零熄灭。然而，由于图中白色虚线框标注区域仍存在残余高温气体，在电流过零后一段时间内，图 5-4(d)、(e)期间两处弧根位置的高温气体会重新互相靠近，在图 5-4(f)电极间再次发生击穿引起电弧重燃，导致电弧电压瞬间跌落、电弧电流再次提升。反复的重击穿会导致燃弧时间延长，严重时会造成灭弧室材料的剧烈烧蚀，最终导致开断失败。因此机械灭弧式直流断路器设计过程中，如何抑制重击穿是必须考虑的关键问题之一。

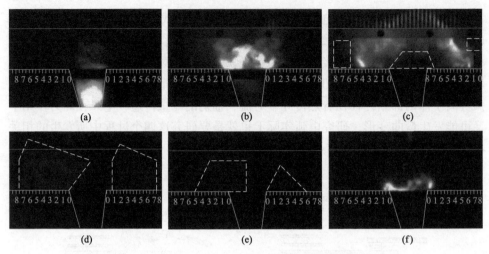

(a)　　　　　　　　　(b)　　　　　　　　　(c)

(d)　　　　　　　　　(e)　　　　　　　　　(f)

图 5-4　电弧在灭弧室中的背后击穿现象

5.2.4　临界电流开断

　　临界电流试验是直流电力系统开关装置必需的试验项目之一。机械灭弧式直流断路器开断过程中的临界电流是一种小电流，此时的燃弧时间最长。这是由于电弧电流产生的磁场较弱，致使灭弧室内电弧从发生到熄灭过程中移动缓慢，所以临界电流分断是机械灭弧式直流开断的难点问题之一。

　　为解决这一问题，机械灭弧式直流断路器中常采用辅助磁吹的方式促进临界电流情况下的电弧运动，驱动磁场可由安装在灭弧室外部支撑架上的线圈产生，如图 5-5 所示为自能式磁吹系统原理图。当断路器处于关合状态时，主回路中电流不流经吹弧线圈。当断路器开始打开时，电流从主触头转移到弧触头，直至弧触头分开产生电弧。随着触头持续分开，电弧被驱使到引弧角中，线圈被接入主

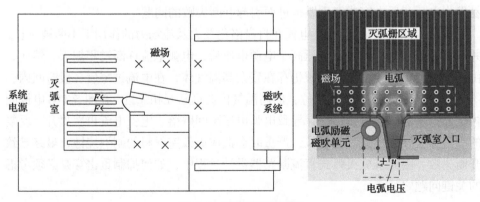

图 5-5　磁吹系统原理图

回路。这时线圈成为主回路的一部分，并产生额外的磁场，这个磁场驱使电弧进一步深入到灭弧室中。该磁场的磁通和所要开断电流之间应有一定的相位滞后，从而在电流过零时仍然有一个力作用于正在熄灭的电弧上。

需要注意的是，由于吹弧磁铁材料存在剩磁现象，在具有双向分断功能的断路器中须避免磁场的反向作用。表 5-1 某型号 1500V 直流断路器临界电流分断试验参数，图 5-6 所示为该直流断路器是否存在剩余磁场情况下小电流全分断时间的对比。可以看到，存在剩磁时，全开断时间明显延长。这是因为，在分断反向的电流时吹弧线圈产生的新磁场要抵消铁磁材料原来的剩磁，使实际的吹弧电磁力变小，电弧运动速度变小，所以导致全开断时间延长。此外，分断时间在小电流情况下随电流值呈现非单调变化，在某一电流值全分断时间会达到最大值，这是因为，电流越小，电弧能量产生的驱动力和电弧受到的外加洛伦兹力越小，电弧运动速度降低，导致开断时间增长；当电弧电流进一步减小到一定程度时，电弧则极易被冷却从而产生高的电弧电压，反之开断时间再次缩短。需要指出的是，对于不同的断路器，其可分断的临界电流大小也存在区别。

表 5-1　某型号 1500V 直流断路器临界电流分断试验参数

实验序号	电流方向	预期电流/A	实验次数
1	动触头→静触头	12.5, 25, 50, 100, 200	各重复分断 10 次
2	静触头→动触头	12.5, 25, 50, 100, 200	各重复分断 10 次

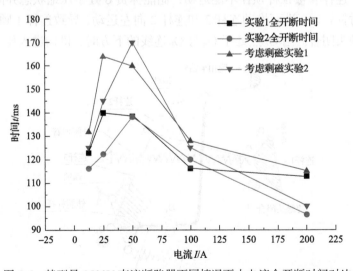

图 5-6　某型号 1500V 直流断路器不同情况下小电流全开断时间对比

5.3　机械灭弧式直流断路器操作结构

5.3.1　合闸机构

操作机构是开关电器的主要运动部件，是实现开关分合运动的基础，直接影响分合操作的可靠性与稳定性。常见的操作机构主要包括弹簧机构、液压机构、电磁机构、永磁机构、碟簧机构等几种类型。与交流断路器类似，电磁机构一般用于低压领域，弹簧机构和永磁机构一般用于中压领域，而在高压领域则主要使用气动机构和液压机构。本书主要介绍在机械灭弧式直流断路器中常用的弹簧机构和电磁机构。

1）弹簧机构

弹簧操作机构是以弹簧为储能元件，与凸轮、连杆等构件共同构成的机械式操作机构。该操作机构不需要大功率电源，电动机功率小，成本低，因此在开关电器中广泛使用。但是该操作机构也存在固有的局限性：从设计上讲，弹簧输出的力特性与开关电器的负载特性不易匹配，如何在毫秒时间尺度内既完成分合闸操作，又缓解各部件之间的冲击强度是不易解决的问题；此外，弹簧机构的稳定性相对较差，长期使用中分合闸动态特性会发生变化。

图 5-7 为典型框架断路器五连杆操作机构原理图，它主要包含连杆 1、连杆 2、连杆 3、连杆 4 和地组成的五连杆机构。图中的操作机构处于分闸位置。当机构合闸时，连杆 4 被顶杆顶住不能运动，储能弹簧 6 处于压缩状态并向右推动储能杠杆逆时针转动，进而推动连杆 3 和连杆 2 向左运动，导致连杆 1 顺时针转动，最终使动触头闭合。当 O_c 点处于 O_d 与 O_b 连线的下方时，机构进入死点，动静触

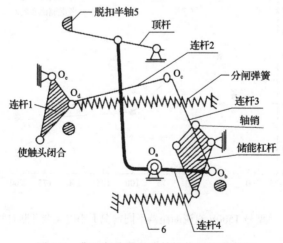

图 5-7　典型断路器的弹簧操作机构示意图

头处于稳定的闭合状态。当机构分闸时，脱扣半轴 5 在脱扣器作用下脱开（脱扣器工作原理在后文中详述），连杆 1 在触头压力、分闸弹簧弹性力、电动斥力的作用下逆时针转动，使得动静触头分离。此时连杆 4 脱开顶杆绕 O_a 顺时针转动，O_b 点向下移动，当 O_c 点处于 O_d 与 O_b 连线的上方后，机构加速向右运动，直到断路器处于稳定分闸状态。

弹簧操作结构常用于微型断路器、塑壳断路器及框架断路器中，机构的分合闸时间在不同电压和电流等级的断路器中也有差别。一般而言，排除分合闸控制信号的延迟，对于弹簧操作机构，合闸时间（动触头开始运动到动静触头完全闭合）在数毫秒到数十毫秒不等，分闸时间（动静触头刚分到最大开距）相对更短，一般在数毫秒到十余毫秒。

对于采用弹簧操作机构的断路器，弹簧的弹性力是分合闸操作的主要驱动力，但在短路电流的情况下，电动斥力的作用也很显著。例如，以双断点塑壳断路器为例，短路分断下机构达到最大开距的时间可缩短至空载情况下的一半。虽然更快的机构运动速度有利于电弧的运动和电流开断，但短路电流的电动斥力也会导致分闸过程中动触头的反弹幅度加大，存在电弧重燃以致开断失败的风险，需要对操作机构进行优化设计，降低短路开断的回弹幅度，提高断路器的可靠性。

2）电磁机构

机械灭弧式直流断路器另一类操作机构为电磁或永磁合闸机构，本书以电磁机构为例进行介绍。一般来讲，此类直流断路器采用电磁或永磁机构实现合闸功能，分闸仍采用弹簧提供分闸速度。

电磁操作机构结构简单，便于安装，且工作可靠性很高。电磁铁由外部回路控制分合闸，通过铁芯运动推动断路器合闸，并且通过电磁吸力和合闸弹簧来提供稳定的合闸保持力。电磁合闸机构基于最基本的电磁铁设计原理，结构较为简单，例如图 5-8 所示为轴对称结构，其中，静铁芯 1 和动铁芯 2 构成了合闸磁铁的磁路，合闸线圈 3 为合闸磁铁的电路，合闸推杆 4 与动铁芯 2 同时运动，推动触头系统来提供合闸速度和合闸推力。

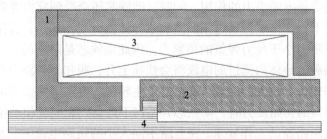

图 5-8　合闸电磁铁的基本结构

1-静铁芯；2-动铁芯；3-励磁线圈；4-合闸推杆

合闸电磁铁工作时，控制回路发出合闸信号，电磁铁激励合闸线圈 3 通电，动铁芯 2 在磁场力作用下从右向左运动，完成合闸动作。在动铁芯 2 推动动触头运动一段行程后，动静触头相接触，合闸推杆 4 的位置被固定，根据该电磁铁的设计，此时动静铁芯尚有一段距离，动铁芯在电磁吸力的作用下继续运动，用以提供接触超行程。

由合闸电磁铁的工作过程可以看出，合闸动力来自激励线圈通电后对动铁芯产生的电磁吸力；合闸保持力的大小取决于合闸弹簧的刚度和触头超程。根据直流断路器的设计要求，对合闸电磁铁的要求包含两个方面：①能够满足合闸速度的要求；②能够满足触头压力的要求。为了满足这两点要求需要全面考虑激励线圈参数、触头超程、合闸弹簧刚度及分闸弹簧刚度等多个因素。对于电磁式合闸机构，由于合闸过程中磁铁需要励磁过程，某些产品中最大合闸时间（从线圈通电到动静触头闭合）甚至可超过 100ms。由于此类机构分闸动作仍由分闸弹簧完成，分闸时间（动静触头刚分到最大开距）也一般在数毫秒到十余毫秒。

5.3.2　脱扣机构

前文中提到，按照直流断路器中脱扣机构的应用场合和功能，一般分为直接脱扣器、间接脱扣器、热脱扣器几类。按照脱扣器的动作原理，脱扣器又可分为电磁脱扣器、热脱扣器。

1）电磁脱扣器

值得指出的是，直流断路器开断短路电流时，要求其响应和动作时间尽可能短，使短路电流尚未到达预期峰值便被切断，以减小短路电流的危害，直接脱扣器便是针对此类故障的脱扣装置。此类脱扣器基于电磁原理制作，一般包含由动静铁芯构成的磁路，该磁路中磁通直接由流经主回路的电流产生，常见的电磁脱扣装置有直动式和拍合式两类。图 5-9 中列举了塑壳直流断路器中的直动式脱扣器结构。从图中可以看出，断路器主回路载流导体均布置在磁路周围，当载流导体通过电流后，空间中激发的磁场由动铁芯、静铁芯和气隙组成闭合回路，动铁芯在其中则会受到电磁吸力的作用。同时，动铁芯还会受到反力弹簧的作用。

正常情况下，工作电流通过主回路载流导体流过脱扣器时，直接脱扣器动铁芯受到的电磁吸力小于反力弹簧的预紧力，因此动铁芯是静止的。一旦发生短路故障，主回路载流导体内流过的电流将会快速上升，脱扣器磁路内形成十分强的磁场，在磁路中产生较大的磁通，动铁芯产生较强的电磁吸力。当电磁吸力的数值大于反力弹簧的初始反力时，动铁芯开始向下运动，完成脱扣动作。

根据直流断路器的工作要求，在分断不同大小的短路电流时，需对脱扣器动作电流的整定值进行设定。对于电磁式脱扣机构，改变电流整定值主要有两种方式。

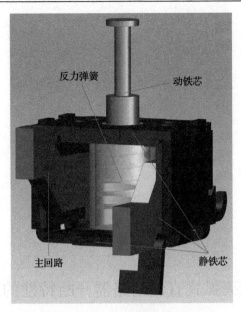

图 5-9　直动式电磁脱扣器原理图

(1)改变反力弹簧大小。上面提到，脱扣器动作的条件为可动磁铁的电磁吸力大于弹簧的反力。通过调节反力弹簧的预紧力，即可实现脱扣器整定电流的调节。

(2)改变脱扣器的磁路。除改变弹簧预紧力，在某些场合也可以把脱扣器的静铁芯部分加工为可拆式结构，从而改变磁路的结构乃至磁阻大小。在主回路流经电流时，会在载流导体周围形成磁动势。根据磁路的欧姆定律，在磁动势一定的情况下，磁路的磁阻越大则经过磁路的磁通越小，进而减小可动衔铁的电磁吸力。采用这种方式，可以实现脱扣器整定电流的大范围调节。

除上述直流感应主回路电流的直接脱扣器外，直流断路器中还会安装间接脱扣器实现额外保护功能。此类脱扣器运行原理类似 5.3.1 节中提到的电磁操作机构，通过控制系统对脱扣器励磁线圈进行放电，在电磁铁磁场力作用下实现脱扣动作。

2)热脱扣器

一般在塑壳式直流断路器中，还会通过热脱扣器实现过载长延时保护，其中核心部件为双金属元件。双金属是由不同热膨胀系数的两层金属彼此牢固结合的组合材料。热膨胀系数高的一层为主动层，低的一层为被动层。在主回路中通过过载电流时，双金属元件随着温度升高，形变量逐渐增加，推动相应机构锁扣装置完成脱扣动作，如图 5-10 所示。

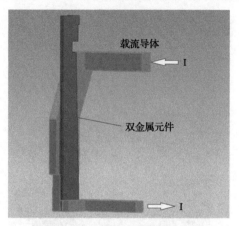

图 5-10　双金属元件工作举例

5.4　机械灭弧式直流断路器开断特性的影响因素

机械灭弧式断路器在完成脱扣动作后，动静触头分离产生电弧，电弧随后进入灭弧系统。机械灭弧直流断路器完成开断的核心在于产生能够抑制电源电压的电弧电压，而电弧电压的大小又由灭弧室内电弧的运动特性决定。因此，了解机械灭弧式直流断路器分断过程中电弧在灭弧系统的运动特性及其对应的典型开断特性尤为重要。

机械灭弧式直流断路器中电弧产生、电弧转移、电弧运动及栅片切割几个过程因素的影响主要受触头打开速度、跑弧道形状及灭弧室结构等。

5.4.1　触头打开速度的影响

触头打开速度对于开断特性的影响是直流断路器电弧特性研究必须考虑的重要因素。

脱扣系统完成动作后，在分闸弹簧的作用下动静触头以一定的速度分离。根据直流断路器灭弧结构不同，触头打开速度对电弧运动特性的影响主要有两种。

对于微型断路器或框架断路器，如图 5-11 所示，触头附近往往配有跑弧道结构，电弧弧根会在跑弧道运动较长距离，具体过程见图 5-3。一旦电弧弧根由触头转移到跑弧道，电弧的运动特性基本不再由触头打开速度决定。此时，触头打开速度的大小主要决定了触头区域断口的绝缘恢复强度。如果触头打开速度过慢、触头区域绝缘恢复强度不够，在直流分断过程中往往会造成电弧反复在触头区域重燃，极大增长断路器开断时间，甚至造成开断失败的严重后果。

　　对于塑壳断路器的灭弧系统，如图 5-12 所示，几乎不存在跑弧道结构，电弧弧根始终存在于触头表面。在这种情况下，触头打开速度决定了电弧电压的变化，在某些情况下甚至是开断成功与否的决定性因素。

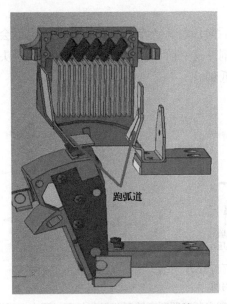

图 5-11　框架断路器灭弧系统

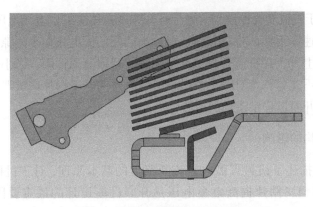

图 5-12　塑壳断路器灭弧系统

　　如图 5-13 所示为某塑壳断路器开断波形与触头打开过程中电弧运动图，通过该图分析触头打开过程对电弧运动特性的影响。整个分断过程可分为如下阶段。

　　(1) t_0 到 t_1：短路电流已经出现，但脱扣机构尚未动作，动静触头未分离。

　　(2) t_1 到 t_2：在动静触头电动斥力作用下动静触头会在初始阶段分开一小段距离，又称为预斥开过程。此时电弧电压较低，电弧运动并不明显。

（3）t_2 到 t_3：在机构弹簧力和载流导体电磁力的共同作用下，动静触头迅速分开，此时机构分开速度会受到电磁力的显著影响；在这一阶段，电弧电压的迅速上升主要是由于动静触头间开距增大引起，并且后期栅片切割充分与否也与这一阶段密切相关。

（4）t_3 到 t_4：在最后阶段触头逐渐达到最大开距，电弧会在自身气动力和电磁力的作用下被栅片切割。这一阶段后电弧电压不再受到触头运动的影响，会在最大值波动或者逐渐降低到 t_5。

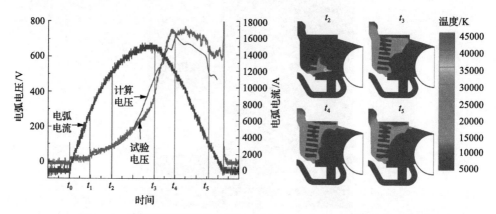

图 5-13　某塑壳断路器开断波形与触头打开过程中电弧温度分布图

可见，对于直流塑壳断路器，触头打开速度直接决定了电弧电压的上升过程。如果触头打开速度不够，将对开断造成如下问题：①电弧在小间隙下持续燃烧，电弧电压无法上升，在直流开断情况下无法起到限流的作用；②小间隙燃弧过程长，电弧跑动不充分，会对触头及最早接触电弧的若干栅片造成严重烧蚀，降低电寿命并增加开断过程中重燃的风险。

5.4.2　栅片结构的影响

5.2.1 节中描述了机械灭弧式直流断路器的基本原理，对于机械灭弧式直流断路器，采用金属栅片提高电弧电压是开断性能设计的最重要因素。总体而言，栅片设计对开断性能的影响在于：电弧在运动过程中通过磁场和气流场调控能够顺利进入栅片区域，进而在栅片区域产生的近极压降能够充分提高电弧电压。

一般来讲，栅片设计参数较多，包括但不限于栅片数量、栅片厚度、栅片间距、栅片距跑弧道或触头距离、栅片形状及栅片安装方式等。例如，栅片间距如果较大，栅片切割过程中弧柱压降占比比较高，无法满足直流开断对电弧电压的设计要求；栅片间距过小往往意味着栅片数量较多，一方面小间隙情况下会对电弧进入栅片形成流场阻碍，另一方面过高的近极压降会对电弧进入栅片形成电场阻碍，均不利于开断性能的提升。

因此，栅片的近极压降是直流开断灭弧室设计的重要参考数据。根据前期研究，对于直流开断中采用的铁磁栅片，近极压降受电弧电流、栅片厚度、栅片材料等因素的影响不大，基本在 16~18V。但是需要指出的是，栅片切割过程还需考虑弧柱压降，其影响因素相对较多且更为复杂，例如栅片材料、灭弧室宽度、电流等级等均会对弧柱压降产生影响。

5.4.3　灭弧室尺寸的影响

灭弧室尺寸尤其是灭弧室宽度也是影响直流开断下电弧运动的重要因素。从图 5-14 可以看出，在分断直流电流的过程中，较小的灭弧室宽度可以获得更高的电弧电压上升速度，这是由于在电弧运动阶段，跑弧区域的宽度越窄，电弧的运动速度越快，电弧电压也相对更高。首先，随着跑弧区域宽度的减小，电弧的扩展范围变小，较小的电弧弧柱导致电流密度分布更为集中，从而增强电弧自生的电磁力，促使电弧更快运动。其次，在更小的跑弧区域宽度下，电弧的焦耳热效应对气体的加热效应更加明显，可以使气体流动速度达到很高的值。因此，跑弧区域越窄时，气流场对电弧的驱动作用越强。最后，由于电弧电压与电弧的等效电阻成正比，跑弧区域越窄时，电弧弧柱的扩展范围越小，相应的电弧电阻增加，所以在电弧运动阶段，较窄的跑弧区域将会产生更高的电弧电压。

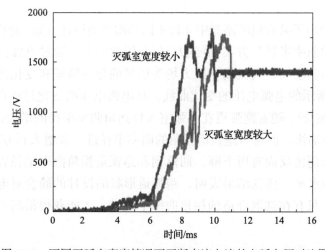

图 5-14　不同灭弧室宽度情况下开断直流电流的电弧电压对比图

　　需要注意的是，对于大容量直流开断，在工程实际中过小的灭弧室会对断路器的开断产生一些不利的影响。灭弧室过小时，大电流电弧将对灭弧室栅片产生严重的烧蚀，产生大量的金属蒸汽聚集在小空间内，增大发生重击穿的可能性，同时会产生强烈的飞弧现象，对外围的设备造成一定的损坏。此外，由于直流电弧能量高，较窄的灭弧室可能会造成局部压力升高，在压力差的作用下电弧运动受到阻碍。因此，对于更高分断容量，需要适当增加灭弧区域宽度，电弧进入灭弧室后弧柱背后的低气压区域更容易被冷气流补充，使灭弧室入口处的压力分布相对均匀，有助于减弱电弧停滞现象，使电弧在灭弧室内的运动和扩展速度更快。

5.4.4　跑弧道结构的影响

　　对于微型断路器或如图 5-11 所示框架断路器，在栅片与触头之间会安装供电弧弧根运动的跑弧道。在弧根由触头跳变到跑弧道后，电弧对触头的烧蚀减小，并且电弧在跑弧道运动过程中不断被拉长，可进一步促进电弧电压的提升。由于直流开断中电弧燃弧能量大，跑弧道设计准则要求电弧弧根能够快速运动，尽量避免电弧停滞现象出现。实际设计过程中，跑弧道拓扑结构会出现弯折等形状，这些位置是电弧弧根容易停滞的风险区域。电弧停滞过程的存在会对灭弧室的性能产生很多不利的影响。首先，电弧停滞期间电弧电压的上升速度十分缓慢，根据空气直流开断的基本原理，较低的电弧电压无法对减小电弧电流起到明显的作用，因此电弧停滞现象将导致开断时间的延长；其次，电弧停滞期间电弧持续燃烧，会产生大量高温金属蒸气，降低灭弧室使用寿命并增加开断失败风险。

　　图 5-15 给出了某直流断路器中 4 种不同的跑弧道设计方案，跑弧道在灭弧室入口处拐角的曲率半径从方案 (a) 到方案 (d) 依次增大。通过电弧仿真，可获得灭弧系统中的温度场、气流场、压力场等场量的分布特征和变化过程，并给出了如图 5-16 所示的电弧电压的变化曲线。从电弧电压的变化过程可以看到，从方案 (a) 到方案 (c)，随着跑弧道在灭弧室入口拐角曲率半径的增大，电弧电压的增长速度不断加快，但是当跑弧道拐角的曲率半径进一步增大到方案 (d) 时，电弧电压的增长速度反而有所下降，回落到和跑弧道拐角曲率半径较小情况下方案 (a) 和 (b) 的水平。仿真结果表明，跑弧道形状的设计的确会对电弧的运动过程产生影响，只有在选取合适的拐角曲率半径时，才能获得最高的电弧电压变化曲线。

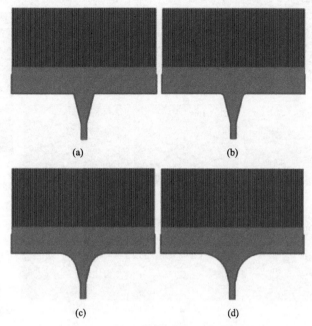

图 5-15　四种不同跑弧道方案的模型图

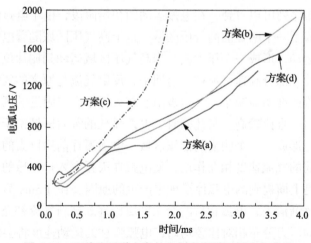

图 5-16　四种跑弧道方案的电弧电压随时间变化曲线

　　为了对电弧运动发展过程中的停滞等行为做出解释，以图 5-15 中的方案(a)为例，图 5-17 给出了关键时刻灭弧室对称面上的压力分布图。

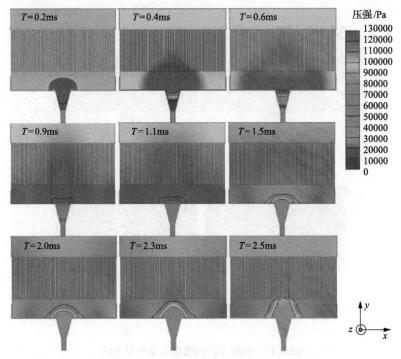

图 5-17　灭弧室对称面上的压强分布序列

从压强分布序列可以看到，在电弧运动的初始阶段，由于电弧的快速膨胀，在电弧周围形成了一个明显的高气压区域，这个高气压区域随着电弧的运动快速向灭弧室方向运动，形成一个压力波。当高气压区域运动到栅片位置，由于栅片的阻塞效应，使一部分高速气流被反射回来，反射气流与原来的气流叠加，灭弧室入口处的气流速度明显减小，气体被阻塞在灭弧室入口附近的区域，从而导致该区域内的压力一直比较高。与此同时，电弧弧柱的背后区域由于损失的气体来不及得到补充，形成了一个明显的低压区域。电弧弧柱前后巨大的压力差，以及电弧区域被削弱的气流速度相互作用，使电弧在灭弧室入口区域的运动和扩展十分缓慢，这就是上面提到的电弧停滞现象产生的原因。在 1.5ms 后，灭弧室入口处的高压区域逐渐消失，电弧背后的低压区域也逐渐被新气流补充，整个灭弧室入口附近区域的压力分布相对比较均匀，电弧弧柱的运动速度将会加快。

适度增大跑弧道拐角的曲率半径，可以减小压力波的反射，从而有利于电弧的快速运动，减小电弧的停滞，促使电弧电压快速上升。而在跑弧道拐角曲率半径过大时，由于气体向灭弧室两侧的泄放比较严重，弧柱区域的吹弧气流反而会减弱，从而导致电弧的扩展速度减慢。研究表明，只有选取合适的跑弧道拐角尺寸，才能获得最佳的电弧运动特性和最高的电弧电压曲线。

5.5　机械灭弧式直流开断典型开断波形

以预期短路电流分断实验为例，图 5-18 所示为某直流断路器最大短路故障预期电流波形。

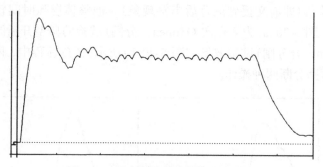

图 5-18　最大短路故障预期电流波形

短路分断试验过程中，电弧电流在过零之后若发生重燃现象则认为开断具有失败风险。以图 5-19 所示的开断波形为例，当短路电流出现后，断路器动静触头分离产生电弧电压，随着电弧的运动电弧电压顺利升高，促使电流不断下降

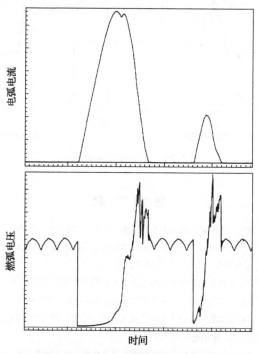

图 5-19　分断失败的电流电压波形

直至过零；然而，由于该断路器设计问题，在电流过零一段时间后，出现了电弧
电压的迅速跌落，从跌落幅度看，灭弧室内部发生了严重的重燃现象，这时电弧
电流再次升高。虽然此次试验也完成了直流电流的分断，但电流重燃增加了电弧
燃烧时间，会对断路器和直流系统设备造成损坏，根据型式试验要求，该波形为
分断失败波形。对比成功分断实验波形如图 5-20 所示，虽然在燃弧过程中会出
现电压少许跌落（即前文提到的背后击穿现象），但整体燃弧时间较短且没有电
弧重燃发生；图 5-20(a)为第一次 O(open，分闸)试验的典型开断波形，随后的
CO(close open，合分闸)试验波形如图 5-20(b)所示，CO 流程中，断路器应满足
短路关合和短路分断两种操作。

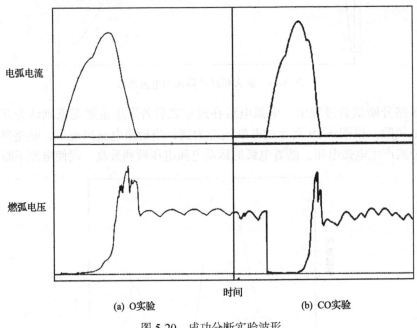

(a) O实验　　　　　　　　　　　　(b) CO实验

图 5-20　成功分断实验波形

参 考 文 献

刘志远, 王建华, 孙昊, 等. 2019. 输配电系统电力开关技术. 北京: 机械工业出版社.

荣命哲, 马强, 吴翊, 等. 2007. 一种中压大电流直流断路器的限流灭弧装置: 中国, CN200610105253.0.

荣命哲, 吴翊. 2018. 开关电器计算学. 北京: 科学出版社: 350.

荣命哲, 杨飞, 杨芸, 等. 2012. 一种直流配电系统用的小电流分断装置及其分断方法: 中国, 201210041221.

孙昊, 荣命哲, 马瑞光, 等. 2013. 空气介质直流断路器的现状. 低压电器, (20): 8-11.

王云峰, 陈德桂. 2005. DW45框架式断路器动作机构的仿真及应力应变的研究//中国电工技术学会低压电器专业委
　员会第十二届学术年会论文集. 中国电工技术学会: 4.

吴翊, 荣命哲, 王小华, 等. 2008. 低压空气电弧动态特性仿真及分析. 电工技术学报, (5): 12-17.

吴翊, 荣命哲, 杨芸, 等. 2011. 一种直流断路器快速斥力脱扣机构及其脱扣方法: 中国, CN201110185761.5.

吴翊, 赵鸿飞, 荣命哲, 等. 2012. 一种直流断路器磁吹灭弧装置: 中国, CN201210040953.1.

杨飞, 荣命哲, 吴翊, 等. 2010. 一种自能式气吹中压大电流直流快速限流断路器: 中国, CN 201010134083.

Lindmayer M, Paulke J. 1998. Arc motion and pressure formation in low voltage switchgear. IEEE Transactions on Components Packaging and Manufacturing Technology Part A, 21 (1): 33-39.

Lindmayer M, Springstubbe M. 2002. Three-dimensional-simulation of arc motion between arc runners including the influence of ferromagnetic material. IEEE Transactions on Components and Packaging Technologies, 25 (3): 409-414.

Ma Q, Rong M Z, Murphy A B, et al. 2008. Simulation and experimental study of arc motion in a low-voltage circuit breaker considering wall ablation. IEICE Transactions on electronics, 91 (8): 1240-1248.

Ma Q, Rong M Z, Murphy A B, et al. 2009. Simulation Study of the Influence of Wall Ablation on Arc Behavior in a Low-Voltage Circuit Breaker. IEEE Transactions on Plasma Science, 37 (1): 261-269.

Ma Q, Rong M Z, Wu Y, et al. 2008. Influence of copper vapor on low-voltage circuit breaker arcs during stationary and moving states. Plasma Science & Technology, 10 (3): 313-318.

Ma Q, Rong M Z, Wu Y, et al. 2008. Simulation and experimental study of arc column expansion after ignition in low-voltage circuit breakers. Plasma Science & Technology, 10 (4): 438-445.

Ma R G, Rong M Z, Yang F, et al. 2013. Investigation on Arc Behavior During Arc Motion in Air DC Circuit Breaker. IEEE Transactions on Plasma Science, 41 (9): 2551-2560.

Mcbride J W, Pechrach K and Weaver P M. 2001. Arc root commutation from moving contacts in low voltage devices. IEEE Transactions on Components and Packaging Technologies, 24 (3): 331-336.

McBride J W, Pechrach K, Weaver P M. 2002. Arc motion and gas flow in current limiting circuit breakers operating with a low contact switching velocity. IEEE Transactions on Components and Packaging Technologies, 25 (3): 427-433.

Rong M Z, Ma Q, Wu Y, et al. 2009. The influence of electrode erosion on the air arc in a low-voltage circuit breaker. Journal of Applied Physics, 106 (2): 61.

Rong M Z, Wu Y, Yang Q, et al. 2005. Simulation on arc movement under effects of quenching chamber configuration and magnetic field for low-voltage circuit breaker. IEICE Transactions on Electronics, (8): 1577-1583.

Rong M Z, Yang F, Wu Y, et al. 2010. Simulation of Arc Characteristics in Miniature Circuit Breaker. IEEE Transactions on Plasma Science, 38 (9): 2306-2311.

Sun H, Rong M Z, Chen Z X, et al. 2014. Investigation on the Arc Phenomenon of Air DC Circuit Breaker. IEEE Transactions on Plasma Science, 42 (10): 2706-2707.

Sun Z Q, Rong M Z, Yang F, et al. 2008. Numerical modeling of arc splitting process with ferromagnetic plate. IEEE Transactions on Plasma Science, 36 (4): 1072-1073.

Wu Y, Rong M Z, Li J, et al. 2006. Calculation of electric and magnetic fields in simplified chambers of low-voltage circuit breakers. IEEE Transactions on Magnetics, 42 (4): 1007-1010.

Wu Y, Rong M Z, Li J, et al. 2008. Research on effect of ferromagnetic material on the critical current of Bi-2223 tape. IEICE Transactions on Electronics, e91-c (8): 1222-1227.

Wu Y, Rong M Z, Sun Z Q, et al. 2007. Numerical analysis of arc plasma behaviour during contact opening process in low-voltage switching device. Journal of Physics D-Applied Physics, 40 (3): 795-802.

Wu Y, Rong M Z, Yang Q, et al. 2005. Numerical analysis of the arc plasma in a simplified low-voltage circuit breaker chamber with ferromagnetic materials. Plasma Science & Technology, 7 (4): 2977-2981.

Yang F, Rong M Z, Wu Y, et al. 2010. Numerical analysis of the influence of splitter-plate erosion on an air arc in the quenching chamber of a low-voltage circuit breaker. Journal of Physics D-Applied Physics, 43 (43): 434011.

Yang F, Rong M Z, Wu Y, et al. 2012. Numerical Simulation of the Eddy Current Effects on the Arc Splitting Process. Plasma Science & Technology, 14(11): 974-979.

Yang F, Wu Y, Rong M Z, et al. 2013. Low-voltage circuit breaker arcs-simulation and measurements. Journal of Physics D: Applied Physics, 46(27): 273001.

第6章 自激振荡式直流开断技术

直流开断有多种技术路线，适合于不同的应用场景。自激振荡式直流开断技术属于一种无源性的直流开断技术，目前最主要的应用就是于基于电流源型换流器的高压直流输电系统中的金属回路转换开关(metallic return transfer breaker, MRTB)。为了让读者了解自激振荡式直流开断的相关理论与知识，本章将以MRTB为例介绍相关内容。

MRTB应用的大背景是我国高压直流输电近20年来的快速发展。这是因为，我国地域辽阔、资源与需求呈明显的逆向分布，用电负荷主要集中在东南部发达的地区，而煤电、水电等丰富的资源则主要分布在中西部地区，所以，建立超远距离、超大容量电力传输，实施西电东送和南北互供是我国能源战略的必然选择。为了减小超远距离输电的线路损耗，缩小输电走廊，节省土地资源，特高压直流输电技术成为了一个非常重要的发展方向。目前，特高压直流输电的电网结构主要为双极两端中性点接地方式，结构简图如图6-1所示。其中，MRTB为金属回路转换开关，NBS为中性母线开关，ERTB为大地回路转换开关，NBGS为中性母线接地开关。

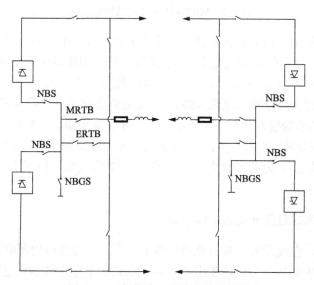

图 6-1 双极换流站直流开关配置图

在直流开关场中的MRTB，它的功能是当一极的换流阀由于故障或者检修需要退出运行时，将直流运行电流从较低阻抗的大地回路向高阻抗的金属回路进行转移，实现直流输电系统由双极运行模式向单极运行模式转换，可以使特高压直流输电系统的运行具有更好的灵活性和可靠性。MRTB 作为直流场成套设备的重要组成部分，是最受关注的直流开关设备之一。

6.1　自激振荡式直流开关的基本原理

6.1.1　自激振荡式直流开关的基本组成

如图 6-2 为基于自激振荡式直流开断技术的 MRTB 转换开关的典型结构图。

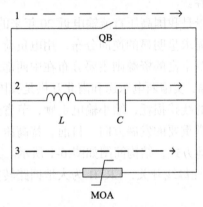

图 6-2　MRTB 转换开关结构示意图

如图 6-2 所示，自激振荡式直流开关为了制造人工电流过零点，通常由三个并联分支组成，分别是正常电流支路 1、谐振支路 2 和能量吸收支路 3。振荡支路是由电容器组 C 和电抗器 L 组成的谐振电路，能量吸收支路是金属氧化物避雷器 MOA，或者可称为高压压敏电阻 MOV。正常电流支路通常是经典的交流高压 SF_6 断路器 QB，其结构通常如图 6-3 所示，其中标号含义如下：1 为绝缘台，2 为挡气罩，3 为静支撑座，4 为壳体，5 为静触座，6 为静弧触头，7 为静触头，8 为喷口，9 为动触头，10 为动弧触头，11 为活塞，12 为气缸，13 为拉杆，14 为动触座，15 为绝缘台。

6.1.2　自激振荡式直流开关的工作原理

自激振荡式直流开关的基本原理如图 6-2 所示，通过机构使电流支路 1 中的 SF6 断路器 QB 的触头分离产生电弧，利用电弧的不稳定性和负电阻特性，通过谐振支路 2 与 QB 中的电弧相互作用产生振荡电流。如果振荡电路参数与电弧电压特性匹配，则电流的振荡幅度将增加。振荡频率由谐振支路 2 中的电容 C 和电

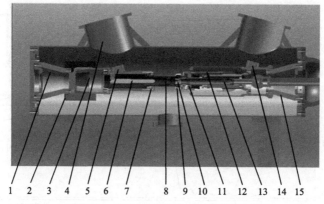

1　2　3　4　5　6　7　　8　9　10　11　12　13　14　15

图 6-3　SF6 断路器内部结构示意图

感 L 决定。如果振荡电流的幅度大于系统总电流，则 QB 中将出现电流过零点，因此 SF6 断路器 QB 将有机会开断电流，并且在电弧熄灭后，QB 中的电流会完全转换到谐振支路 2，然后，QB 断口之间进入介质恢复阶段。但与此同时，直流系统中仍然存储着大量能量，这将导致 QB 断口之间的恢复电压也将快速升高。当介质恢复强度的上升速度低于触点之间恢复电压的上升速度时，将发生电弧重燃，开断失败。而一旦恢复电压上升到金属氧化物压敏电阻 MOV 的导通压降之后，MOV 就会导通以吸收能量，并且谐振支路中的电流开始转换到 MOV 中，此时 QB 的断口承受的电压就是 MOV 的电压。由于 MOV 的电压高于系统的额定电压，根据直流开断的基本原理，系统中的电流将会逐渐降至零点，最终完成整个断开过程。电流开断过程的测试波形示意图如图 6-4 所示，其中，i_{DC} 是系统电流，u_{QB} 是断口的电压，i_{LC} 是谐振支路的电流，i_{QB} 是断口的电流，i_{MOV} 是 MOV 支路的电流。

6.2　自激振荡式直流开关数学模型

　　自激振荡式直流开断的原理是充分利用电弧特性与并联的振荡支路之间的相互作用，核心是通过设计实现快速的电流增幅振荡。因此，了解开断过程中的电弧特性、内部机理和电流振荡影响因素是其中的关键问题。研究人员对这一问题展开了大量的研究工作，利用电弧数学模型对自激振荡过程的研究工作是其中非常重要的内容。

　　电弧的燃弧过程是自激振荡式直流开关模型中最为复杂的部分，电弧建模通常有两种方法。一种方式是从宏观层面研究电弧，即基于能量守恒原理，将电弧看作是一个阻值可变的电阻，然后用非线性微分方程来描述电弧，这就是通常所说的黑盒模型。这种方法虽然很难精确地反映开关断口的复杂几何结构以及电弧

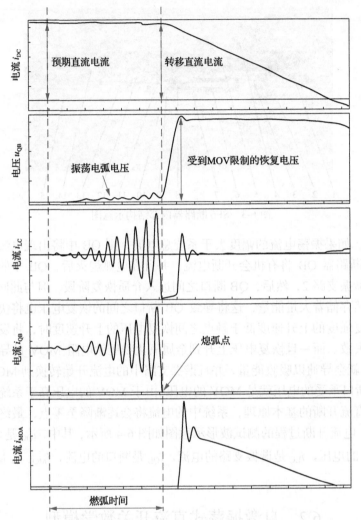

图 6-4　电流转移与开断过程电流电压波形示意图

等离子体的微观参数特性等，模型关键参数的确定通常需要基于一定的实验数据
才能获得，但这种模型非常易于实现，计算速度很快。如果假设合理，参数得当，
亦能获得良好的仿真效果。因此，几十年来，该方法也获得了很多的发展，其中
最有代表性的是 Mayr 模型和 Cassie 模型，以及这两种模型的各种改进方法，都
获得了广泛应用。另一种是从微观层面，即对电弧等离子体进行研究，涉及电磁
场、气流场、热场等多个物理场的耦合，建立电弧的磁流体动力学模型，需要对
其中的质量、能量转化过程及湍流、辐射过程等都能有相应的描述，该方法更能
反映开关具体设计的各个方面，但是实现难度相对较高，计算量较大。本章将对
两种典型的模型分别进行介绍。

6.2.1　基于 Mayr 模型的自激振荡式直流开关模型

1）传统 Mayr 电弧模型

学者们很早就提出了从能量平衡的角度来建立电弧模型，认为电弧是一段具有一定电导的气体通道，其电弧电导值是能量与时间的函数。于是从能量平衡的原理出发，可得

$$\frac{\mathrm{d}q}{\mathrm{d}t} = u \cdot i - P \tag{6-1}$$

式中，$\dfrac{\mathrm{d}q}{\mathrm{d}t}$ 为电弧弧柱中所储能量的变化；$u \cdot i$ 为输入电弧的功率，u 为电弧电压，i 为电弧电流；P 为电弧的耗散功率。

将式（6-1）进一步转化可得

$$\frac{1}{g}\left(\frac{\mathrm{d}g}{\mathrm{d}t}\right) = \frac{1}{g \cdot P^{-1}\left(\dfrac{\mathrm{d}q}{\mathrm{d}g}\right)}\left(\frac{u \cdot i}{P} - 1\right) \tag{6-2}$$

式中，g 为电弧电导。

令

$$\theta = \frac{g \cdot \left(\dfrac{\mathrm{d}q}{\mathrm{d}g}\right)}{P} \tag{6-3}$$

则得

$$\frac{1}{g}\left(\frac{\mathrm{d}g}{\mathrm{d}t}\right) = \frac{1}{\theta}\left(\frac{u \cdot i}{P} - 1\right) \tag{6-4}$$

式（6-4）即为电弧模型的普遍数学形式，由式（6-4）可知，由于电弧中能量的变化导致了电弧电导的改变，当输入电弧的能量与电弧损失的能量相等时即 $u \cdot i = P$，电弧处于稳定状态，此时电弧电导值不变；当输入电弧的能量大于损失的能量时电弧燃烧趋于炽烈，电弧电导增大；反之，当输入电弧的能量小于损失的能量时电弧燃烧趋于冷却，电弧电导减小。由于式中未对 θ_{M} 及 P 的形式做任何的限定，所以在不同的假定条件下便可形成不同的数学模型。

Mayr 在建立电弧模型时认为电弧燃烧时对外表现为一个圆柱形的气体通道，且这圆柱形的气体通道（以下简称弧柱）直径是不变的，弧柱功率的散发主要是由

于传导和一部分辐射，不考虑对流，且从电弧间隙散发的能量是不变的，变化的是电弧温度密度分布。由于能量耗散主要是径向的热传导，所以电弧的温度随着离电弧轴心径向距离的变化而变化，弧柱中的热游离情况可按沙哈方程式确定，即

$$g = g_0 e^{(q/Q_0)} \tag{6-5}$$

式中，g_0 为常数；Q_0 为弧柱中的含热量，其含义为弧柱电导变化 $e=2.73$ 倍时所需要吸收或放出的热量。

将式(6-5)代入式(6-3)式可得

$$\theta = \theta_M = \frac{Q_0}{P} \tag{6-6}$$

再将式(6-6)代入式(6-4)可得

$$\frac{1}{g}\left(\frac{\mathrm{d}g}{\mathrm{d}t}\right) = \frac{1}{\theta_M}\left(\frac{u \cdot i}{P} - 1\right) \tag{6-7}$$

式(6-7)即为 Mayr 提出的电弧模型方程，θ_M 为电弧时间常数，其含义为随着电弧弧柱中储存能量的变化，电弧的电导值改变 $e=2.73$ 倍所需要的时间；P 为电弧的耗散功率。在 Mayr 电弧模型中，电弧时间常数 θ_M 和电弧耗散功率 P 这两个参数都是常数。

Mayr 电弧模型的物理意义清晰明了：当电弧功率 $u \cdot i$ 大于耗散 P 时，电弧燃烧趋于炽烈，电弧热游离作用加强，电弧电导将增大，反之将减小，由于电弧存在热惯性(由时间常数 θ_M 体现)，使电弧温度及电导的变化趋于缓慢。

Mayr 提出的电弧模型是建立在诸多假定条件下的，例如其假定电弧能量耗散的方式为单一的热传导且耗散功率是恒定的，这些假设与实际存在一定差距，因此 Mayr 电弧模型并不是一个普遍适用的模型，它的运用存在一定限制。后来人们通过进一步研究发现，Mayr 提出的这个电弧模型只适用于电弧过零前后的小电流阶段，对于电弧炽烈燃烧的大电流阶段准确度不高。

为了建立更为普适的电弧模型，学者们在 Mayr 电弧模型基础上进行了进一步的探索，发现对于实际电弧而言，模型中的时间常数 θ_M 及耗散功率 P 并不是常数，它会随着电弧状态的改变而改变，在电弧炽烈燃烧阶段及电流过零阶段存在较大差别，于是学者们开始寻找这两个参数更为合适的表达形式。

考虑到电弧中能量的传输变化等最终的体现形式为电弧电导的改变，因而容易想到电弧时间常数 θ_M 及耗散功率 P 应为电导 g 的函数。后来，苏联的 ABⅡ OHИH 等通过对电弧实验数据的处理，提出 θ_M、P 与电弧电导存在以下指数函数

关系，即

$$\theta_M = cg^d \tag{6-8}$$

$$P = ag^b \tag{6-9}$$

式中，a、b 取值在 $0 \sim 1$。这种修正后的 Mayr 电弧模型适用性更强，在实际中被广泛应用，本章将其称为传统 Mayr 电弧模型。

2) 改进型 Mayr 电弧模型

Mayr 电弧模型将电弧假设为一个圆柱形的气体通道，由于此模型只考虑电弧的宏观参量，即电弧电压、电流，并未对此气体通道进行更细致的描述，可认为此气体通道各部分的性质在轴线上是相同的，即电弧电阻及电弧电压均在轴线上均匀分布，因此它们应与电弧长度成正比。在传统 Mayr 电弧模型的方程中并没有与电弧长度相关的量，由此推知此模型只适用于描述固定弧长的电弧，这在一些相关文献中得到了印证，例如有文献在介绍 Mayr 模型的相关参数时均用了单位弧长的表述。但在实际的电弧开断过程中，电弧是被逐渐拉长的，电弧长度处在动态变化之中，因此传统的 Mayr 电弧模型对此不适用。为了能够描述电弧的拉长过程，需要对传统 Mayr 模型进行改进。

Mayr 电弧模型中有 5 个参数，即电弧电压 u、电弧电流 i、电弧电导 g、电弧时间常数 θ_M 及电弧耗散功率 P，对于 Mayr 电弧模型的改进自然须从这些参数入手。虽然电弧电压 u、电弧电流 i、电弧电导 g 是能直观体现电弧外特性的三个参数，但真正代表着电弧自身内在特性的参数是电弧时间常数 θ_M 及电弧耗散功率 P。时间常数 θ_M 代表着电弧自身的惯性，耗散功率 P 则反映了电弧自身热量的损失，它们与电弧功率的共同作用导致了电弧电导的变化，进而影响了电弧电压、电流。因此，时间常数 θ_M 及耗散功率 P 才是电弧变化的内因，对传统 Mayr 模型的改进须从这两个参数入手。

由上文介绍可知，电弧时间常数 θ_M 的含义为随着电弧弧柱中储存能量的变化，电弧的电导值改变 $e=2.73$ 倍所需要的时间，而 Mayr 所描述的电弧在轴向上电阻均匀分布，电导值的变化趋势在局部与在整体上保持一致，因此传统 Mayr 模型中描述固定弧长时间常数 θ_M 变化的数学形式对电弧整体依旧有效，即时间常数与弧长无关。

至于电弧耗散功率 P，它代表弧柱的热量损失，这涉及与外界的热量交换。Mayr 电弧模型所假定的圆柱形气体通道与外界进行热量交换的主要方式为热传导，热传导发生在与外界接触的弧柱的外表面，外表面与电弧的长度成正比，由于电弧在轴线上性质相同，所以其能量损失将与外表面的面积成正比，也即与电弧长度成正比，这便是耗散功率与电弧长度的关系，示意图如图 6-5 所示。综上所述，对 Mayr 电弧模型的改进须从耗散功率入手。

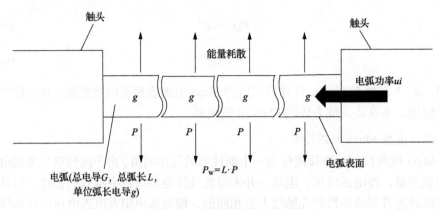

图 6-5　电弧热量变化示意图

传统 Mayr 模型中耗散功率 $P=a\,g^b$（如式(6-9)所示），可认为这是单位长度电弧电导与耗散功率的关系。假设电弧总长为 L，总电导为 G，则有

$$g = L \cdot G \tag{6-10}$$

由于耗散功率与电弧长度成正比，因此总耗散功率为

$$P_{\mathrm{w}} = L \cdot P \tag{6-11}$$

将式(6-9)与式(6-10)代入式(6-11)得

$$P_{\mathrm{w}} = L \cdot a(L \cdot G)^b = L^{(1+b)} \cdot a \cdot G^b \tag{6-12}$$

若电弧被匀速拉长，则有

$$P_{\mathrm{w}} = (v \cdot t)^{(1+b)} \cdot a \cdot G^b + P_0 \tag{6-13}$$

式中，v 为拉弧速度；t 为燃弧时长；P_0 为初始耗散功率。P_0 是考虑到实际电弧起始阶段耗散功率并不为零而加入的。改进后的 Mayr 电弧模型方程式如下：

$$
\begin{aligned}
\frac{1}{G}\left(\frac{\mathrm{d}G}{\mathrm{d}t}\right) &= \frac{1}{\theta_{\mathrm{M}}}\left(\frac{u \cdot i}{P_{\mathrm{w}}} - 1\right) \\
P_{\mathrm{w}} &= (v \cdot t)^{(1+b)} \cdot a \cdot G^b + P_0 \\
\theta_{\mathrm{M}} &= c \cdot G^d
\end{aligned}
\tag{6-14}
$$

3）Mayr 电弧模型参数确定方法

本章对于 MRTB 开断过程的仿真计算是在 Matlab/Simulink 平台上进行的。

Simulink 上的仿真电路图如图 6-6 所示，电路由电压源、主回路电阻电感、开关支路、RLC 转移支路、大电阻支路及示波器构成。其中，开关支路为 Mayr 电弧模块，由于此模块为电流源性质，不能直接与电感相连，因此实现时需要并联一大电阻支路。图中 Mayr 电弧模型为整个电路的核心，其内部构造如图 6-7 所示。

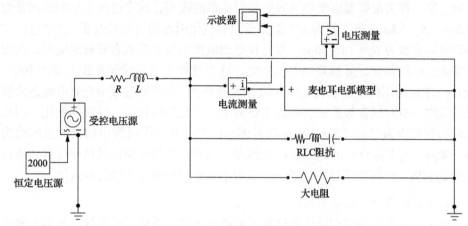

图 6-6 　MRTB 开断过程仿真电路图

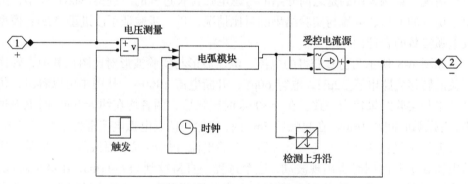

图 6-7 　电弧模块内部结构图

电弧模块由时钟部件、阶跃部件、电压检测部件、过零检测部件、受控电流源和电弧模型构成。其中，电弧模块是一个微分方程编辑器，Mayr 电弧微分方程便由此输入，它将检测到的当前电压值，电流值代入微分方程中计算得到下一时刻电流值，通过受控电流源输出，从而实现仿真过程。

为了能利用 Mayr 模型进行仿真，首先须确定模型中的电弧参数，即 θ_M 及 P。这两个参数值的准确与否对仿真结果的准确性起着至关重要的作用，它们的影响甚至超过电路参数的影响。对于本章的模型，核心是需要确定 5 个参数(式(6-14)中 a、b、c、d 及 P_0)。因此，可以将 5 个参数的某种组合作为初值，通过龙格库塔法对开断过程进行求解，然后，将仿真与实验结果的差距作为判据，通过粒子群等优化算法对 5 个参数的组合进行寻优，最终确定最适合的模型参数。具体的确定计算过程可以参考相关文献。经过上述过程，改进型 Mayr 模型本章的参数确定为：a=17.4MW，b=0.364，c=26.5μs，d=0.39，P_0=0.21MW。

Cao 和 Stokes 认为在燃弧过程中存在 3 种物理过程会对时间常数产生不同的影响。第一种为电弧温度变化引起的辐射能量的改变，这个过程主导的时间常数为 $\theta_1 \approx 1.8 \sim 5.8\mu s$；第二种为由于电弧截面的变化引起的气流的改变，这个过程主导的时间常数为 $\theta_2 \approx 10 \sim 50\mu s$；第三种是当电弧温度上升或者靠近腔壁时，改变喷嘴吸收的辐射能，导致烧蚀率的变化，这个过程主导的时间常数为 $\theta_3 \approx 100 \sim 200\mu s$。本章所用的实验装置为压气式 SF6 断路器，在开断过程中会对电弧造成强烈的气吹，对时间常数造成影响的主要为第二种物理过程——气流的变化，因此其时间常数应为 $10 \sim 50\mu s$。本章获得的时间常数在开断过程中的变化范围约为 $26 \sim 60\mu s$，基本符合 Cao 和 Stokes 的结果。另外，由程序确定的初始耗散功率值 P_0=0.21MW，与理论值相等，进一步说明了本章参数确定方法的有效性。

4) 仿真结果与实验结果对比

为了进一步介绍模型的计算结果，本章给出了一个模型的算例结果和实验的对比情况。算例采用的是之前介绍的考虑电弧拉长过程的改进型 Mayr 模型，给出了仿真的电压、电流与实验结果的对比情况，进一步验证了改进型 Mayr 模型及电弧参数的合理性。

如图 6-8 所示为仿真获得的电流、电压波形与实验波形对比图，其中，转换开关的转移支路电感 32μH，电容 60μF，开断电流 1300A。从图中可以看出，仿真结果与实验结果较为一致，在 t=30ms 时起弧后，两者均在约 t=46ms 时电弧过零，总燃弧时间约 16ms。在起弧后 5ms 内，实验与仿真电弧电流都处于稳定状态，电弧电压也呈稳步上升状态。5ms 后，实验电流开始出现小幅振荡，相应地，实验电压在上升的同时也出现波动，这个过程一直持续到约 t=41ms，在这个阶段，仿真电流基本不变，而仿真电压也并未出现振荡现象。但在这过程中的实验电流虽然有振荡，但幅度较小并且没有出现增幅振荡，这个阶段的振荡应该主要是由于电弧弧根跳跃等不稳定的随机现象导致的。t=41ms 之后，实验电流开始出现增幅振荡，但不稳定，在电压波形中表现为不规整的波动；在这阶段，仿真电流也出现了小幅振荡，但幅度较实验值为小，相应的仿真电压也出现增幅振荡，但波形比较规则稳定，这个阶段，仿真与实验存在一定差距。约 t=44ms 后，此时增幅振荡使实验与仿真电流均积累到了一个较大的值，因此增幅振荡变得稳定，实验与仿真的差别也逐渐减小，最后，约在 t=46ms 时，电弧熄灭，电路中的储能使得电压急剧上升，实验中由避雷器吸收电路中多余能量，而仿真则到此结束。

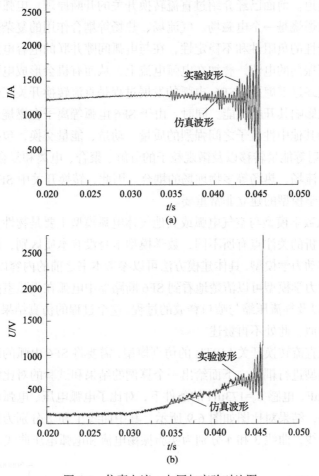

图 6-8　仿真电流、电压与实验对比图

综上所述，总体上仿真与实验比较吻合，但依旧存在不足。在实际中可以看到，在开断过程前期会出现由电弧随机波动引起的小幅振荡，而仿真中没有，这使仿真与实验存在一定差距，特别是在随机因素影响较大的前期和中期。虽然有这些不足，但总体上仿真与实验呈现了较高的一致性，这也进一步证明了改进型Mayr 电弧正确性及电弧参数确定方法的合理性。

6.2.2　基于电弧磁流体动力学的自激振荡式直流开关模型

在特高压直流转换开关 MRTB 中，SF6 是其绝缘和灭弧的介质。当转换开关动作时，断路器触头迅速打开，在动静弧触头间会产生以 SF6 为介质的电弧等离子体，简称 SF6 电弧，它是一种温度大约上万 K 的炽热气体，成为灭弧室内电流流经的主要通道。前面已经介绍过直流转换开关的开断原理，电弧等离子体在灭弧室喷口内的燃烧是一个电磁场、气流场、热场等耦合作用的复杂过程，电弧电压呈现出非线性的负阻性和不稳定性，在与电弧间隙并联的电容电感转移回路中产生高频增幅振荡的电流，叠加在电弧电流上，从而有机会形成电弧电流的过零点，使电弧最终过零熄灭。SF6 电弧的发展过程是直流转换开关工作中的核心环节，会极大地影响其开断性能。同时，由于 SF6 电弧等离子在燃烧过程中包含了电子、离子和其他中性粒子之间强烈的质量、动量、能量交换，包括了宏观热传导、对流、辐射等能量转移以及微观粒子的分解、聚合、电离和复合等反应过程，涉及电磁场、流场、热场等多物理场的耦合。因此，转换开关中 SF6 电弧的基本物理过程与数学模型的建立非常重要。

SF6 电弧数学模型与空气电弧或其他气体电弧模型主要是物性参数、边界条件以及模型分析的关注点有所不同，数学模型本身没有本质区别，属于多物理场耦合的磁流体动力学模型，具体建模方法可以参考本书之前的内容以及其他文献，通过磁流体动力学模型可以清楚地看到 SF6 断路器中电弧在灭弧室内的温度分布及变化过程，以及气流压缩与喷口释放的过程，这个过程的仿真结果与常规的 SF6 交流断路器类似，此处不再赘述。

为了验证直流转换开关 MRTB 的仿真模型，需要将 SF6 电弧的磁流体动力学模型与电路模型进行耦合。下面给出一个算例的结果和试验的对比情况。转移支路电容 C_s=72μF、电感 L_s=173μH 的条件下，对比了电弧电压、电弧电流的仿真结果与试验结果，结果对比图如图 6-9 所示，其中曲线 1 和 2 分别为仿真振荡电流和电弧电压曲线，曲线 3 和 4 分别为实验振荡电流和电弧电压曲线。

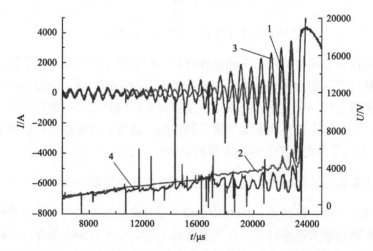

图 6-9　电弧电压、电弧电流的仿真结果与试验对比图

通过对比可以看出，仿真与实验的趋势较为一致。仿真中在 t=10ms 之前的初始阶段，触头还没有明显离开喷口时，电弧电压上升较为平稳，电流出现小幅振荡。实验中在这一阶段电弧电压也表现出稳定上升的过程，电流小幅振荡，二者较为接近。从 t=10ms 开始到 t=16.5ms 这个阶段，触头离开了喷口，从仿真中可以看到，此时活塞压缩量仍然相对较小，逐渐开始有高气压的气流吹向弧柱区域，仿真得到的电弧电压上升仍然较为平缓。与实验对比可知，这一阶段仿真的电弧电压与实验值幅值比较接近，电流仍处于小幅振荡状态，但实验中的电弧电压已经出现了明显的小幅振荡，电流振荡幅值也开始逐渐增大，说明此时实验中的电弧状态更加不稳定。这有可能是由于电弧发展过程中出现的不规则的弧根跳跃等不稳定情况以及高频振荡条件下，已有的数学模型对此时的湍流过程和辐射过程的描述精确度不够造成的。从 t=16.5ms 开始到 t=24ms，这个阶段仿真和实验中都表现出明显的电弧电压振荡过程和电流的增幅振荡，变化趋势一致。但相比实验，仿真中的电弧电压幅值偏高，电弧电压和振荡电流幅值偏小。造成这种误差的原因，也可能是电弧随机的不稳定状态以及高频条件下湍流模型和辐射模型的特殊性造成的。所以，仿真模型与实验相比虽然存在一定误差，但是整体趋势是一致的。

6.3　自激振荡式直流开关开断过程影响因素

自激振荡式直流开断的开断过程会受到转移电路电感、转移支路电容、机构分闸速度等多个方面的影响，为了介绍上述影响因素的作用过程，这一节中借鉴了实际工程应用和研究性实验中的一些参数，提供了一些相关的模型算例数据，供读者参考。需要指出的是，本章给出的算例是根据特定结构和参数的 SF6 断路器获得的计算结果，因此具体的计算数值并不具有普适性，可以对自激振荡式直流开断的过程提供定性的参考。

6.3.1　转移支路电感参数对电流振荡过程的影响

由于自激振荡式直流开关是通过在高压交流 SF6 断路器两端并联电容电感支路，使电弧过程与电容电感产生自激振荡实现电路的开断。

如图 6-10 和图 6-11 所示分别为电容 C_s 为 72μF 时不同电感 L_{cs} 情况下的振荡电流计算曲线和电弧电压的计算曲线。图 6-12 所示为电容 C_s 为 72μF，不同电感 L_s 情况下电弧电压的计算曲线局部图。其中曲线 1 电感 L_s=173μH，曲线 2 电感 L_s=96μH，曲线 3 电感 L_s=36μH。为了更加清楚地对直流开关的电流转移过程进行描述，可以将电流转移过程分为三个阶段。

当电感为 36μH 时，第一阶段在 t=12ms 之前，对应于触头从刚开始分离到离开喷口距离较小的位置，此时电弧长度较短，SF6 断路器压气室的压力相对较小，机构的操作功仍在持续加压，气吹效果较弱，燃烧较为稳定，电弧电压较为平滑的上升，因此转移支路的电流也表现为小幅振荡的过程。

第二阶段从 t=12ms 到 t=14.25ms 左右，此时触头已经离开了喷口一定距离。图 6-12 为相同电容不同电感情况下，电弧电压的计算曲线局部放大图，从图 6-12 中可以看到，当电感为 36μH 时，电弧电压在这一阶段开始已经开始出现小幅振荡，在电弧电压与电容电感的共同作用下，电流也开始产生明显的振荡过程，振

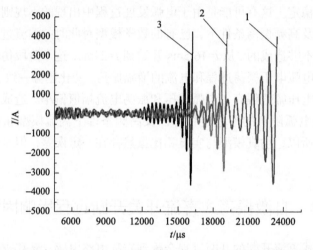

图 6-10　电容 C_s 为 72μF，不同电感 L_s 情况下的振荡电流的计算曲线

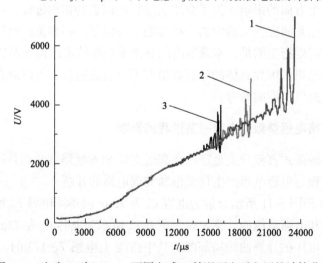

图 6-11　电容 C_s 为 72μF，不同电感 L_s 情况下电弧电压的计算曲线

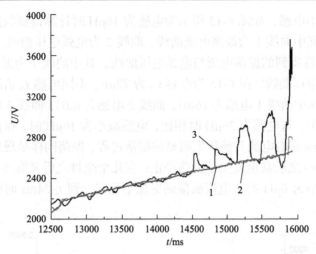

图 6-12　电容 C_s 为 72μF，不同电感 L_s 情况下电弧电压的计算曲线局部图

荡周期约 359.6μs。但是在这个时间段内，振荡电流的振幅出现先增后减的趋势，而不是稳定的增幅振荡。

第三阶段，随着触头与喷口的距离继续增大，电弧长度更大，活塞的压缩作用越来越大，由压气室的高压作用产生的电弧区域的气吹效果更加剧烈，从 14.25ms 开始电弧电压的振荡幅度迅速加大，电流再次产生增幅振荡，直至最终断路器支路电流过零。

而当电感增大为 96μH 时，如图 6-10 和图 6-11 中的曲线 2 所示，振荡电流的振荡周期为 541.8μs。在第一阶段，振荡电流与电弧电压与电感较小为 36μH 时非常一致。但是从图 6-12 中电弧电压曲线局部放大图中可以清楚地看出，在第二阶段当电感较大时，电弧电压并没有出现像电感为 36μH 时的小幅振荡，而是呈现出较为平稳增长的变化过程，振荡电流也与第一阶段几乎没有变化。第三阶段，当增大电感时，转移电流会产生一次增幅振荡，最终使电流全部由断路器支路转移至电容电感支路，断路器断口电流为零完成开断过程。因此转移电流仅会产生一次增幅振荡，与电感为 36μH 时不同，没有出现电流振荡的反复过程，而且第三阶段中的增幅振荡起始时间约为 15.7ms，与电感较小时相比，振荡起始时间推迟。

进一步增大电感为 173μH 时，如图 6-10 和图 6-11 中的曲线 1 所示，振荡电流的振荡周期也进一步增大为 724μs。在第一阶段，振荡电流与电弧电压仍然与电感较小时非常一致，均为平稳增长几乎没有振荡过程。第二阶段与电感为 96μH 时，趋势是一致的，电弧电压依然没有出现振荡过程，而是平稳增长，振荡电流也同样与第一阶段几乎没有变化。因此，当进一步增大电感时，转移电流仍然仅会产生一次增幅振荡，但是振荡起始时间也进一步推迟为 16.7ms。

进一步减小电感，如图 6-13 所示为电感为 16μH 时计算得到的振荡电流与电弧电压曲线，其中曲线 1 为振荡电流曲线，曲线 2 为电弧电压曲线。图 6-14 为电感为 6μH 时计算得到的振荡电流与电弧电压曲线，其中曲线 1 为振荡电流曲线，曲线 2 为电弧电压曲线。图 6-15 为电容 C_s 为 72μF、不同电感 L_s 情况下电弧电压的计算曲线，其中曲线 1 电感为 16μH，曲线 2 电感为 6μH，曲线 3 电感为 36μH。从图中可以看出，与电感为 36μH 时相比，电感减小为 16μH 时，振荡过程更加不稳定，在 t=11ms 左右电流开始产生明显的振荡过程，振荡同样呈现出先增后减的趋势，在 t=14ms 之后甚至发生了振荡停止，在几个毫秒之后又继续开始振荡。而当电感继续减小为 6μH 时，电流振荡则更加不稳定，到 t=24ms 时电流仍然没有产生增幅振荡。

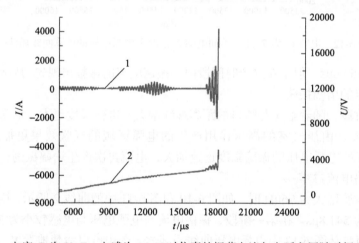

图 6-13　电容 C_s 为 72μF、电感为 16μH 时仿真的振荡电流与电弧电压随时间变化曲线

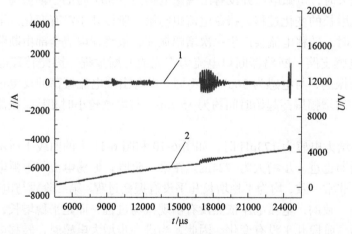

图 6-14　电容 C_s 为 72μF、电感为 6μH 时仿真的振荡电流与电弧电压随时间变化曲线

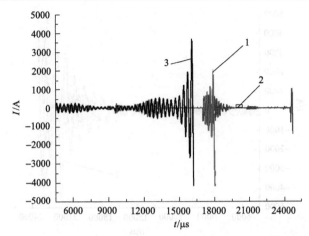

图 6-15　电容 C_s 为 72μF，不同电感 L_s 情况下电弧电压的计算曲线

通过图 6-10 和图 6-11 中振荡电流与电弧电压曲线的对比可以看出，在这个例子中，电感减小为小于 36μH 时，电弧电压在没有产生特别强烈的气吹电弧作用时，就会提前出现小幅的振荡过程，但是振荡电流不能形成稳定的增幅振荡，会出现振幅先增后减，甚至多次反复的情况，振荡电流非常不稳定。这种情况在实际的开断过程中极有可能造成断路器电流无法过零，开断失败。

因此，在相同电容 C_s 的情况下，减小电感 L_s 会使转移电流振荡提前，振荡频率升高，然而振荡过程相对不稳定，不能形成稳定的增幅振荡，可能会出现反复过程。增大电感时，能够形成稳定的增幅振荡，然而振荡过程推迟，转移电流过零时间也将延长，所以电感太大也不利于自激振荡式直流开关的顺利开断。

6.3.2　转移支路电容参数对电流振荡过程的影响

为了展示电容参数对振荡式直流开关开断过程的影响，下面给出了电感参数相同的情况下，不同电容对电流转移过程的影响。如图 6-16 和图 6-17 所示，分别为电感 L_s 为 173μH 时，不同电容 C_s 情况下的振荡电流计算曲线和电弧电压的计算曲线，其中曲线 1 电容为 72μF，曲线 2 电容为 86μF，曲线 3 电容为 50μF。对比图 6-16 和图 6-17，根据开断过程中机构运动过程以及振荡电流与电弧电压曲线的变化将开断过程分为三个阶段进行描述。触头运动行程为开距的 40%以下为第一阶段，触头运动行程为开距的 40%到 60%为第二阶段，触头运动行程超过 60%为第三阶段。

当电感为 173μH 时，不同的电容情况下，在第一阶段与第二阶段，电弧电压均表现为平稳上升，几乎没有振荡过程，振荡电流曲线基本呈现为幅值较小的等

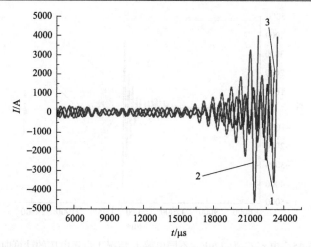

图 6-16　电感 L_s 为 173μH，不同电容 C_s 情况下的振荡电流计算曲线

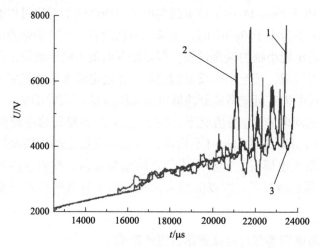

图 6-17　电感 L_s 为 173μH，不同电容 C_s 情况下的电弧电压计算曲线

幅振荡过程。在 t=15ms 到 t=18ms 之间，转移电流开始进入第三阶段，逐渐开始产生增幅振荡。从图 6-16 中可以看出，电容为 50μF、72μF 和 86μF 时，振荡电流的振荡周期分别为 601μs、724μs 和 788μs，因此，电容增大时振荡周期将会随之增大。同时，电弧电压明显产生振荡的时候对应着转移电流的振荡起始时刻，当电容增大时，电弧电压的振荡过程将会提前，而且振荡幅度增大，当电容 C_s 为 86μF 时，t=21.8ms 时振荡过零，而当电容 C_s 为 50μF 时，t=23.1ms 时振荡过程仍然在持续。

　　因此，增大 SF6 断路器并联支路的电容参数，可以使电弧电压提前起振，同时会使电弧电压的振幅和振荡周期更大，电流振荡更加稳定，幅值上升更快，经过较少的电流振荡次数即可使断路器电流过零，过零时间提前，有利于直流开关的顺利开断，但电容容值增加又会显著增加直流开关的成本。当电容值较小时，电弧电压会产生明显振荡，电流产生增幅振荡的起始时刻将会推迟，电弧电压的振荡幅度也会变小，如果继续减小电容甚至会无法产生振荡电流。

6.3.3　断路器分闸速度对电流振荡过程的影响

　　SF6 断路器的分闸速度影响触头和压气缸内活塞的运动，进一步影响电弧形态的发展和电弧电压的建立。下面通过算例展示了断路器的分闸速度对直流开关中电流振荡过程的影响，计算获得的电弧电压、电弧电流在不同分闸速度下随时间变化的曲线分别如图 6-18、图 6-19 所示。图 6-20 是相应的灭弧室喷口内吹弧气流的速度随时间变化的曲线，其中曲线 1 速度更慢，曲线 1 对应的是分闸速度的 0.8 倍。

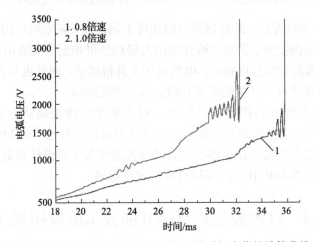

图 6-18　不同分闸速度下，电弧电压随时间变化的计算曲线

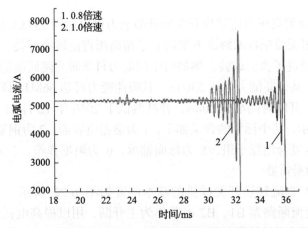

图 6-19　不同分闸速度下，电弧电流随时间变化的计算曲线

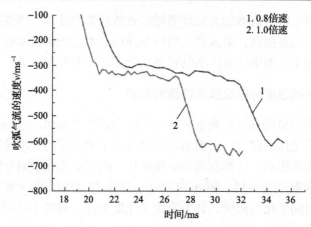

图 6-20　不同分闸速度下，喷口内吹弧气流的速度随时间变化的计算曲线

从图 6-20 可以看出，断路器的分闸速度不同，其灭弧室喷口内吹弧气流的速度也出现了一定的差异，但是气吹作用的发展趋势很相近。从图 6-18、图 6-19 可以看出，断路器的分闸速度越快，电弧电压上升得越快，而且更早开始增幅振荡，有利于自激振荡式直流开关的提前开断，减少燃弧时间。

根据本章所给出的算例可以看出，对于基于自激振荡式直流开断技术的MRTB 而言，通过电弧模型获得的仿真计算结果可以较好地反映 MRTB 的实际开断过程。可以获得转移支路电感、电容及分闸速度等关键设计参数对开断过程的影响，从而能够为 MRTB 的产品设计提供理论指导。

6.4　自激振荡式直流开断技术的应用概述

6.4.1　已有典型产品情况

ABB 集团典型高压直流转换开关的开断能力可以达到 5335A/120kV。我国也有多家单位采用无源型技术解决方案研制了超高压直流转换开关。在国内或者德国 IPH 试验站通过了换流试验。例如由中国电力科学研究院研制的 ±800kV 直流转换开关样机，其开断能力可达 5300A，其吸能能力可达 66MJ，该样机基于无源自激振荡原理，开断时间小于 20ms，开断测试于 2010 年 12 月 11 日完成，其结构如图 6-21 所示，其中标号的含义如下，1 为谐振电容器，2 为钢架平台，3 为陶瓷绝缘子，4 为复合绝缘子组，5 为球面轴承，6 为阻尼弹簧，7 为主断路器，8 为反应器，9 为避雷器。

该 ±800kV 直流转换开关样机的基本配置如图 6-22 所示。采用两台 SF6（252kV）高压交流断路器 B1、B2 串联作为主开断，用以提高电弧电压和开断能力。电流和电压的测试结果如图 6-23 所示。

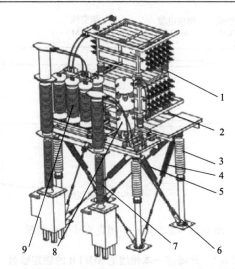

图 6-21　中国电力科学研究院研制的±800kV 高压直流转换开关样机结构

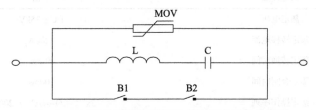

图 6-22　采用双断路器无源型直流转换开关的电路

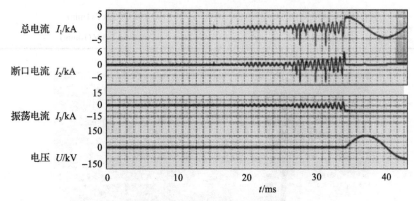

图 6-23　开断试验的测量波形

　　下面给出的是在日本北海道—本州±250kV 直流输电线路上安装 MRTB 的情况，图 6-24 显示了北海道—本州高压直流输电线路的系统概要。MRTB 主要功能是消除金属回流线的接地故障，额定值如表 6-1 所示。如图 6-25 所示为位于高压直流济州 2 号换流站的 MRTB 照片，该换流站位于济州和珍岛之间，容量为400MW（200MW*2），额定电压±250kV。

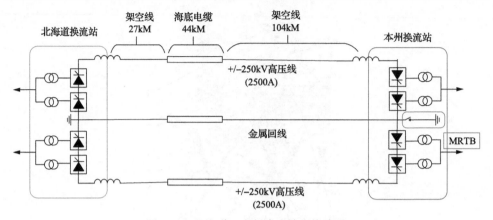

图 6-24　北海道—本州直流输电线路图

表 6-1　北海道—本州线的 MRTB 的额定参数

额定参数	数值
额定电压	DC±25kV
额定转移电流	1200A
额定转换时间	50ms
额定合闸时间	100ms
额定操作序列	3x（C-t-O-t-）-C　t=200ms
雷电冲击耐压	200kV
对地交流耐压	70kV（1min）
对地直流耐压	±50kV（10min）

图 6-25　济州 MRTB 照片

6.4.2　已有的应用情况

表 6-2 给出了高压直流转换开关 MRTB 在不同高压直流输电系统中的设计和操作性能对比。

表 6-2　高压直流转换开关在不同输电系统中的性能参数

高压直流输电系统	葛洲坝—上海南桥	三峡—常州	贵州—广东	日本纪伊海峡	锦屏—苏南
特性	带有辅助电容充电装置的 MRTB	带有辅助电容充电装置的 MRTB	被动式 MRTB	被动式 MRTB	被动式直流转换开关
投产年份	1989	2003	2005	2012	2013
电压/kV	500	500	500	500	800
功率等级/MW	1200	3000	3000	2800	7200
转换电流/A	3486(葛洲坝换流站)	5000	4000	3500(Kihoku换流站)	5300
振荡频率/kHz	C=30μF,L=50μH	C=17.7μF,L=58μH	—	C=30μF,L=200μH	1.56kHz

随着未来输电功率的增加，直流输电转换开关的现有传输和转换能力将得到提高。目前在国内转移电流在 6kA 以上的 MRTB 产品已经在开发。MRTB 虽然已经发展成为一种成熟的产品，但为了尽快完成产品开发，其正常通流支路中的机械开关是直接借用常规的高压交流 SF6 断路器来实现的，而并不是专门针对 MRTB 的开断工作来设计的。由于 MRTB 中的机械开关与常规 SF6 断路器有很大的差别，它的开断电流峰值没有交流断路器那么高，而且其中最为重要的电弧高频振荡特性也是通常交流开断中所没有的，所以断路器的喷嘴结构以及来自压气室的气体速度等如果能够根据 MRTB 的实际工况进行专门设计，应该能够进一步的提高 MRTB 的开断性能。可以预见，未来的高压直流转换开关 MRTB 还需要展开进一步的专门化研究，进行大量的优化工作。

参 考 文 献

荣命哲, 吴翊. 2018. 开关电器计算学. 北京: 科学出版社: 126-130.

荣命哲, 杨飞, 吴翊, 等. 2014. 直流断路器电弧研究的新进展. 电工技术学报, 29(1): 1-9.

荣命哲, 杨飞, 吴翊, 等. 2013. 特高压直流转换开关 MRTB 电弧特性仿真与实验研究. 高压电器, 49(5): 1-5.

荣命哲, 仲林林, 王小华, 等. 2016. 平衡态与非平衡态电弧等离子体微观特性计算研究综述. 电工技术学报, 31(19): 54-65.

舒印彪, 刘泽洪, 高理迎, 等. 2006. ±800kV6400MW 特高压直流输电工程设计. 电网技术, 30(1): 1-8.

孙玉书. 2016. 金属回线直流转换开关开断过程影响因素的研究. 西安: 西安交通大学硕士学位论文.

王帮田. 2010. 高压直流断路器技术. 高压电器, 46(9): 61-64, 68.

王其平. 1982. 论电弧动态模型的新发展. 高压电器, 3(1): 3-9.

王仁甫. 1991. 电弧现象模型的发展. 高压电器, 4(12): 39-46.

王伟宗, 荣命哲, Yan J D, 等. 2015. 高压断路器 SF6 电弧电流零区动态特征和衰减行为的研究综述. 中国电机工程学报, 68(5): 33-39.

吴益飞, 胡杨, 易强, 等. 2018. 中压直流开断技术研究综述. 供用电, 35(6): 12-16.

АВ ΙΙ ОНИН А В, Егорb В Т, СЕРРКОВ К И. 1978. Dynamicc Characteristics of an Electric Arc. Electrotek Hnitcheskayc Promyshlennost, 53(6): 78-91.

Anderson D, Henriksson A. 2001. Passive and Active DC Breakers in the Three Gorges-Changzhou HVDC Project. Stockholm, Sweden: Proceeding of 2001 International Conference on Power Systems ABB: 391-395.

Cao L J, Stokes A D. 1991. Ablation Arc. III. Time Constants of Ablation-Stabilized Arcs in PTFE and Ice. Journal of Physics D-Applied Physics, 24(9): 342586.

Chen Z X, Wu Y, Yang F, et al. 2017. Influence of condensed species on thermo-physical properties of LTE and non-LTE SF6-Cu mixture. Journal of Physics D-Applied Physics, 50(41): 415203.

CIGRE. 2016, Chapter 10.2. DC Circuit Breaker Based on Passive Resonance.

Jing D. 2015. Condition Assessment of Passive MRTB Based on Fuzzy Theory. Eeic, 44(8): 56-58.

Li Y, Yang F, Rong M Z, et al. 2013. Numerical Simulation of Self-excited Oscillation Switching Current in HVDC MRTB. High Voltage Engineering, 39(10): 47-52.

Ma Q, Rong M Z, Wu Y, et al. 2008. Influence of Copper Vapor on Low-Voltage Circuit Breaker Arcs During Stationary and Moving States. Plasma Science and Technology, 10(3): 313-318.

Nakao H, Nakagoshi Y, Hatano M, et al. 2001. DC Current Interruption in HVDC SF6 Gas MRTB by Means of Self-Excited Oscillation Superimposition. IEEE Transactions on Power Delivery, 16(4): 687-693.

Peng B S, et al. 2002. Basic Design Aspects of Gui-Guang HVDC Power Transmission System. Kunming, China: International Conference on Power System Technology: 451-460.

Peng C, et al. 2012. Development of DC Transfer Switch in Ultra High Voltage DC Transmission Systems. Proceedings of the CSEE, 32(16): 151-156.

Rong M Z, Ma Q, Wu Y, et al. 2009. The Influence of Electrode Erosion on the Air Arc in a Low-Voltage Circuit Breaker. Journal of Applied Physics, 106(2): 61-63.

Rong M Z, Yang F, Wu Y, et al. 2010. Simulation of Arc Characteristics in Miniature Circuit Breaker. IEEE Transactions on Plasma Science, 38(9): 2306-2311.

Rong M Z, Yang Q, Fan C D. 2005. Simulation of the Process of Arc Energy-Effect in High Voltage Auto-Expansion SF6 Circuit Breaker. Plasma Science & Technology, 7(6): 3166-3169.

Sun H, Wu Y, Tanaka Y, et al. 2019. Investigation on chemically non-equilibrium arc behaviors of different gas media during arc decay phase in a model circuit breaker. Journal of Physics D-Applied Physics, 52(7): 075202.

Walter M M. 2013. Switching Arcs in Passive Resonance HVDC Circuit Breakers. ETH-Zürich, 52(4): 66-68.

Wang W Z, Rong M Z, Murphy A B, et al. 2011. Thermophysical properties of carbon-argon and carbon-helium plasmas. Journal of Physics D-Applied Physics, 44(35): 355207.

Wang W Z, Yan J D, Rong M Z, et al. 2013. Theoretical investigation of the decay of an SF6 gas-blast arc using a two-temperature hydrodynamic model. Journal of Physics D-Applied Physics, 46(6): 065203.

Wang X H, Gao Q Q, Fu Y W, et al. 2016. Dominant Particles and Reactions in a Two-Temperature Chemical Kinetic Model of a Decaying SF6 Arc. Journal of Physics D-Applied Physics, 49(10): 340824.

Wu Y, Chen Z X, Yang F, et al. 2015. Two-temperature thermodynamic and transport properties of SF6-Cu plasmas. Journal of Physics D-Applied Physics, 48 (41): 485205.

Yang F, Chen Z X, Wu Y, et al. 2015. Two-temperature transport coefficients of SF6-N2 plasma. Physics of Plasmas, 22 (10): 103508.

Yang F, Rong M Z, Wu Y, Murphy A B, et al. 2010. Numerical analysis of the influence of splitter-plate erosion on an air arc in the quenching chamber of a low-voltage circuit breaker. Journal of Physics D-Applied Physics, 43 (43): 434011.

Yang F, Wu Y, Rong M Z, et al. 2013. Low-voltage circuit breaker arcs-simulation and measurements. Journal of Physics D-Applied Physics, 46 (27): 273001.

Zhao H F, Wang X H, Ma Z Y, et al. 2011. Simulation of Breaking Characteristics of a 550kV Single-Break Tank Circuit Breaker. IEICE Transactions on Electronics, E94-C (9): 1402-1408.

第 7 章　电力电子技术在直流开断中的应用

随着电力电子技术的快速发展，半导体器件浪涌耐受能力、反向恢复能力、过流关断能力等不断提升，因此，直流断路器在传统拓扑结构的基础上逐渐开始采用诸多电力电子器件，并与其他被动元件等通过串并联的形式进行应用，构成直流断路器中实现故障电流开断的核心组件。本章首先介绍直流开断中常用的电力电子器件，以及常搭配的被动元件连接保护方式。接着，介绍直流开断工况下器件建模方法及模型。由于直流开断工况具有过程短、非周期性等特点，电力电子器件需工作于极端工作条件，因此，极限开断工况下器件的尽限应用可以为实际器件选型以及组件设计提供指导。最后，介绍了两种集成门极换流晶闸管(integrated gate-commutated thyristor，IGCT)器件为基础的电流关断能力提升方案，为未来低成本、大容量直流开断技术的研究提供参考。

7.1　直流开断中常用电力电子器件

电力电子器件应用于直流开断主要实现电流转移控制、电流关断等功能，是直流断路器中的核心组成部分。

7.1.1　二极管

二极管在本质上相当于一个 PN 结(positive negative junction，PN Junction)，只是加上电极引线和管壳封装，属于不可控器件，主要有普通二极管和快恢复二极管两种。前者常用于交流变直流的转换，具有导通压降低和价格成本低等特点。但由于其反向恢复时间较长，一般在 5μs 以上，在断路器中，常用于机构控制回路里进行续流，其正向电流定额和反向电压定额可以达到很高，分别可达数千安和数千伏以上。而在 di/dt 较大的应用场合里，容易导致器件发生击穿，因此，对器件的电流截止能力要求高，普通二极管的恢复速度和反向耐压通常难以满足应用需求，故而采用快恢复二极管，实物如图 7-1 所示。快恢复二极管反向恢复时间比较短(可低于 50ns)，并且其反向耐压能力较强，常配合绝缘栅双极型晶体管(insulated gate bipolar transistor，IGBT)、注入增强栅晶体管(injection enhanced gate transistor，IEGT)、快速晶闸管等主开关元件，构建电力电子组件，作为续流二极管工作。

目前，国内株洲中车半导体有限公司最新研发的快恢复二极管的电压等级已经达到 6000V，同时国外 ABB 公司也在进行相关研究。

图 7-1　快恢复二极管实物图

7.1.2　晶闸管

晶闸管是 PNPN 四层三结的半导体结构，可以等效成由一个 PNP 晶体管和一个 NPN 晶体管组合而成的器件。在低发射极电流下电流增益 α 很小，而当发射极电流建立起来后，α 迅速增大。晶闸管导通的条件是承受正向电压并且门极有触发电流，晶闸管一旦导通，门极便失去控制作用，所以晶闸管属于电流驱动、半控型器件。如果反向承受一定电压，处于阻断(截止)状态。如果正向承受一定电压，有两个稳定的工作状态：高阻抗的阻断工作状态和低阻抗的导通工作状态。

相较于二极管，晶闸管为半控型器件，常用于直流开断领域的主要有三种类型，分别为普通晶闸管、快速晶闸管和脉冲晶闸管。普通晶闸管由于其通流能力和涌流能力强，导通压降低，且价格成本低，常作为机构电路中的控制元件；而同样在 di/dt 较高的场合，就需要采用具有较强反向恢复能力的快速晶闸管，但其浪涌能力相对较弱，常用于断路器中电流转移模块，起到电流截止作用。脉冲晶闸管由于其具有出色的浪涌能力，短时内能通上百千安培，但短时内无法重复通流，且高 di/dt 下反向恢复能力较弱。

目前国内株洲中车半导体有限公司最新研发的普通晶闸管目前发展到 8500V 水平，而快速晶闸管已经发展到 4500V 水平。同样的，国内派瑞公司和国外 ABB 公司等在进行相关研究。图 7-2 给出了快速晶闸管的实物图。

图 7-2　快速晶闸管实物图

7.1.3　门极关断晶闸管

门极关断晶闸管(gate turn-off thyristor，GTO)具有较大的额定电压和额定电流，但驱动电路复杂，而且电流增益小（一般只有 5 左右），关断短路电流需要的门极电流很大且上升沿很陡，关断时间长，多个的同步驱动难度较大。随着 IGBT、IGCT 等新型电力电子器件的广泛应用，不再具有优势。

7.1.4　绝缘栅双极型晶体管(IGBT)

IGBT 结合了金属-氧化物半导体场效应晶体管(metal-oxide-semiconductor field-effect transistor，MOSFET)和电力晶体管(giant transistor，GTR)的优点，输入阻抗高，驱动电路简单，开关速度快，驱动功率低。IGBT 的电压电流等级比 MOSFET 提高很多，但高压 IGBT 的涌流能力有限且成本较高，这制约了 IGBT 在大功率中的应用。传统的 Hipak 封装失效后呈断路特性，实物如图 7-3(a)所示，串联可靠性较低，ABB 新推出 Stakpak 封装如图 7-3(b)，为压装紧凑型，失效后呈短路特性，散热性能好，杂散电感降低，器件差异性小，适于串联应用，且在一定程度上提高了关断电流能力，但价格昂贵。

(a) 大功率IGBT实物图　　　　　　(b) 5kV/2kA StakPak IGBT实物图

图 7-3　大功率 IGBT 实物图

在直流开断应用中，作为关断核心器件的 IGBT 由于直流系统高电压的需求常进行串联使用。应用中需要解决器件均压问题，而 IGBT 串联均压控制分为静态均压和动态均压。对于静态均压，通常通过在器件两端并联均压电阻的方式实现；动态均压则要复杂很多。造成动态电压不均衡的原因主要为 IGBT 参数(开通延迟时间、关断延迟时间等)、杂散电感、吸收电容、驱动电路、控制信号不一致等。动态均压技术大致可分为负载侧动态均压控制和门极侧动态均压控制两大类，此处不进行过多介绍。

传统 Hipak IGBT 失效表现为断路特性，串联系统可靠性降低。高压 IGBT 电压等级与 IGCT、发射极可关断晶闸管(emitter turn-off thyristor，ETO)相当，但电流等级远小于后者，须串并联结合，增加了系统复杂性。英飞凌最新推出的 IGBT 可承受高达 6.5kV 的电压，并能够在 2kHz 到 50kHz 的切换频率下运行。ABB 新推出的 StakPak IGBT(4.5kV/2kA)和 Toshiba 的 IEGT(4.5kV/2.1kA)电流略有增加，关断电流可达 9kA 以上，且呈失效短路特性，但价格昂贵。

IEGT 结构和导通原理与 IGBT 相似，也为压控型器件，其实物如图 7-4 所示，但采用改进的物理结构使通态压降更低，更利于混合断路器的大电流关断。压接型 IEGT 失效后同样表现为短路特性，串联可靠性高。

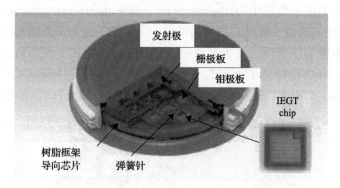

图 7-4　IEGT 实物图

7.1.5　集成门极换流晶体管(IGCT)

如图 7-5 为 IGCT 实物图，采用压装紧凑封装结构。IGCT 继承了高阻断电压和低通态损耗的特性，具有 IGBT 的高速开关特性。同时具有可关断电流较大、浪涌能力强，阻断电压高等优势。失效呈短路特性，串联可靠性高。目前已有多电压电流等级(6.5kV/3.8kA、5.5kV/3.6kA、4.5kV/5kA)器件满足实际应用需求。

图 7-5　IGCT 实物图

IGCT 为电流型控制，抗干扰能力强，采用集成门极，即门极和门极驱动集成在一起，其门极驱动没有 IGBT 的驱动功能强大，目前只能通过信号进行通断控制和简单的驱动本身故障检测，不能像 IGBT 一样将负载侧的状态反馈到门极进行控制，因而，只能采用负载侧动态均压控制。高压 IGBT 的负载侧均压控制方法同样适用于 IGCT，适合多个器件串联的负载侧均压控制方法主要有 RC/RCD 缓冲电路、稳压管钳位电路、斩波式稳压钳位电路。稳压管钳位电路中的高压稳压管器件功率较小且选型困难，斩波式稳压钳位电路设计较为复杂，对于混合断路器而言，电力电子器件串联系统设计应尽量简单，以保证稳定可靠工作，故采用结构简单、器件可靠性高的 RC/RCD 缓冲电路进行动态均压控制更为合适。

7.1.6　发射极关断晶闸管（ETO）

由美国电力电子系统中心（the center for power electronics systems, CPES）开发的 ETO 在保持大容量、低通态损耗的情况下，进一步改善了关断性能，开关速度快，关断大电流的能力强，适于大功率场合。ETO 与 IGCT 的外形封装、器件特性十分相似，开关损耗低于 IGCT。ETO 串联均压控制方法与 IGCT 相同，只能采用负载侧动态均压控制，不能进行门极侧控制。目前 ETO 应用较少，实物如图 7-6 所示。

图 7-6　ETO 实物图

ETO 结构、原理和均压方法与 IGCT 相似，但导通压降略大于 IGCT。考虑目前国内 ETO 的使用十分有限，只有 4.5kV/4kA 一种型号，且国际上应用实例很少，而 IGCT 应用相对广泛且技术更为成熟，目前有 6.5kV/3.8kA、5.5kV/3.6kA、4.5kV/5kA 等多种规格可选。

各全控型半导体器件的特性对比见表 7-1。与 IGCT/ETO 相比，IGBT/IEGT 最大的优势是它们为压控型器件，驱动容易，均压控制方法灵活，可以从负载侧和门极侧综合控制。负载侧并联均压电阻，保证静态分压，并使用 RC 缓冲电路。门极侧可使用稳压管进行峰值有源钳位控制。

表 7-1　各全控型半导体器件特性对比

	GTO	IGBT	IEGT	IGCT	ETO
器件类型	流控	压控	压控	流控	流控
通态压降	小	较大	较大	小	较小
关断电流	小	很大	很大	一般	一般
浪涌电流	大	小	小	大	大
串联均压方法	负载侧	门极和负载侧	门极和负载侧	负载侧	负载侧
驱动功率	很大	小	小	大	大
器件差异	一般	较小	较小	较小	一般
失效特性	短路	断路/Stapak 短路	短路	短路	短路
价格	较低	中等/Stapak 高	较高	较高	较高
应用广泛性	广泛	广泛	一般	较少	极少

对于中高压直流断路器，单个电力电子器件无法满足高电压要求，需通过器件的串并联技术实现。电力电子器件方案的选择原则为：电力电子器件的耐压需满足要求，且器件最大关断电流需满足系统要求，所设计的组件电路拓扑结构、控制系统应尽量简单，以提高整体可靠性。此外还有综合考虑器件性能、可靠性、性价比、工程应用前景等。

7.2　电力电子组件结构及吸收电路连接方式

本节介绍几种常用电力电子器件双向拓扑结构，并分析常见类型的缓冲电路以及并联在全控性器件两端和并联在桥式半导体组件两端的两种连接方式的效果区别。

7.2.1　电力电子组件结构

电力电子器件双向拓扑结构主要有三种，分别为反串联、全桥和二极管桥式结构，如图 7-7 所示。反串联的结构中由两个全控型器件反向串联，由与两器件并联的二极管导通和关断电流。全桥结构由四个全控型器件和反并联的二极管组成，器件数量是反串联结构的两倍，关断电流能力也是其两倍。二极管桥结构由一个全控型器件和四个二极管组成，相同关断能力下全控型器件数量比反串联结构和全桥结构减少一半，虽增加四个二极管，但二极管成本远低于全控型器件。

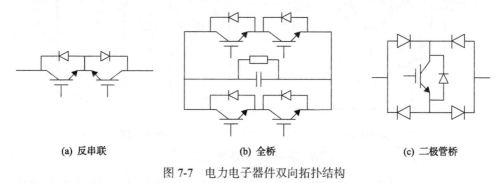

(a) 反串联　　　　　　　　　(b) 全桥　　　　　　　　　(c) 二极管桥

图 7-7　电力电子器件双向拓扑结构

7.2.2　电力电子缓冲保护

1）缓冲电路

缓冲电路(snubber circuit)又称吸收电路，它是电力电子器件的一种重要的保护电路，主要作用有：①抑制器件关断时的 $\dfrac{\mathrm{d}u}{\mathrm{d}t}$ 与过电压；②抑制器件开通时的 $\dfrac{\mathrm{d}i}{\mathrm{d}t}$ 与过电流；③减小高频应用情况下器件的开关损耗。而在直流断路器中，缓冲电

路用于桥式半导体中全控性器件的保护，显然全控性器件开关频率不高，故主要
作用为前两点。

　　常见的缓冲电路类型有 C 缓冲电路、RC 缓冲电路、RCD 缓冲电路等耗能式
缓冲电路，以及部分馈能式缓冲电路，由于直流断路器中的全控性器件工作频率
不高，所以在实际工程应用中一般不采用因减少损耗而结构复杂的馈能式缓冲电
路。以 IGBT 桥式半导体组件为例子，耗能式缓冲电路结构和连接方式如图 7-8、
图 7-9 所示。

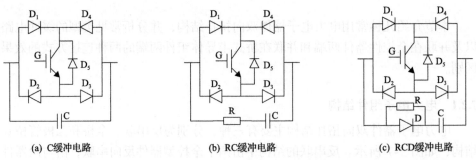

(a) C缓冲电路　　　　　　　(b) RC缓冲电路　　　　　　　(c) RCD缓冲电路

图 7-8　不同缓冲电路时的桥式半导体结构图

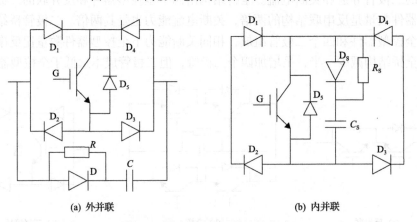

(a) 外并联　　　　　　　　　　　　(b) 内并联

图 7-9　缓冲电路的两种连接方式

　　缓冲电路为纯电容的保护方式下，器件开通时，缓冲电容 C 直接对器件进行
放电，由于电力电子器件导通时等效电阻较小，器件过电流一般较大，这对电力
电子器件的电流耐受能力带来一定负担。关断时，缓冲电容 C 与系统电感谐振，
产生振荡电压，从图 7-8(a) 中可以看出，D_2、D_3、D_5、IGBT 与电容等效于并联，
所以这些器件需要承受振荡电压，且稳态时承受系统级电压。而 D_1、D_4 一直保持
正向偏置状态，导通时压降为数伏，关断时压降可忽略不计。

　　缓冲电路为 RC 的保护方式下，器件开通时，RC 缓冲支路大大降低了 IGBT
上的过电流，这是因为在电容放电时，R_S 的加入增大了放电回路的等效电阻，降

低了放电初始电流。这也是加入 R_S 的最大目的。同样应该注意，加入 R_S 会增大放电时间。所以 R_S 要足够小，以保证在 IGBT 允许导通时间内完成放电，同时 R_S 要足够大以防止过电流超过 IGBT 的最大耐受值。因此，对 R_S 参数的选择，要结合以上两个要求，综合权衡。而在关断时，RC 缓冲支路能抑制过电压，且 D_2、D_3、D_5、IGBT 与 RC 支路电压相同，稳态时承受系统级电压。而 D_1、D_4 压降一直很低。因此，R_S 的取值会影响 IGBT 通断过程，具体为：R_S 越大，IGBT 导通时的过电流越小，关断时的过电压越大。在实际工程应用中 IGBT、二极管等器件的参数有限，当然希望过电流、过电压越小越好，这就要求合理取值 R_S。R_S 受到的限制使得器件应用受到限制，这正是 RC 缓冲支路最大的缺点。

缓冲电路为 RCD 时，器件开通时，RCD 缓冲电路中的电容放电，D 被反向截止，起不到作用，所以 RCD 缓冲电路的开通情况与 RC 缓冲电路基本完全一致，而在关断时，二极管在电容初始充电时钳位 R_S 电压，使 R_S 的升高不会带来关断过电压的升高，这使 R_S 的取值不再受限，可以将 R_S 取较大值以限制开通时的过电流。这就是加入二极管的主要作用，也是 RCD 缓冲电路相较于 RC 缓冲电路的主要优势。

根据缓冲电路的并联位置，缓冲电路连接方式可以分为外并联与内并联，同样地以 IGBT 桥式半导体组件为例，缓冲电路类型以 RCD 为例，两者分别并联在桥式半导体与电力电子器件两端，如图 7-9 所示。

外并联与内并联的外在区别，主要是体现在所并联电阻的大小不同，然而由于电力电子器件导通电阻很小、关断电阻很大，使得这种并联电阻的不同，相较之下，对组件关断电压特性影响几乎没有区别。在桥式半导体组件中的 IGBT 导通时，两种连接方式可以认为基本没有区别。细微的差别主要体现在稳态时的电容电压和器件电压方面，但其差值也较小，可以忽略。

2）保护支路

电力电子组件常使用金属氧化物避雷器（metal oxide varistors，MOV）来作为保护支路，主要作用有：①抑制器件关断时的过电压；②吸收回路电感中的能量。如图 7-10 所示，典型 MOV 的伏安特性可分为三个区域：①开关前区域；②开关区域；③大电流区域。

前两个区域的连接点指的是工作电压 u_{op}。低于 $0.1A/cm^2$ 的数据通常由稳定的 DC 源测量，而高于 $0.1A/cm^2$ 的数据由脉冲电流源测试，以避免发热。脉冲电流测得的电压高于稳定测量的电压。如图 7-10 中的箭头所示，差异通常为 10%～20%。这被称为氧化锌压敏电阻的电响应延迟。此外，在 MOV 传导之后，剩余电压高度依赖于电流斜率。试验结果表明，快速冲击时的剩余电压高于慢速冲击时的剩余电压，这种现象称为陡波效应。在电力电子组件设计和 MOV 选型时，需将该效应加以考虑，为器件留有足够的安全裕量。

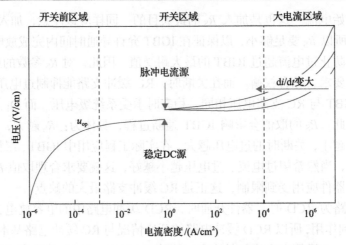

图 7-10　考虑电响应延迟和陡波效应的典型 MOV 的伏安特性

7.3　直流开断工况下电力电子器件模型分析

7.3.1　器件建模方法

电力电子器件的仿真建模需要考虑静态特性及动态特性。静态特性指电力电子器件在导通时能够承受较大电流的流通，并具有较低的通态电压；动态特性指电力电子器件在开通关断时能够承受很高的开关速度及较高的电流电压变化率。近年来电力电子技术的迅速发展，各国学者对其建模方法进行了深入的研究，主要可以分为基于外部特性的行为模型、基于内部半导体物理结构特性的物理模型以及两者结合的半物理模型。行为模型主要是基于器件表现出来的外部特性建立的模型，不涉及器件内部的物理特性，其模型参数没有实际物理意义，多采取数学拟合方式对器件的开关特性进行模拟。物理模型是基于半导体物理结构特性搭建的模型，通过半导体的物理方程来表示器件的物理特性，依靠集总电荷、傅立叶求解、有限差分和有限元对这些方程进行求解。半物理模型是介于行为模型和物理模型之间的模型，一部分使用数学拟合方法一部分基于半导体物理学，可以较好反映器件电学的动态特性，物理模型建模时所需要的一些参数和方程需要采用数值方法确定，一定程度上能够保留物理模型的精确度，同时简化了物理模型的建模，但仍然反应不了半导体内部物理过程。

7.3.2　适用于直流开断应用的电力电子器件模型

电力电子器件开断可靠性决定了混合式直流断路器的故障开断能力，因此对电力电子器件进行准确的建模仿真，获取其不同开断情况下的电气特性，掌握器件参数对开断暂态过程特性的影响规律,为器件选型和组件设计提供一定的指导,降低设计成本。

1. 二极管模型

二极管是常用的电力电子器件,其中快恢复二极管由于其电流截止能力强、反向恢复时间短等特点,在混合式断路器中得到了广泛的应用。在常见应用中,二极管工作于不同状态,如导通关断、通态断态等。而在直流工况下,由于二极管关断时的反向恢复过程会影响断路器的安全工作和运行性能,需要建立能准确描述快恢复二极管反向恢复过程的模型,指导断路器参数设计,优化断路器性能。本书针对混合式直流断路器中二极管的反向恢复过程进行研究,搭建了集总电荷模型进行仿真分析。

二极管反向恢复特性模型采取半导体物理模型,以载流子分析二极管正向导通、反向截止及反向恢复瞬态过程。在正向导通情况下,如图 7-11 所示,用 4 个节点电荷等效二极管内部的电荷分布。在二极管正向导通时,注入到半导体的非平衡少数载流子的浓度接近或超过原平衡多数载流子的浓度,空穴和电子的分布相同,即 $p(x)=n(x)$。假设二极管内空穴和迁移率相同,且电荷分布均匀对称,节点电荷 q_1、q_2、q_3、q_4 位于每个电荷区域的中心位置。可以得到

$$\begin{cases} q_1 = \mathrm{e}A\delta(p_1 - p_{\mathrm{i}0}) \\ q_2 = \mathrm{e}Ad(p_2 - p_{\mathrm{i}0}) \end{cases} \tag{7-1}$$

式中,A 为结面积;δ、d 为 q_1、q_2 所在电荷区域的宽度;p_1、p_2 为对应区域平均空穴浓度;$p_{\mathrm{i}0}$ 为平衡空穴浓度。

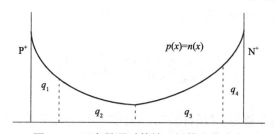

图 7-11　正向导通时等效二极管电荷分布

空穴和电子的扩散电流密度方程如下式所示:

$$i(t) = -\mathrm{e}A2D_{\mathrm{a}}\frac{\mathrm{d}p}{\mathrm{d}x} = \frac{\mathrm{e}A2D_{\mathrm{a}}(p_1 - p_2)}{\dfrac{\delta}{2} + \dfrac{d}{2}} \tag{7-2}$$

式中,D_{a} 为双极扩散常数。

δ 近似取 0 可以得到

$$i(t) = \frac{q_0 - q_2}{T_{12}} \tag{7-3}$$

$$q_0 = eAd(p_1 - p_{i0}) \tag{7-4}$$

$$T_{12} = d^2 / 4D_a \tag{7-5}$$

式中，q_0 为近似后的剩余变量；T_{12} 通过 q_2 区域的近似扩散时间。

q_2 所在区域的电荷连续性方程为

$$0 = \frac{dq_2}{dt} + \frac{q_2}{\tau} - \frac{(q_0 - q_2)}{2T_{12}} \tag{7-6}$$

式中，τ 为载流子存活时间。

电荷 q_0 和电压 u 的关系可由以下方程得到：

$$q_0 = \frac{I_s \tau}{2} \left[\exp\left(\frac{u}{2U_T}\right) - 1 \right] \tag{7-7}$$

$$I_s = eA2dp_{i0} / \tau \tag{7-8}$$

$$U_T = k_B(t + 273) / e \tag{7-9}$$

式中，I_s 为二极管的饱和电流；u 为二极管的端电压；U_T 为热电压；k_B 为玻尔兹曼常数；t 为器件温度。

可以由上式化简得到二极管正向导通 i-u 特性为

$$i = \frac{I_s}{\left(1 + \dfrac{T_M}{\tau}\right)} \left[\exp\left(\frac{u}{nU_T}\right) - 1 \right] \tag{7-10}$$

二极管模型的参数与二极管内部载流子的运动分布有关，可以通过试验手段利用感性负载电路的二极管关断电流曲线获取，其反向恢复电流波形如图 7-12 所示。

2. 晶闸管模型

晶闸管的工作状态通常包括通态、阻态以及通态和阻态之间的转换。在混合式直流断路器的应用中，晶闸管的反向恢复过程会引起严重的过电压问题，危及晶闸管的可靠运行，因此搭建暂态过程下晶闸管的反向恢复模型，对直流开断应用下的晶闸管可靠运行具有十分重要的实际意义。

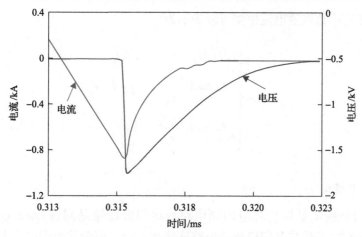

图 7-12　二极管反向恢复电流波形

根据晶闸管物理特性微观机理研究，在关断过程中基区载流子没有立即消失，通过迁移、扩散、复合等方式降低其浓度。晶闸管导通时的大电流注入效应会在基于中存在反向恢复电荷，受到电路电感的影响，晶闸管流过反向恢复电流。反向恢复电流及反向恢复时间与晶闸管此时的结温、关断时电流变化率以及反向恢复特性有关。其电荷控制模型根据器件中包含的电荷量及其对时间的微分来预测器件的端特性。过剩电荷量随时间变化情况如下式所示：

$$\frac{\mathrm{d}Q}{\mathrm{d}t} = i(t) - \frac{Q}{\tau} \tag{7-11}$$

式中，Q 为过剩电荷量；$i(t)$ 为由电极送入或抽出的瞬时电流；τ 为弛豫时间，代表边界复合效应的载流子有效寿命。

由电荷控制模型可以得到晶闸管反向恢复过程中的动态电流电压模型。针对晶闸管反向恢复电流的暂态计算，可以分为指数函数恢复电流模型及双曲正切函数恢复电流模型。指数函数恢复电流模型可以表示为式（7-12）、式（7-13）：

$$i_r(t) = \begin{cases} -I_R \exp\left(-\dfrac{t-t_a}{\tau}\right), & t \geq t_a \\ t\,\mathrm{d}i/\mathrm{d}t, & 0 < t < t_a \end{cases} \tag{7-12}$$

$$\tau = \frac{Q_{rr}}{I_R} - \frac{I_R}{2\mathrm{d}i/\mathrm{d}t} \tag{7-13}$$

式中，I_R 为反向恢复电流最大值；$\mathrm{d}i/\mathrm{d}t$ 为关断时的电流变化率；τ、t_1、t_a、τ_a、τ_b、τ_a' 分别为曲线拟合时的时间参数；Q_{rr} 为反向恢复电荷值。

双曲正切函数恢复电流模型可以表示为

$$
i_r(t) = \begin{cases}
t\, \mathrm{d}i\,/\,\mathrm{d}t, & t \leqslant t_1 \\
-I_R \operatorname{sech} \dfrac{t - t_a'}{\tau_a}, & t_1 < t \leqslant t_a' \\
-I_R \operatorname{sech} \dfrac{t - t_a'}{\tau_b}, & t \geqslant t_a'
\end{cases}
\tag{7-14}
$$

3. IGCT 模型

集成门极换流晶闸管通过印刷电路板将门极换流晶闸管 (gate commutated thyristor, GCT) 芯片与其门极驱动电路连接在一起, 由于其载流能力大、通态损耗低及浪涌能力强等优势, 被广泛应用于中高压大功率变流器中。然而, 针对直流开断应用下的 IGCT 模型研究, 器件内部的暂态通断过程不可忽略, 与器件动态特性、静态特性以及器件可靠性都有着密切联系。

国内现有研究大多以 PSIM (Power Simulation) 软件为基础, 依靠分立器件模拟 IGCT 的开通与关断过程, 本质上属于功能模型; 国外研究则更为广泛, 除了功能模型外, 还有大量物理模型的研究。与功能模型相比, 物理模型能反映器件本身更多的物理现象, 在参数提取准确的前提下可以获得更高的精度。基于物理的电路模型以 IGCT 内部载流子运行的物理机制为基础, 模型不但具有较高精度, 同时可获取内部载流子随时空的分布情况, 即将内部微观特性与外部宏观特性建立了紧密联系。针对 IGCT 在暂态过程的反向恢复现象, Ma 提出了集总电荷建模技术, 其基本思想是将器件划分为几个关键区域, 每个区域包含一个电荷存储节点和两个连接节点, 每个节点的电荷的电子和空穴值等于每个节点的区域体积和载流子浓度的乘积, 然后, 利用半导体物理学和电路理论相关的方程组将电荷节点连接起来。该方法将器件的外部特性与器件内部结构联系起来, 已经在多种电力电子器件建模中得到了应用。

如图 7-13 所示, GCT 可以被分为分别为 P⁺ 透明阳极区、N⁻ 缓冲层、N 基区、P 基区、N⁺ 阴极区这 5 个区域; 11 个节点, 其中节点 3、6、9 分别位于 N⁻NP 区域的中心位置, 作为电荷存储节点, 其余节点作为各个结耗尽层边缘的连接点。A、K、G 分别为阳极、阴极和门极端子。通过这种方式将三维的 IGCT 结构简化为一维的物理结构, 通过电流密度方程、电流连续性方程、电中性方程、玻尔兹曼方程、泊松方程以及基本的基尔霍夫电压和电流关系, 即可得到以电荷和电压为变量的电路方程组, 描述器件内部集总电荷点间的电荷分布和传输, 最终解算得到器件外部的电压电流特性。求解电荷节点浓度可以分为几个关键部分。

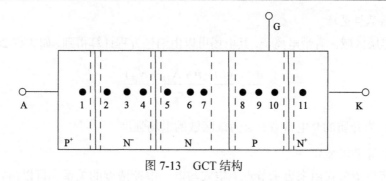

图 7-13　GCT 结构

1)PN 结

PN 结部分的建模主要依据·波尔兹曼关系,PN 结耗尽层边缘的载流子浓度是外施加电压的函数, 如式(7-15)、式(7-16)所示:

$$n = n_{p0} \exp\left(\frac{qU_F}{k_B T}\right) \tag{7-15}$$

$$p_n = p_{n0} \exp\left(\frac{qU_F}{k_B T}\right) \tag{7-16}$$

式中, n_p 为 P 区域电子浓度; n_{p0} 为平衡时 P 区域的电子浓度; p_n、p_{n0} 为非平衡和平衡时 N 区域的空穴浓度; T 为绝对温度; U_F 为 PN 正向偏置时的电压降。

2)连接节点

每一层内部相邻的节点间的关系依靠电流密度公式联系, 如式(7-17)、式(7-18)所示:

$$J_p = q\mu_p p\varepsilon - qD_p \frac{dp}{dx} \tag{7-17}$$

$$J_n = q\mu_n n\varepsilon - qD_n \frac{dn}{dx} \tag{7-18}$$

式中, μ_p、μ_n 分别为空穴和电子的迁移率; D_p、D_n 分别为空穴和电子的扩散系数。

3)存储节点

存储节点是载流子生成和复合的中心, 其电荷浓度可以通过下式计算:

$$\frac{dp}{dt} = -\frac{1}{q}\frac{\partial J_p}{\partial x} + (G_p - R_p) \tag{7-19}$$

式中, G_p 为空穴生成率; R_p 为空穴复合率。

4) 耗尽层区域

耗尽层区域含有带电离子，其电场可以由泊松方程计算得到，如式(7-20)所示：

$$\frac{\mathrm{d}\varepsilon}{\mathrm{d}x} = \frac{q(p-n+N_D-N_A)}{\varepsilon_s} \tag{7-20}$$

式中，ε_s 为介质的介电常数；ε 为该区域的电场强度。

5) 电荷平衡公式

电荷平衡公式用来表示节点上空穴与电子电荷浓度的关系。可以由式(7-21)表示：

$$n + N_D = p + N_A \tag{7-21}$$

式中，N_A 为施主离子浓度；N_D 为受主离子浓度。

6) KVL、KCL

结合上述方程，将 PN 结部分看作电压源，连接节点间构成电流源，将各个部分通过电路方程综合求解，其模型仿真结果如图 7-14 所示。

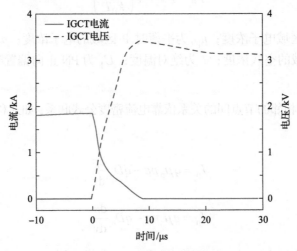

图 7-14　IGCT 暂态关断过程结果图

4. IGBT 模型

绝缘栅双极晶体管由于其具备短时大电流快速分断能力成为断路器分断功能的核心器件。在直流断路器分断过程中，IGBT 需要在短时承受故障大电流，这使得其运行于临界饱和电流值附近。在此过程中 IGBT 的电压电流水平极高，短时间内承受严苛的热应力和电气应力。

　　在目前关于直流断路器性能的仿真研究中，采用的大都是 IGBT 理想开关模型，忽略了开关过程中 IGBT 的瞬态电气特性，从而无法得到足够精确的结果。因此，在研究直流断路器应用下 IGBT 器件的电气特性时，需要搭建能反映关断暂态特性的仿真模型，为断路器整机暂态研究提供有效分析手段。

　　IGBT 的物理模型最早由 Hefner 在 Saber 中建立，其中提到的载流子双极输运、浓度分布近似假设沿用至今并在此基础上不断发展。

　　如图 7-15 所示，基区中空穴电流双极输运方程可由下式表示：

$$J_{PL} = \frac{1}{1+b} J_T - eD \frac{d\delta_{PL}}{dx} \tag{7-22}$$

式中，J_{PL} 为基区空穴电流密度；J_T 为总电流密度；δ_{PL} 为基区过剩空穴浓度分布；$b=\mu_n/\mu_p$，μ_p 和 μ_n 分别为基区中空穴迁移率和电子迁移率；D 为基区双极扩散系数，$D=2D_pD_n/(D_p+D_n)$。

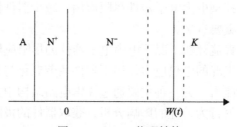

图 7-15　IGBT 物理结构

　　开关瞬态下 IGBT 外电压发生变化，N 区过剩载流子浓度分布 $\delta_{PL}(x,t)$ 及 $W(t)$ 随时间变化，可以得到开关瞬态下 N⁻基区中空穴电流表达式为

$$i_{PL}(x) = \frac{1}{1+b} i_T - qAD\left[-\frac{P_{L0}(t)}{W(t)} - \frac{P_{L0}(t)}{DW(t)} \frac{dW(t)}{dt}\left(x - \frac{W(t)}{6} - \frac{x^2}{W(t)} \right) \right] \tag{7-23}$$

式中，$P_{L0(t)}$ 为 $x=0$ 处空穴浓度；i_T 为 IGBT 内部总电流；A 为芯片面积。

　　由等式 $i_{PH}=i_P(x=0)=i_P(x=W(t))$，并代入 IGBT 内部电荷量的关系式，最终可得 IGBT 内部空穴电流为

$$
\begin{aligned}
i_P(x=W(t)) = &\frac{1}{1+b} \times i_T - \frac{Q_T - \frac{1}{1+b} \times \frac{W_H^2}{2D_{PH}} \times i_T}{1 + \frac{DW_H^2}{D_{PH}W^2(t)} - \frac{W_H^2}{6D_{PH}W(t)} \times \frac{dW(t)}{dt}} \\
&\cdot \left(\frac{1}{3W(t)} \times \frac{dW(t)}{dt} + \frac{2D}{W^2(t)} \right)
\end{aligned}
\tag{7-24}
$$

IGBT 的电子电流为

$$i_n(x = W_L(t)) = i_{mos} + (C_{DSJ} + C_{GD})\frac{\mathrm{d}U_{ds}}{\mathrm{d}t} - C_{GD}\frac{\mathrm{d}U_{GS}}{\mathrm{d}t} \tag{7-25}$$

将上述式子的空穴电流与电子电流相加可得 i_T。

7.4　直流开断工况下电力电子尽限应用

直流开断中电力电子器件应用属于非周期性的暂态工作，主要利用了器件的短时浪涌和关断能力，通常为额定电流的数倍以上，因此，研究电力电子器件在直流开断工况下的尽限应用至关重要。此外，相对于断路器中其他元件(如电阻、电容等被动元件，二极管等不控型电力电子器件)，IGBT、IEGT、IGCT 等全控型电力电子器件的成本较高，在整个直流断路器成本中占比非常高。在保证可靠性的前提下，研究全控型电力电子器件尽限应用，减少器件使用数量，对于提高断路器的经济性具有重要意义。

本节将介绍两种直流开断工况下电力电子器件的尽限应用方法。第一种主要通过研究在直流开断工况的电热应力作用下器件疲劳老化与失效机理，获取电力电子器件的极限关断能力。另一种主要通过探索电路结构中关键参数对组件结构中的电力电子器件电气行为特性的影响分析，获取器件的极限关断能力，挖掘器件潜力。在器件尽限应用的基础上，进一步研究直流开断应用下的器件关断能力提升方法，该部分内容将在下一节进行详细介绍。

7.4.1　基于电热应力疲劳失效分析的尽限应用

直流开断工况下电力电子器件需要承受关断过程中过电压和瞬态大电流冲击，具有过程短、非周期性等特点。开断过程中，器件电热应力极限受到严苛的考核，其失效根据原因可为电应力失效和热应力失效。本节通过研究分析电力电子器件在直流开断暂态过程的电热应力失效机理，为电力电子器件尽限应用提供基础。

1. 瞬时电热应力失效机理分析

1) 开断瞬态过电压失效

在故障电流的开断过程中，由于系统母排、组件连接、器件内部等之间杂散电感的存在，断路器关断电流时，快速的电流变化产生一个感应电压并与系统电压叠加，最终加在器件两端，可能超出其雪崩击穿电压。

以 IGBT 器件为例，如图 7-16 所示，在拓扑关断时产生的感应电压叠加在母

线电压上，表示为

$$U_{ce} = U_{bus} + L\frac{\mathrm{d}I_{ce}}{\mathrm{d}t} \tag{7-26}$$

式中，U_{bus} 为母线电压；L 为回路中杂散电感；I_{ce} 为 IGBT 导通电流。

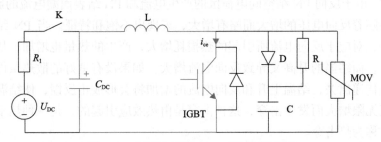

图 7-16 开断应用下 IGBT 测试拓扑示意

当 $U_{ce} > U_A$ 时（U_A 为 IGBT 的最大耐压），IGBT 发生雪崩电压击穿，击穿时的电压、电流波形用图 7-17 进行说明，其中实线表示发生电击穿时的波形，虚线表示未发生电击穿时的波形。

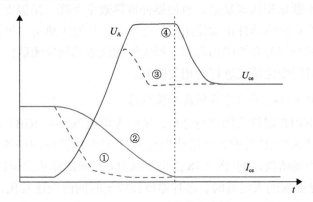

图 7-17 IGBT 过压击穿电压电流

从图 7-17 可以看出，如果未发生雪崩击穿时，电压从关断前的饱和压降开始迅速上升，产生一个电压尖峰，然后快速下降到母线电压水平，上升过程如图中虚线③所示；电流从导通时的最大值开始迅速下降，然后再缓慢下降，有个电流拖尾过程，如图中虚线①所示。而在发生雪崩击穿时，虽然栅极已经关断，内部MOSFET 导电沟道消失，但是雪崩击穿产生的漏电流使集电极电流并不是迅速下降到零，而是在击穿期间缓慢下降，一直持续到雪崩击穿结束，电流才完全下降到零，IGBT 表现为关断，电流下降过程如图中实线②所示；IGBT 集-射极两端电压被钳位在雪崩击穿电压水平 U_A，当电压下降到小于雪崩击穿电压时，IGBT 退出击穿状态，电压才迅速下降到母线电压水平，电压变化过程如图中实线④所示。

2)器件大电流过热失效

同样以 IGBT 为例进行具体分析。由 IGBT 工作机理可知，其开关和导通过程都是通过载流子在基区不断的运动与复合形成的电子、空穴电流，产生的热量主要在 J2 结的基区，因此研究 IGBT 的热失效机理首先需要分析反偏 PN 结的热失效机理。由于反向 PN 结空间电荷区的产生电流和 PN 结表面漏电流的影响，反向电流会随着反向电压的增大而略有增大，表现出不饱和特征。当 PN 结外加偏压增加时，对应于反向电流所引起的热损耗增大，产生的热量也增加，从而引起结温上升，而结温的升高又导致反向电流增大。如果没有良好的散热条件将这些热能及时传递出去，结温上升和反向电流的增加将会形成正反馈，使结温升高、反向电流无限增大而发生击穿，这种击穿是由热效应引起的，是一种热不稳定性的表现，称为热击穿。

2. 器件封装材料在电热应力作用下疲劳失效机理

芯片焊料层是电力电子器件封装重要的传热导电结构，以焊接式功率器件为例子，焊料层疲劳是大功率器件模块一种常见的失效形式，焊料层在周期性热应力作用下内部不断累积微观缺陷，致使器件散热效率下降，结温上升，器件损耗进一步增加，严重影响器件正常使用，最终导致芯片发生热击穿失效。

下面通过三个部分介绍国内海军工程大学的汪波等研究团队针对瞬态大电流冲击下芯片焊料层变化情况进行的相关研究。

1)瞬间大电流冲击下芯片焊料层失效机理

以焊接式 IGBT 器件为例进行分析，瞬间大电流条件下 IGBT 芯片焊料层失效的主要模式是 Si/SAC 界面裂纹的萌生与扩展，这是由器件内部各部分材料力学特性及所受应力场所决定的。图 7-18 给出了 IGBT 截面试样芯片焊料层的微观图，当 IGBT 模块导通瞬间大电流时，芯片温度在较短时间内快速变化，Si/SAC 界面承受高温、大温度梯度和强热冲击作用。Si/SAC 界面与 SAC 合金本体的力学特性不同，SAC 合金是一种低屈服强度、低熔点、高延展性和高韧性的金属材料，其抵抗短时强热冲击作用能力强而抵抗长周期热应力作用能力弱，主要失效模式是本体裂纹的萌生与扩展；而 Si/SAC 界面力学特性与 SAC 合金存在较大差异，Si 与 SAC 两种成分相界面处可发生化学反应，生成高强脆性的金属间化合物，因此 Si/SAC 界面表现为强度高、延展性低、脆性高的力学特性，其抵抗长周期热应力作用的能力强而抵抗短时强热冲击作用能力差，失效模式为界面裂纹萌生与扩展。因此，在瞬间大电流条件下，IGBT 模块芯片焊料层疲劳失效的主要模式是界面裂纹萌生与扩展、温度波动幅度及温度上升速率是影响界面分层失效的主要因素。

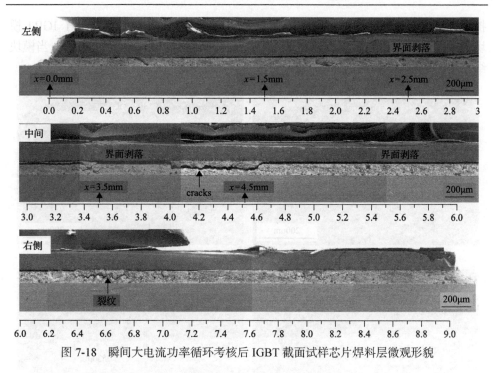

图 7-18　瞬间大电流功率循环考核后 IGBT 截面试样芯片焊料层微观形貌

2) 瞬态大电流冲击下芯片焊料层微观缺陷演变规律

材料疲劳失效的实质是内部微观缺陷在周期性应力作用下不断萌生与扩展的过程，如图 7-19 所示。从界面裂纹首先在芯片边缘萌生，因为通常情况下芯片边缘存在集中的应力分布，界面裂纹萌生后随着功率循环次数增加逐渐向芯片中心

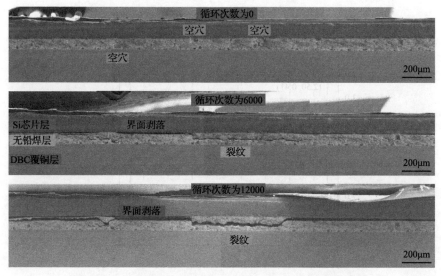

图 7-19　不同次数功率循环后 IGBT 芯片焊料层微观形貌

扩展，扩展区近似圆弧形，越靠近中心区域，裂纹越长。图 7-20 显示了 IGBT 模块内连续四个截面的形态，而在 Si/SAC 界面的裂纹形状如图 7-21 所示。当模块结壳热阻上升 20%时，裂纹扩展区约占总界面面积的 18%～19%。

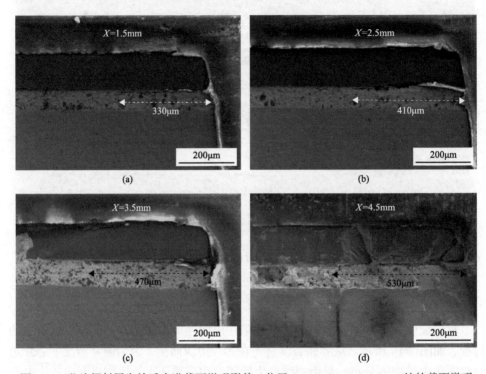

图 7-20　芯片焊料层失效后步进截面微观形貌：位置 X=1.5, 2.5, 3.5, 4.5mm 处的截面微观

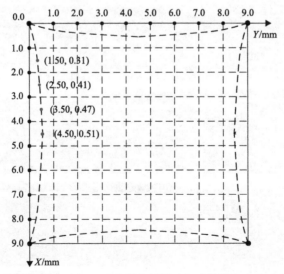

图 7-21　芯片焊料层失效后 Si/SAC 界面分离区域：芯片横纵每毫米垂直 X 与水平 Y 划分

3) 瞬间大电流冲击下器件热阻特性演变规律

短时大电流脉冲冲击下，IGBT 芯片与焊料层界面逐渐发生剥离，导致模块结壳热阻上升，引起 IGBT 芯片结温及损耗增加，反过来进一步加速 IGBT 模块疲劳进程。如图 7-22 所示，瞬间大电流脉冲条件下，IGBT 模块稳态结壳热阻随循环次数呈指数形式增加。基于 IEC60747-9:2007 测试标准（当 IGBT 模块结壳热阻上升 20%时判定 IGBT 模块疲劳失效），180℃结温波动条件下 IGBT 模块的循环寿命约为 10000 次。

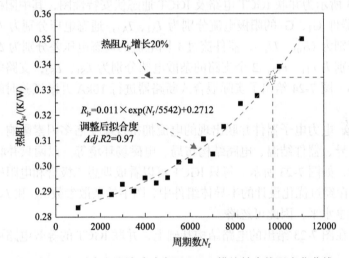

图 7-22 短时大电流脉冲冲击下 IGBT 模块结壳热阻变化曲线

IGBT 器件承受瞬态大电流冲击，芯片焊料层界面分离成为 IGBT 器件主要失效模式，热应力冲击下界面裂纹从焊料层边缘萌生并逐步向内部扩展，界面裂纹萌生与扩展速率决定了 IGBT 器件疲劳寿命。芯片焊料层界面分离失效本质是材料脆性断裂，当界面剪切热应力超过芯片/焊料层界面结合强度时就会发生界面分离。

7.4.2 基于电路结构改进的尽限应用

1. 并联器件的电流拥挤现象

在半导体组件设计中，为了满足系统高压大容量的开断需求，常将多只电力电子器件串并联，构成半导体组件用于断路器中核心关断设备。在电力电子器件并联关断的瞬态过程初期，由于不同器件电压建立时刻和速度的差异，支路电流在电压差异的驱动下往低感并联回路中快速转移，导致单只器件电流陡增从而超出其关断能力，表现为电流拥挤现象。

下面给出两只并联 IGCT 为例,进一步说明在直流开断工况中的电流拥挤现象。为量化并联器件的均流效果,定义 IGCT 并联运行时电流最大峰值处的均流系数 α 为

$$\alpha = \min(I) / I_{av} \tag{7-27}$$

式中,$\min(I)$ 为并联 IGCT 组件中电流较小的器件在峰值时刻的电流值;I_{av} 为并联器件峰值时刻电流的平均值。

图 7-23 所示为并联 IGCT 电路及 IGCT 通态伏安特性图,其中阳极总电流为 I_A,IGCT 器件 G_1、G_2 的阳极电流分别为 I_{A1}、I_{A2},通态电压分别为 U_{T1}、U_{T2},门槛电压分别为 U_{T01}、U_{T02},器件流过不同电流的通态电压差分别为 ΔU_1、ΔU_2,斜率电阻分别为 r_{T1}、r_{T2},2 个支路的杂散电感分别为 L_{S1}、L_{S2},支路电压分别为 U_{AK1}、U_{AK2}。图 7-24 给出了实际混合式断路器进行 10kA 开断试验时的电流拥挤现象。

实际上,电力电子器件并联出现的电流拥挤现象受诸多因素影响,包括并联器件参数差异、器件结温、电路结构布局、电磁场环境等。以两只并联 IGCT 关断电流为例,如图 7-23 所示。每只 IGCT 可以看成理想二极管和电阻串联构成的等效器件。在经过优化设计的半导体组件中,图中的杂散参数 L_{S1} 和 L_{S2} 一般非常小,在几纳亨水平,因此可忽略。

所以,在图 7-23 给出的电路结构基础上,并联 IGCT 的等效电路可以由下式进行描述:

$$U_{T1} = U_{T01} + r_{T1}I_{A1} \tag{7-28}$$

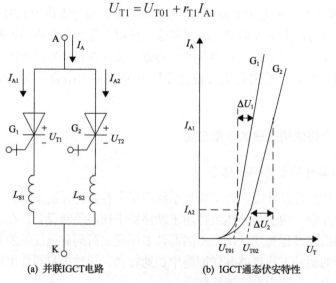

(a) 并联IGCT电路　　　　　　(b) IGCT通态伏安特性

图 7-23　IGCT 并联电路及通态伏安特性示意图

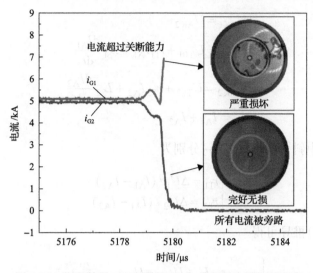

图 7-24　两只并联 IGCT 进行 10kA 关断的电流拥挤现象

$$U_{T2} = U_{T02} + r_{T2}I_{A2} \qquad (7\text{-}29)$$

$$I_A = I_{A1} + I_{A2} \qquad (7\text{-}30)$$

$$U_{T1} = U_{T2} \qquad (7\text{-}31)$$

整理可以得到流过两只 IGCT 的电流分别为

$$I_{A1} = \frac{U_{T02} - U_{T01} + r_{T2}I_A}{r_{T1} + r_{T2}} \qquad (7\text{-}32)$$

$$I_{A2} = \frac{U_{T01} - U_{T02} + r_{T1}I_A}{r_{T1} + r_{T2}} \qquad (7\text{-}33)$$

可以直观看出，器件间参数差异影响器件并联均流特性。为了探究电流拥挤现象对实际器件电流分配的具体影响规律，不少相关研究通过控制并联器件间的关断延时，从而获取均流特性。电流拥挤易引发单只器件失效，进而造成所有并联器件损毁。因此，器件需要降额设计和使用，器件电流利用率过低。

2. 器件均流影响因素分析

1) 并联 IGCT 通态均流效果影响规律

以两只并联 IGCT 为例(见图 7-23)进行分析。

不失一般性，假设 $I_{A1} \geqslant I_{A2}$，根据两管并联有

$$
\begin{cases}
U_{AK1} = U_{AK2} \\
U_{AK1} = U_{T01} + r_{T1}I_{A1} + L_{S1}\dfrac{\mathrm{d}I_{A1}}{\mathrm{d}t} \\
U_{AK2} = U_{T02} + r_{T2}I_{A2} + L_{S2}\dfrac{\mathrm{d}I_{A2}}{\mathrm{d}t} \\
I_A = I_{A1} + I_{A2}
\end{cases}
\tag{7-34}
$$

式(7-34)中斜率电阻 r_{T1}、r_{T2} 分别为

$$
\begin{cases}
r_{T1} = \Delta U_1 / (I_{A1} - I_{A2}) \\
r_{T2} = \Delta U_2 / (I_{A1} - I_{A2})
\end{cases}
\tag{7-35}
$$

由式(7-35)推导可得

$$
\begin{cases}
I_{A1} = \dfrac{r_{T2}I_A + U_{T02} - U_{T01}}{r_{T1} + r_{T2}} - \mathrm{e}^{-\frac{r_{T1}+r_{T2}}{L_{S1}+L_{S2}}t} \\
I_{A2} = \dfrac{r_{T1}I_A + U_{T01} - U_{T02}}{r_{T1} + r_{T2}} + \mathrm{e}^{-\frac{r_{T1}+r_{T2}}{L_{S1}+L_{S2}}t}
\end{cases}
\tag{7-36}
$$

由式(7-36)可知, IGCT 并联通态电流不均衡现象与器件自身参数以及线路杂散电感有关。由于线路杂散电感为纳亨级, 时间尺度为毫秒级, 因此式(7-36)中 e 指数项的值非常小(小于 $\mathrm{e}^{-5} = 6.74 \times 10^{-3}$)。相比器件自身门槛电压和斜率电阻, 线路杂散电感的影响可忽略。在 2 个器件门槛电压基本一致的情况下, 斜率电阻大的器件分流小。忽略杂散电感的影响, 根据 α 的定义可得

$$
\alpha = \frac{2I_{A2}}{I_A} = 2 \times \frac{r_{T1} + (U_{T01} - U_{T02}) / I_A}{r_{T1} + r_{T2}}
\tag{7-37}
$$

由式(7-37)可知, 器件的门槛电压和斜率电阻差异都会影响并联均流效果。当总电流等级较小时, 器件的门槛电压差异对 α 的影响较大; 当电流等级较大时, 器件的斜率电阻差异对 α 的影响较大; 随着电流等级的增大 α 会逐渐增大, 最终均流系数会趋近于 $2r_{T1}/(r_{T1}+r_{T2})$。

因此, 在选择并联 IGCT 器件时, 应该关注门槛电压、斜率电阻参数, 选择同厂家同型号参数基本一致的器件是实现并联电流均衡分配的基本方法。

2)不同因素对并联 IGCT 组件通态均流效果影响规律

半导体器件在实际使用中, 电流上升率和压接力的差异也会影响均流效果。并联 IGCT 组件需要适应不同短路电流上升率工况, 图 7-25 显示了不同 di/dt 情况下的通态均流情况。试验测试结果为 $i_{G1} > i_{G2}$, 且随着 di/dt 的增大, 均流系数 α

逐渐增大。这是由于两管的自身参数为 $r_{T1} < r_{T2}$、$U_{T01} > U_{T02}$，根据式(7-37)、式(7-38)可知，随着通态电流幅值的增大，$(U_{T01}-U_{T02})/I_A$ 的值减小，i_{G1} 相对减小，i_{G2} 相对增大，均流系数 α 逐渐增大。

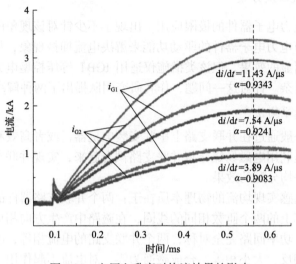

图 7-25　电压上升率对均流效果的影响

IGCT 为压接式器件，压力大小和分布对 IGCT 的特性具有很大影响。保持 G_1 器件的压接力为典型值不变，改变 G_2 器件的压接力大小，测试并联 IGCT 组件通态电流大小，得到如图 7-26 所示压力对均流系数 α 影响规律图。试验测试结果表明：随着 G_2 压接力的增大，均流系数 α 逐渐增大。这是由于 $i_{G1} > i_{G2}$，当 G2 的压接力逐渐增大时，相同电流等级下 r_{T2} 减小，根据式(7-38)可知，i_{G1} 减小，i_{G2}

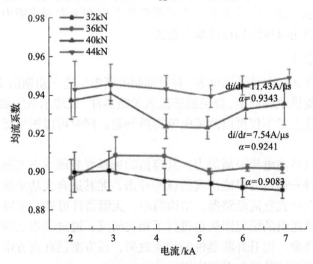

图 7-26　压力对并联 IGCT 均流系数的影响

增大，均流系数 α 增大。因此在器件允许的范围内，对通态电流小的器件施加更大的压力能够改善并联器件通态均流效果。

3. 器件均流解决方案

为了提升电力电子器件的极限应用，出现了不少针对该现象的解决措施。可以通过设计调节电力电子器件的驱动功能来解决电流拥挤现象，如软关断、智能驱动等有较为明显的效果，但该类措施仅适用 IGBT 等压控型电力电子器件，且控制策略较为复杂。针对这一问题，作者研究团队提出了两种解决方案。

1) 耦合电感平衡法

具体方案一般通过在并联支路上串联安装电抗器，或者高效利用并联支路寄生电感。原理是利用电磁场媒介将并联支路耦合起来，实现并联支路阻抗动态均衡，达到电流平均分配的效果。

采用耦合电感实现均流的物理本质在于：两个并联支路器件的电流分别流入耦合于公共磁芯上的两个匝数相同的线圈，在磁路中产生方向相反的磁通。假设器件完全一致、功率回路完全对称，两个并联支路的电流相等，两者在磁芯中产生的磁通方向相反、大小相等，合成磁通为零，对电流不起作用。一般地，由于器件参数和回路寄生参数不一致，两个支路的电流存在偏差，那么电流差会在磁芯中产生磁通，并在线圈中感应出电动势，由法拉第电磁感应定律，该电动势将驱使不平衡电流保持为零，故而能实现两支路的均流。该方法的优点是不仅可以改善电流拥挤问题，同时可以提供良好的静态电流均衡能力。

耦合电感的设计要点是必须兼顾全工况需求，包括稳态长期通流发热和瞬态过程电流快速转移等。根据不同的应用场景，选择电感类型。小功率电路通常利用铁心绕组电感，而高电流水平下为了避免铁芯饱和失去遏流能力，通常选择空心电抗器或者利用母排结构设计耦合电感。

2) 旁路电容法

在并联器件并联安装旁路电容，有效抑制关断电压建立初期的支路电压差异，并为转移电流提供泄放通道，避免拥挤进入关断器件，原理示意图如图 7-27 所示。

该方法的优点是不仅可以改善电流拥挤问题，同时可以提供优异的关断过电压抑制能力。

旁路电容具备高电流浪涌能力，其容值的选择要兼顾考虑关断瞬态拥挤现象消除水平和器件开通过程可能出现的脉冲冲击，尤其适合大功率场合单次关断应用，如中高压混合式直流断路器，结构简单，无源器件可靠，布局方便。

笔者所在课题组的研究团队也进行了相关研究，通过采用杂散电感调控方法解决电流拥挤现象，提升并联器件的均流效果，该方案已在南方电网公司超导直流限流器动态模拟试验平台得到应用。

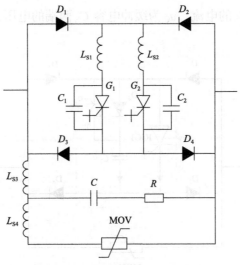

图 7-27　旁路电容法拓扑示意图

7.5　电力电子器件关断能力提升研究

在直流开断应用中，保证经济性和可靠性的前提下，尽可能提升关断能力是许多断路器相关研究的热点之一。目前国内外研究人员主要通过设计新型关断组件和器件来实现关断能力提升。常用于直流开断核心器件的 IGBT/IEGT 具有较高的关断能力，一般可分断 6 至 7 倍于额定电流的故障电流。而 IGCT 虽然具有较强的浪涌耐受能力，但关断能力一般限于额定参数附近，难以完成故障电流关断，因此，不少相关学者通过新型器件或电路结构结合 IGCT 的大电流耐受能力，对 IGCT 关断能力进行进一步提升。下面给出相关研究中的几种方案提供读者参考。

7.5.1　基于 IGCT 预关断激励振荡的关断能力提升方案

该方案由作者所在研究团队提出，利用 IGCT 浪涌能力强的优势，通过吸收电路和门极换流相配合，实现短路大电流关断。基于 IGCT 吸收电路和门极换流相配合的关断提升方案拓扑如图 7-28 (a) 所示。IGCT 作为主开关器件，两端并联一个新颖的缓冲电路，包括二极管（D_S）、电容器（C_S）和晶闸管（T）。其中，电容器在直流开断中有两个作用：①在 IGCT 开断过程构建缓冲电路，来降低关断过程的 du/dt 并抑制过电压尖峰；②在电流换向过程中储存能量，并释放振荡电流，以实现大电流断路能力。

在混合式直流开断中，该方案拓扑作为换流支路，在两端往往并联有机械开关。图 7-28 (b) 给出了应用该拓扑的电流开断时序和波形示意图。i_G 为 IGCT 的电流，i_C 为缓冲电容 C_S 的电流，u_C 为缓冲电容 C_S 两端的电压，整个开断过程可分为 4 个阶段。

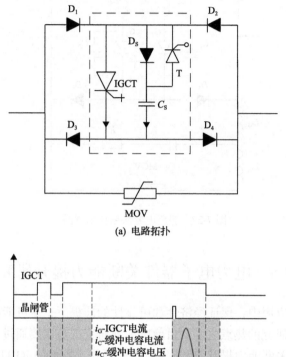

(a) 电路拓扑

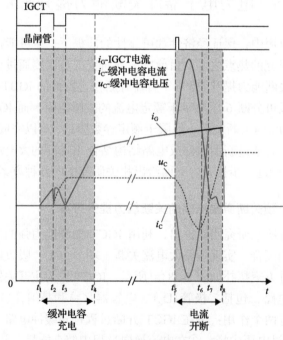

(b) 时序和波形示意

图 7-28　基于 IGCT 吸收电路和门极换流相结合的关断能力提升方案

（1）换流过程：在 t_1 时刻，IGCT 导通，电流开始上升。在 t_2 时刻，IGCT 关闭，IGCT 中的电流全部流过缓冲电容 C_S，C_S 两端电压开始上升并储存能量。t_3 时刻再次打开 IGCT。

(2)绝缘建立：$t_4 \sim t_5$ 期间，机械开关的绝缘强度逐渐恢复。

(3)电流开断：t_5 时刻打开晶闸管 T，C_S 开始放电，放电电流与 i_G 同极性。在 t_6 时刻，放电电流极性翻转，因此 IGCT 电流换流到 D_S。图 7-29 给出了缓冲电容振荡期间的电流路径。

(4)能量耗散：故障电流全部流入 MOV，当 MOV 的电流降至零时，整个开断过程完成。

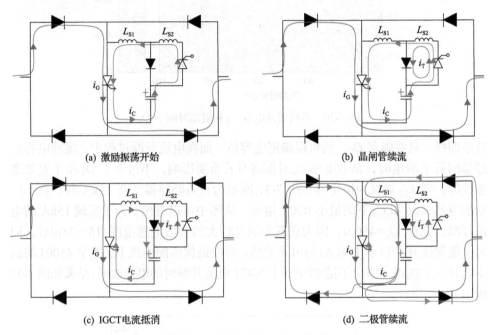

(a) 激励振荡开始　　　　　　　　　　　　(b) 晶闸管续流

(c) IGCT电流抵消　　　　　　　　　　　　(d) 二极管续流

图 7-29　缓冲振荡期间的电流路径

可以看出，在所提方案的关断过程中，主要问题是保证缓冲电容器中储存的能量在电流开断时产生足够的缓冲振荡。所以，掌握关键电路参数对第一次关断后缓冲电容上的最大能量 Q_C 的影响规律,对实际应用中的器件关断能力提升有重要指导意义。其中，关键电路参数主要有缓冲电容容值(C_S)、阻塞时间(t)和杂散电感(L_S)。因此，搭建 500kV/15kA 的高压直流断路器仿真模型，电流换向回路电感和主支路的换流组件电压 U_{LCS} 分别为 0.3mH 和 20kV，获得的仿真结果如图 7-30 所示。

从图 7-30 可以看出，随着缓冲电容容值和阻塞时间两个参数增加，Q_C 均有很大的增加。在此基础上，绘制出缓冲电容容值 C_S 与阻塞时间的最优匹配曲线，从而在缓冲电容容值 C_S 与阻塞时间最小的情况下获得最大的能量 Q_{Cmax}。且根据

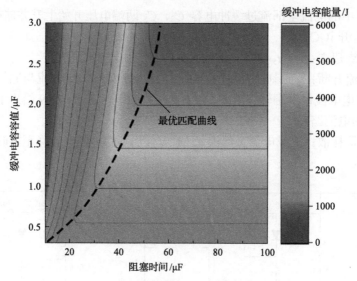

图 7-30　不同缓冲电容 C_S 和阻塞时间下 Q_C

这条曲线，只要确定 Q_C，就可以确定电容值。而在电流开断过程中，缓冲电容通过晶闸管 T 放电时，杂散电感 L_S 对振荡有着重要影响，不过由于 D_S 和 T 是紧密连接的，则 L_{S2} 被视为恒定值。图 7-31 所示为直流断路器开断 15kA 时，在不同杂散电感 (L_{S1}) 和 C_S 下的最小 IGCT 电流。从图中可以看出，为了实现 15kA 的电流开断，选择 $Q_C=4500J$，因为它既能满足较大的杂散电感范围($15\sim35\mu H$)，同时又能保证 IGCT(小于 4kA)的可靠关断。而在最优匹配曲线上，能量 4500J 的最小电容为 $1.33\mu F$。模拟不同杂散电感下 IGCT 电流开断时的电流波形，结果如图 7-32 所示。

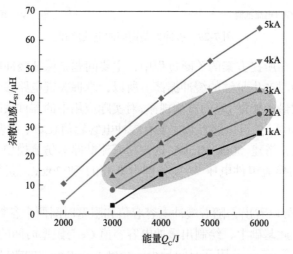

图 7-31　不同 Q_C 和 L_{S1} 下电容振荡的 IGCT 最低电流

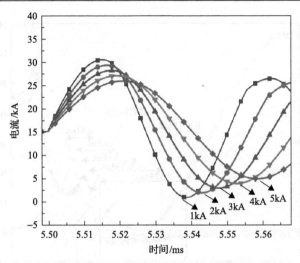

图 7-32　Q_C=4500J，不同 L_{S1} 下 IGCT 缓冲振荡期间电流

除了获取电路参数对 IGCT 器件关断能力提升的影响规律外，方案的控制策略也是需要关注的另一重要部分。

方案中 IGCT 控制关断存在的难题：①实际开断过程中 IGCT 和晶闸管导通有一定的延时，IGCT 关断需要经过一定延时后再经历换流阶段和关断阶段，这导致 IGCT 电流在高频振荡时无法精准关断；②实验中在 IGCT 振荡时的不同激励换流阶段进行关断动作会产生不同的门极换流延时，增加了控制信号与实际换流过程之间的不确定性；③随着预期关断电流不断升高，IGCT 安全关断时间窗口逐渐缩小。因此掌握延时偏差规律，并进一步提高协调控制精度，对实现更高电流的安全可靠关断十分重要。

为解决以上难题，作者所在课题组掌握了不同关断时刻对动作延时的影响规律及机理，如图 7-33 所示，同时确定了高频电流振荡下安全关断时间窗口范围，可实现精准调制下的故障电流可靠开断；基于反应灵敏的 IGCT 门阴极电压作为基准，将关断控制信号差异降低到 30ns 内，如图 7-34 所示。

基于以上研究分析，基于 IGCT 预关断激励振荡的关断能力提升方案的原理样机也被提出并进行 10kV/15kA 试验验证，结果如图 7-35 所示。根据测试波形，振荡周期为 32μs，杂散电感计算为 0.649μH，IGCT 在 3.97kA 成功关断，15kA 的系统电流开始下降，这意味着电流断开成功。

本节详细介绍了作者所在研究团队提出的一种新型的低成本直流开断方案，具有高电流断路能力的基础上的综合性能。详细分析了电流开断过程和参数设计。这种高压直流断路器具有以下优点。①混合式直流断路器技术成熟，新型控制不依赖电流，可靠性较高；②基于 IGCT 的电流分断能力高达 15kA，采用一体化结构设计可以达到更高的电流分断能力；③电流换向支路成本降低 61.8%。

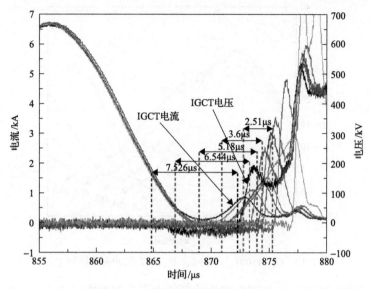

图 7-33　不同关断时刻的换流延时变化

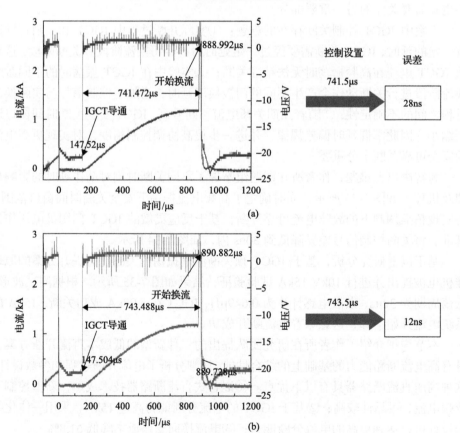

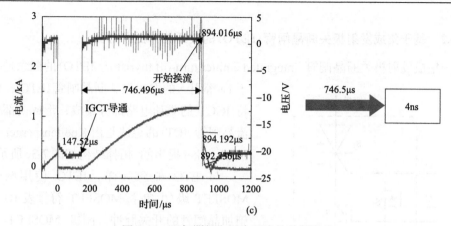

(c)

图 7-34 以门阴极电压为基准的关断误差

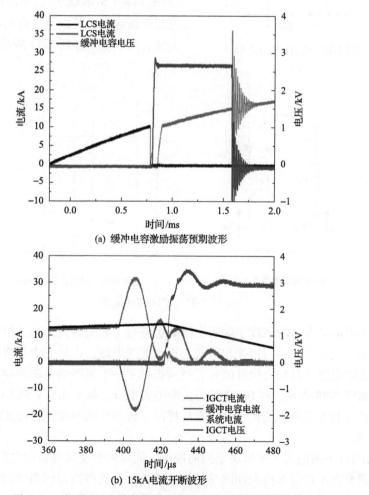

(a) 缓冲电容激励振荡预期波形

(b) 15kA电流开断波形

图 7-35 应用 IGCT 关断提升方案的直流断路器开断波形

7.5.2　基于集成发射极关断晶闸管(IETO)的关断能力提升方案

集成发射极关断晶闸管(integrated emitter turn-off thyristor, IETO)的概念是基于 Li 等引入的发射极关断晶闸管(ETO)。但将 IGCT 的驱动电路部分集成,形成内部整流晶闸管(ICT)的想法是由 Koellensperger 和 De Doncker 提出的,拓扑结构如图 7-36 所示。

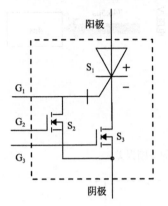

图 7-36　IETO 基础结构

与 ETO 概念一样,IETO 使用两个 MOSFET 级(由单个 MOSFET 符号表示)来施加晶闸管的开关脉冲。阴极 MOSFET S_3 与 GCT 晶片 S_1 串联连接,而栅极 MOSFET S_2 彼此并联连接,其换流过程的等效电路及其关断波形示意图如图 7-37 所示。

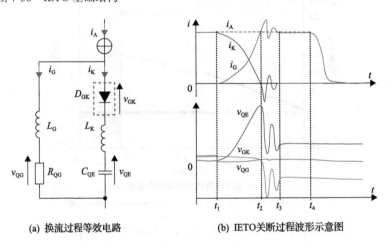

(a) 换流过程等效电路　　(b) IETO关断过程波形示意图

图 7-37　IETO 关断过程

国内清华大学的陈政宇等所在团队也进行了相关研究。通过封装紧凑设计和驱动能力优化,减小门极换相阻抗,提高关断电流,在外壳中集成了低阻抗直流管的关断电路,且精心设计的外壳结构提供了一个紧凑的电流换向路径,其封装结构如图 7-38 所示。对 IETO 进行关断能力提升,基于 4.5kV/5kA GCT 芯片研发了具备 8.1kA 关断能力的 IETO 器件样品,该器件的驱动能力可实现 130ns 内完全换流。

IETO 关断能力主要取决于换向速度,而换向速度又受换向电路的影响较大。为了研究电流在瞬态换向期间是如何流动的,并获得换向回路中的阻抗,该团队基于三维有限元仿真针对设计的 IETO 进行电磁和热仿真。

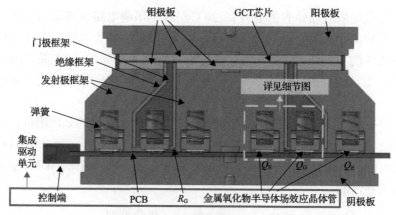

(a) IETO整体横截面

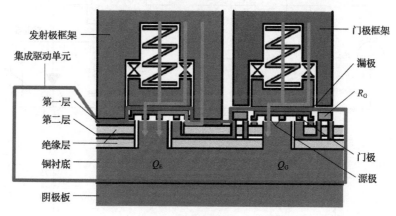

(b) IETO局部细节图

图 7-38 IETO 封装的横截面示意图

图 7-39 显示了 3kA 直流电流下的温度分布情况，GCT 晶片的温升最高，为

图 7-39 3kA 直流电流下 IETO 温度分布的模拟结果

63℃，而直接场效应晶体管的温升在 20℃左右。印刷电路板被认为是散热的严重障碍，其顶面和底面之间的可接受温差约为 10℃。作为对比，在具有相同激励和边界条件的 4 英寸 IGCT 外壳上进行模拟。IGCT 外壳的 GCT 晶片的最高温升为 57℃，比 IETO 外壳低 9.5%。从而验证了 IETO 住宅设计在热工方面的有效性。

　　为了进一步探索 IETO 的关断能力和测量集成外壳设计的杂散阻抗，该团队建立了关断实验平台，电路拓扑如图 7-40 所示。图 7-41 给出了 4 英寸 IETO 8.1kA 关断测试波形，与现有 4 英寸 IGCT 的最大关断电流 5.0kA 相比，IETO 呈现出较为出色的关断性能。

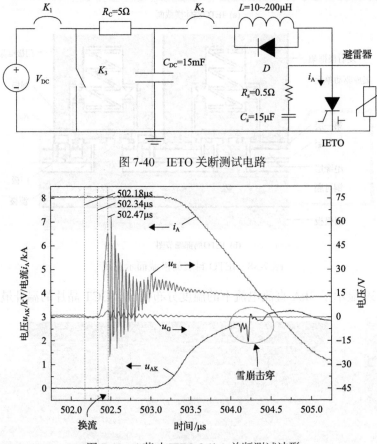

图 7-40　IETO 关断测试电路

图 7-41　4 英寸 IETO 8.1kA 关断测试波形

　　图 7-42 为 IETO 和 IGCT 在不同关断电流下的换向时间。当截止电流从 0.4kA 增加到 4.9kA 时。IGCT 的换流时间从 70ns 增加到 560ns，而 IETO 的换流时间仅从 70ns 增加到 110ns。

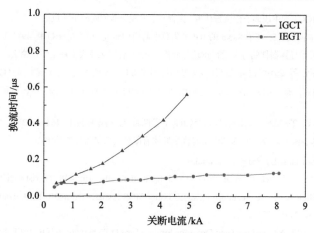

图 7-42　IGCT 和 IETO 在不同关断电流下的换向时间

　　因此，IETO 具有优越的整流能力，特别是在高调谐电流下。此外，由于集成外壳设计，IETO 的换流阻抗较小。所以，IETO 比 IGCT 更容易实现统一增益关断，这也有利于提高 IETO 的关断能力。与 IGCT 和 ETO 比较。极低的换向杂散电感和超快的换向速度是 IETO 的显著优势，可以大大提高其关断能力。此外，IETO 具有较低的驱动功率消耗以及外壳与外部驱动器单元之间的灵活对接，所以，IETO 有望成为未来在高功率应用中具有竞争力的设备。

参 考 文 献

曾正, 邵伟华, 胡博容, 等. 基于耦合电感的分 CMOSFET 并联主动均流. 中国电机工程学报, 37(7): 2068-2080.

陈明, 胡安, 唐勇, 等. 2012. 绝缘栅双极型晶体管脉冲工作时结温特性及温度分布研究. 西安交通大学学报, 46(4): 70-76.

蓝元良, 汤广福, 印永华, 等. 2006. 串联晶闸管反向恢复暂态过程的研究. 电网技术, 30(16): 15-19.

李博伟, 郝全睿, 尹晓东. 2018. 基于 IGBT 复合模型的直流断路器瞬态特性研究. 全球能源互联网, 1(4): 437-444.

刘宾礼, 刘德志, 唐勇, 等. 2013. 基于加速寿命试验的 IGBT 模块寿命预测和失效分析. 江苏大学学报(自然科学版), 34(5): 556-563.

鲁洪, 彭振东. 2013. 混合断路器中串联功率二极管反向恢复暂态过程研究. 船电技术, 33(3): 61-64.

罗毅飞, 王磊, 黄永乐, 等. 2019. 焊接型电力电子器件失效机理及量化评估方法. 中国电力, 52(9): 38-47.

纽春萍, 魏源, 吴翊, 等. 2020. 基于电容预充电转移的双向混合式直流断路器及开断方法: 中国, 2019107319928[P].

荣命哲, 吴益飞, 纽春萍, 等. 2015. 一种高压混合式直流断路器: 中国, 2013100497518.

汪波, 胡安, 唐勇, 等. 2011. IGBT 电压击穿特性分析. 电工技术学报, 26(8): 145-150.

王佳蕊. 2017. IGCT 建模方法及应用特性研究. 北京: 中国科学院大学博士学位论文.

王润岑, 张佳佳, 叶尚斌, 等. 2013. 基于集总电荷的 PIN 二极管反向恢复模型. 低压电器, (10): 30-33.

吴益飞, 吴翊, 杨飞, 等. 2020. 半导体组件及其控制方法: 中国, 2019103322936.

吴翊, 荣命哲, 吴益飞, 等. 2014. 混合式直流断路器: 中国, 2012104982611.

肖友国. 2015. 基于 IGCT 的中压固态限流器研究. 武汉: 中国舰船研究院硕士学位论文.

肖友国, 彭振东, 任志刚. 2015. 基于 Saber 的 IGCT 集总电荷模型研究. 电力电子技术, 49(11): 83-86.

许明明. 2018. 宽禁带半导体器件的开关过程建模与分析. 安徽: 合肥工业大学硕士学位论文.

喻湄霏, 魏晓光, 齐磊, 等. 2019. 混合式高压直流断路器用 IGBT 功能模型. 高电压技术, 45(18): 2472-2479.

曾正, 邵伟华, 胡博容, 等. 2017. 基于耦合电感的 SiC MOSFET 并联主动均流. 中国电机工程学报, 037(7): 2068-2080.

张智辉, 吴翔, 吴益飞, 等. 2020. 直流断路器并联 IGCT 通断特性. 高电压技术, 46(11): 3871-3878.

株洲中车时代半导体有限公司. 2021. 株洲中车时代半导体有限公司双极器件产品中心.

Asea B B. 2021. Press-pack IGBT and diode Modules.

Bragard M, Conrad M, van Hoek H, et al. 2011. The Integrated Emitter Turn-Off Thyristor (IETO)—An Innovative Thyristor-Based High Power Semiconductor Device Using MOS Assisted Turn-Off. IEEE Transactions on Industry Applications, 47(5): 2175-2182.

Chen Q, Huang A Q. 2012. A Low-Loss Gate Drive for Emitter Turn-Off Thyristor (ETO). IEEE Transactions on Power Electronics, 27(12): 4827-4831.

Chen Z Y, Yu Z Q, Zhao B, et al. 2020. An Advanced 4-inch IETO with Ultra-Low Commutation Impedance to Achieve 8 kA Turn-off Capability: Comprehensive Analysis, Design and Experiments. IEEE Transactions on Industrial Electronics: 1.

Chokhawala, Carroll. 1991. A snubber design tool for PN junction reverse recovery using a more accurate simulation of the reverse recovery Waveform. IEEE Transactions on industry Applications, 27(1): 74-84.

CRRC. 2016. CRRC tPower-SC1. CAC 4000-45-02 Asymmetric IGCT Device Datasheet. 株洲中车时代电气股份有限公司半导体事业部.

Gao C. 2020. Stray Inductance Extraction Method Based on Interrupting Transient Process for Power Electronic Component in Hybrid DC Circuit Breaker. Proceedings of the 16th International Conference on AC&DC Power Transmission.

Huang Y L, Deng H F, Luo Y F, et al. 2021. Fatigue Mechanism of Die-Attach Joints in IGBTs Under Low-Amplitude Temperature Swings Based on 3D Electro-Thermal-Mechanical FE Simulations. IEEE Transactions on Industrial Electronics, 68(4): 3033-3043.

Huang Y L, Luo Y F, Xiao F, et al. 2019. Failure Mechanism of Die-Attach Solder Joints in IGBT Modules Under Pulse High-Current Power Cycling. IEEE Journal of Emerging and Selected Topics in Power Electronics, 7(1): 99-107.

Infineon T. 2021. IGBTs-Insulated Gate Bipolar Transistors.

Köllensperger. 2011. The internally commutated thyristor-concept, design and application. Shaker.

Köllensperger P, De Doncker R W. 2009. Optimized Gate Drivers for Internally Commutated Thyristors (ICTs). IEEE Transactions on Industry Applications, 45(2): 836-842.

Kuhn H, Schröder D. 2002. A new validated physically based IGCT model for circuit simulation of snubberless and series Operation. IEEE Transactions on Industry Applications, 38(6): 1606-1612.

Lauritzen P O, Ma C L. 1991. A simple diode model with reverse Recovery. IEEE Transactions on Power Electronics, 6(2): 188-191.

Lee, Park. 1988. Design of a thyristor snubber circuit by considering the reverse recovery Process. IEEE transactions on Power Electronics, 3(4): 440-446.

Li Y, Huang A Q, Lee F C. 1998. Introducing the emitter turn-off thyristor (ETO). Ias Meeting.

Luo Y F, Liu B L, Wang B, et al. 2014. The influence of IGBT switching mechanism on the Dead-time of Inverters. Dianji yu Kongzhi Xuebao/Electric Machines and Control, 18(5): 62-68, 75.

Luo Y, Wang B, Liu B, et al. 2017. Junction Temperature Variation Mechanism and Monitoring Method of IGBTs Based on Derivative of Voltage to Current. High Voltage Engineering.

Lutz J, Schlangenotto H, Scheuermann U, et al. 2013. 功率半导体器件：原理、特性和可靠性. 卞抗, 杨莺, 刘静, 译. 北京: 机械工业出版社.

Paramasivam, Arumugam, Balamurugan. 2004. Implementation of digital controller for a 6/4 pole switched reluctance motor Drive. 2004 IEEE Region 10 Conference TENCON 2004. IEEE: 464-467.

StefanLinder, 林德, 肖曦, 等. 2009. 功率半导体——器件与应用. 肖曦, 李虹, 译. 北京: 机械工业出版社.

Toshiba. 2021. IEGT(PPI) | 东芝半导体&存储产品中国官网.

Wang X. 2004. Characteristics and simulation of integrated gate commutate thyristor(IGCT). Columbia: University of South Carolina. PhD Thesis.

Wu Y F, Hu Y, Wu Y, et al. 2018. Investigation of an Active Current Injection DC Circuit Breaker Based on a Magnetic Induction Current Commutation Module. IEEE Transactions on Power Delivery, 33(4): 1809-1817.

Wu Y F, Rong M Z, Wu Y, et al. 2013. Development of a new topology of dc hybrid circuit Breaker. 2013 2nd International Conference on Electric Power Equipment-Switching Technology(ICEPE-ST). Matsue-city, Japan: IEEE: 1-4.

Wu Y F, Rong M Z, Wu Y, et al. 2015. Investigation of DC hybrid circuit breaker based on High-speed switch and arc Generator. Review of Scientific Instruments, 86(2): 024704.

Wu Y F, Rong M Z, Wu Y, et al. 2020. Damping HVDC Circuit Breaker With Current Commutation and Limiting Integrated. IEEE Transactions on Industrial Electronics, : 1.

Wu Y F, Su Y, Han G Q, et al. 2017. Research on a novel bidirectional direct current circuit Breaker. 2017 4th International Conference on Electric Power Equipment - Switching Technology(ICEPE-ST). Xi'an: IEEE: 370-374.

Wu Y F, Wu Y, Rong M Z, et al. 2014. Research on a novel Two-stage direct current hybrid circuit Breaker. Review of Scientific Instruments, 85(8): 084707.

Wu Y F, Wu Y, Rong M Z, et al. 2019. Development of a Novel HVdc Circuit Breaker Combining Liquid Metal Load Commutation Switch and Two-Stage Commutation Circuit. IEEE Transactions on Industrial Electronics, 66(8): 6055-6064.

Wu Y F, Wu Y, Yang F, et al. 2020a. A Novel Current Injection DC Circuit Breaker Integrating Current Commutation and Energy Dissipation. IEEE Journal of Emerging and Selected Topics in Power Electronics, : 1.

Wu Y F, Wu Y, Yang F, et al. 2020b. Bidirectional Current Injection MVDC Circuit Breaker: Principle and Analysis. IEEE Journal of Emerging and Selected Topics in Power Electronics, 8(2): 1536-1546.

Wu Y F, Yi Q, Wu Y, et al. 2019. Research on Snubber Circuits for Power Electronic Switch in DC Current Breaking. 2019 14th IEEE Conference on Industrial Electronics and Applications(ICIEA). Xi'an, China: IEEE: 2082-2086.

Wu Y F, Zhang Z H, Liu W T, et al. 2019. Current Sharing Characteristics Study of Parallel IGCTs Module in a DC Circuit Breaker. 2019 5th International Conference on Electric Power Equipment-Switching Technology(ICEPE-ST). Kitakyushu, Japan: IEEE: 324-328.

Wu Y, Hu Y, Rong M Z, et al. 2017. Investigation of a magnetic induction current commutation module for DC circuit Breaker. 2017 4th International Conference on Electric Power Equipment-Switching Technology(ICEPE-ST). IEEE: 415-418.

Wu Y, Rong M Z, Zhong J Y. 2018. Medium and high voltage DC breaking Technology. High Voltage Engineering, 44(2): 337-346.

Xiao Y, Wu Y F, Wu Y, et al. 2020. High-capacity MVDC Interruption Based on IGCT Current Sharing Integrated with Freewheeling. IEEE Transactions on Industrial Electronics, : 1-1.

Yi Q, Wu Y F, Wu Y, et al. 2019. Investigation of a Novel IGCT Module for DC Circuit Breaker. 2019 10th International Conference on Power Electronics and ECCE Asia(ICPE 2019-ECCE Asia). IEEE: 1682-1687.

Yi Q, Wu Y F, Yang F, et al. 2019. An Investigation of Snubber and Protection Circuits Connections for Power-Electronic Switch in Hybrid DC Circuit Breaker. 2019 IEEE 10th International Symposium on Power Electronics for Distributed Generation Systems(PEDG). Xi'an, China: IEEE: 43-46.

Yi Q, Wu Y F, Zhang Z H, et al. 2020. Low-cost HVDC circuit breaker with high current breaking capability based on IGCTs. IEEE Transactions on Power Electronics, : 1-1.

Yi Q, Yang F, Wu Y F, et al. 2020. Snubber and Metal Oxide Varistor Optimization Design of Modular IGCT Switch for Overvoltage Suppression in Hybrid DC Circuit Breaker. IEEE Journal of Emerging and Selected Topics in Power Electronics.

Yi Q, Yang F, Wu Y, et al. 2019. Asynchronous Control Method of Parallel IGCT Components in Hybrid DC Circuit Breakers. 2019 5th International Conference on Electric Power Equipment-Switching Technology(ICEPE-ST). Kitakyushu, Japan: IEEE: 364-368.

Zhou F, Zhao C Y, Xu Y M, et al. 2016. High voltage IGBT module transient model when considering thermal Properties. High Voltage Engineering, 42(7): 2215-2223.

第8章 电流注入式直流开断技术

自激振荡式开断方案可满足高电压等级需求，但其开断速度慢且开断电流较小，主要应用于高压直流输电系统的转换开关中。随着直流系统由传统点对点输电向多端换流站组网的方向发展，直流系统故障时的短路电流变化率随之提高，短时间内电流峰值可到数十 kA 以上。为防止短路电流过大对系统造成冲击，必须在 2~3ms 内实现短路电流的快速截流，并尽快完成整个故障电流的切除。在直流电网大容量短路电流快速开断领域，基于强迫换流转移的电流注入式直流开断方案以其结构简单、开断容量大的优势获得了广泛应用。本章将详细介绍通过在机械断口注入高频反向电流创造过零点的直流开断方法，包括典型的直流断路器组成、拓扑结构及开断原理、典型开断结果及拓扑方案的优化设计。

8.1 电流注入式直流开断的基本原理

与通过机械灭弧原理直接开断的空气式断路器不同，电流注入式直流断路器通过在机械开关并联反向电流源的方式，对机械断口反向注入高频电流，实现断口电流的转移和开断，解决直流系统电流没有自然过零点的难题。本节将对电流注入式直流开断的基本原理进行详细介绍。

8.1.1 电流注入式直流断路器的组成

图 8-1 给出了典型的电流注入式直流断路器结构，主要由 3 条并联的支路组成，分别是含高速机械开关(high-speed circuit breaker，HSCB)的额定通流支路 a、转移支路 b 和由金属氧化物避雷器(metal oxide varistor，MOV)构成的能量耗散支路 c。

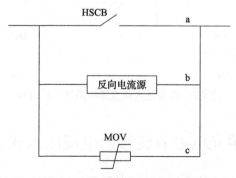

图 8-1 典型电流注入式拓扑结构

其中，转移支路主要由反向电流源组成，反向电流源可以是预充电电容器、耦合电流转移模块等，用于开断时向通流支路 a 注入反向电流迫使电流转移。正常工作情况下，断路器转移支路和能量耗散支路不导通，HSCB 承担所有电流，因此断路器额定通流的损耗非常小。

8.1.2　电流注入式直流断路器的操作原理

如图 8-2 所示，当断路器进行分断操作时，首先控制 HSCB 拉开燃弧，然后触发转移支路的反向电流源在 HSCB 中注入反向电流，在 HSCB 中创造电流过零点；电流完成转移后，故障电流持续给反向电流源充电，待转移支路电压升高至 MOV 的导通压降后，电流进一步转移至 MOV，最终系统的能量在 MOV 中被耗散，系统电流被分断。对于故障电流分断，该类断路器分断速度为数毫秒，其电压等级可用于数十至数百 kV 的中高压直流开断中，但随着电压等级的提高，其电流转移、断口耐压等技术难度也相应提升。

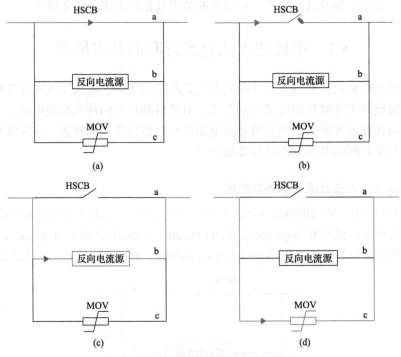

图 8-2　电流注入式直流断路器开断过程

8.2　基于预充电电容转移的电流注入式直流断路器

为了实现机械断口电流向转移支路的转移，转移支路可以采用预充电电容器产生反向电流注入高速机械断口，创造电流过零点。使用预充电电容器和电感组成的 LC 振荡电流源构成图 8-1 中的转移支路，其拓扑结构如图 8-3 所示。转移支路采用预充电电容 C、电感 L 组成振荡电流源，开断时控制晶闸管 T 导通，会产生反向脉冲电流注入通流支路。

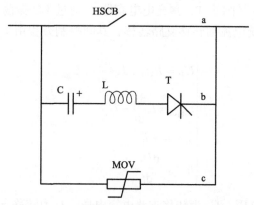

图 8-3　基于预充电电容转移的电流注入式拓扑

8.2.1　基于预充电电容转移的电流注入式开断原理

图 8-4 给出了基于预充电电容转移的电流注入式直流断路器开断过程示意图。

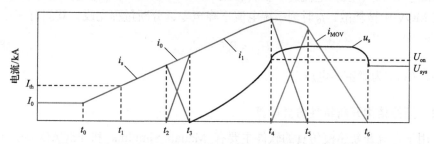

图 8-4　基于预充电电容转移的电流注入式直流断路器开断过程

图 8-4 中，i_0、i_s、i_1 和 i_{MOV} 分别为系统电流，断口电流，转移支路电流和 MOV 电流，u_S 是断口电压。I_0 和 I_{th} 分别为系统初始电流和 HSCB 触发电流，U_{on} 和 U_{sys} 分别为 MOV 导通电压和残压。

t_0 时刻前，断路器正常工作，由闭合的机械开关 HSCB 承担额定通流，系统电流大小为 i_0：

$$U_P = (R_S + Z)i_0 \tag{8-1}$$

式中，U_P 为系统电压；R_S 为系统电阻；Z 为负载阻抗；i_0 为系统电流。

t_0 时刻发生短路故障，由于系统的低阻抗，系统电流 i_s 迅速增加：

$$U_P = R_S i_0 + L_S \frac{di_0}{dt} \tag{8-2}$$

式中，L_S 为系统电感。

t_1 时刻，系统电流达到 HSCB 触发电流 I_{th}，机械开关 HSCB 打开，触头间开始燃弧，t_2 时刻导通晶闸管 T，预充电电容器 C 通过 LC 振荡回路向 HSCB 注入反向电流，迫使系统电流向转移支路转移，其间控制方程由下式给出：

$$\begin{cases} U_P = R_S i_0 + L_S \dfrac{di_0}{dt} + U_{arc} \\ U_{arc} = L \dfrac{di_1}{dt} - U_C \\ i_0 = i_S + i_1 \\ i_1 = C \dfrac{dU_C}{dt} \end{cases} \tag{8-3}$$

式中，U_{arc} 为电弧电压；U_C 为转移支路电容电压；L 为转移支路电感；C 为转移支路电容；i_1 为转移支路电流。

t_3 时刻流经机械开关的电流降为零，系统电流完全转移进入转移支路，此后由于系统电流的不断注入，电容器 C 的电压反向升高，至 t_4 时刻达到 MOV 的导通压降，MOV 开启，电流进一步转移至 MOV，t_5 时刻转移完成，最终系统的能量在 MOV 中被耗散，t_6 时刻系统电流下降至零，分断过程完成。其间有

$$U_P = R_S i_0 + U_{MOV} \tag{8-4}$$

式中，U_{MOV} 为避雷器电压。

8.2.2　拓扑结构开断特性仿真计算

用于直流开断建模仿真的软件主要有 Matlab Simulink 和 PSCAD 等，其中 Simulink 的优势在于操作简单，可编程性强，后端数值处理方便；而 PSCAD 的优势在于各种器件的电路模型的真实性和精确性更高。

如图 8-5 所示，基于 Matlab Simulink 仿真平台，搭建基于预充电电容转移的电流注入式直流断路器的仿真模型，参数见表 8-1。采用 10kV 直流电压源模拟直流系统，系统阻抗参数为 0.25Ω、1.08mH。采用 Breaker 模块模拟高速机械开关 HSCB，断口快速过零熄弧后需耐受约 15kV 的开断过电压。转移支路通过电容器 C、电感 L 与脉冲功率器件串联构成。其中，电容器 C 容值一般为几百 μF 至 mF 级别，电感器感值一般为几十 μH 级别，脉冲功率开关可以选用真空触发间隙或晶闸管，晶闸管应满足高通态电流、低通态电压的要求，常用型号有国外 ABB 公司生产的 5STP 系列和国产 KP、KK 系列等。模型中，转移支路 LC 参数分别为 50μH

和 1mF，电容预充电电压 4kV，振荡频率为 1.4kHz，脉冲功率开关选用精细型晶闸管模块，导通压降 0.8V。金属氧化物避雷器 MOV 主要参数有导通电压和残压等级等。模型中采用 Surge Arrester 模块模拟 MOV，导通电压取 12kV，残压取 15kV，对应的峰值。

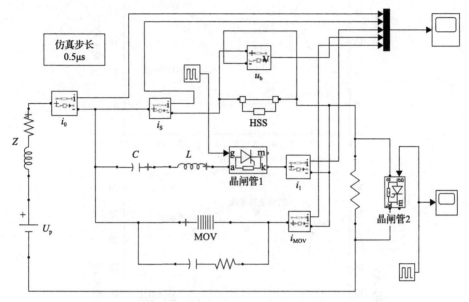

图 8-5　预充电电容转移的电流注入式直流断路器的仿真模型

表 8-1　仿真计算参数

参数	数值
系统电压	10kV
额定电流	2kA
预充电电容值	1mF
预充电电压	4kV
转移支路电感	50μH
HSCB 通态电阻	0.1mΩ
MOV 导通电压	12kV
晶闸管截止时间	100μs
晶闸管导通压降	0.8V

20kA 故障电流开断过程仿真波形如图 8-6 所示，其中，1ms 时刻出现短路故障，短路电流迅速上升。4ms 控制晶闸管导通，断口电流开始向转移支路转移，约 4.3ms 预充电电容完全放电后，电流不断注入电容器，断路器两端的反向电压逐渐升高，约 4.7ms 达到 MOV 导通阈值后 MOV 开启，电流转移至能量耗散支路，

并最终下降为零，开断过程完成。

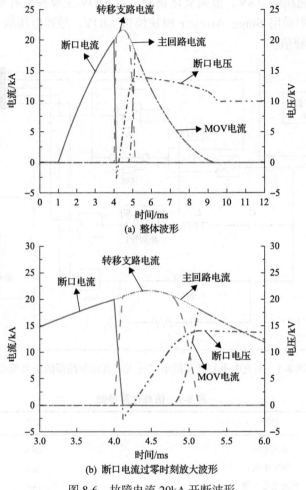

(a) 整体波形

(b) 断口电流过零时刻放大波形

图 8-6　故障电流 20kA 开断波形

　　图 8-7 与图 8-8 分别为 2kA 额定电流开断与 100A 小电流开断仿真波形，可以看出，开断电流越小，断路器开断速度越慢，开断 100A 小电流的时间甚至达几十毫秒，这是因为电流越小，电容器电压升高越慢，则 MOV 导通需要的时间就越长。

8.2.3　拓扑结构的优化设计

　　1. 断口防击穿优化

　　由图 8-6 可得，电流转移完成时，断路器两端存在一个瞬态过电压，在故障电流开断工况，由于燃弧能量大，当真空弧后介质恢复强度不足时，可能造成触

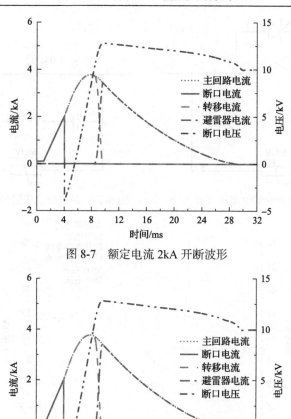

图 8-7 额定电流 2kA 开断波形

图 8-8 小电流 100A 开断波形

头间击穿而开断失败。对此可采取两种优化方式：①在 HSCB 两端并联一个反向晶闸管，与转移支路晶闸管同时导通，提供电流过零后的续流通道，控制 HSCB 两端的电压，如图 8-9 所示。②在 HSCB 后端串联一个二极管，在断口的弧后介质恢复阶段分压，降低断口耐受电压，如图 8-10 所示。

反并联二极管优化方案的开断波形如图 8-11(a)所示，当断口电流过零后，LC 支路电流通过二极管支路进行续流，此时断口两端的电压近似为零，为断口提供了弧后介质恢复的时间，保证断口可靠耐受开断过电压。

串联二极管优化方案的开断波形如图 8-11(b)所示，当断口电压过零后，二极管与断口串联共同耐受过电压，防止断口击穿。当电容电压极性发生反转后，由机械断口耐受开断过电压。

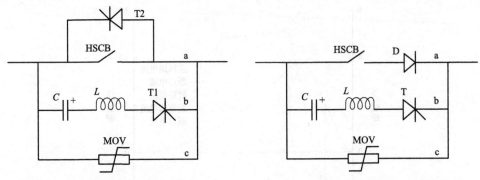

图 8-9　带续流晶闸管的电流注入式拓扑　　　图 8-10　带串联二极管的电流注入式拓扑

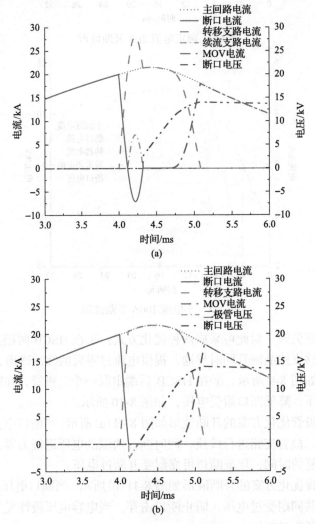

图 8-11　两种改进方案波形对比

这两种防击穿方案各有优势，反并联二极管优化方案通过续流支路为断口提供了零电压恢复时间，提高断口介质恢复强度；其劣势是对杂散参数要求高，否则降低 LC 的转移能力。串联二极管优化方案可以通过分压降低断口电压，结构简单；其缺点是二极管串联在主电流回路中，会造成断路器的高通态损耗。

2. 双向开断方案优化

1) 反并联晶闸管双向开断方案

将转移支路晶闸管和续流晶闸管各自反向并联，通过控制不同晶闸管的导通可完成双向开断，如图 8-12 所示。

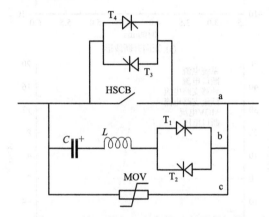

图 8-12　基于预充电电容的双向开断拓扑

正向开断时，晶闸管 T_1 和 T_3 同时导通，来自电容器 C 的反向电流注入主支路 a，强迫系统电流向转移支路 b 转移，T_3 提供电流过零后的续流通路，之后系统电流不断注入电容器，待其电压升高至 MOV 阈值电压后，MOV 开启，电流转移至能量耗散支路并下降至零，开断完成。波形如图 8-13(a) 所示。

反向开断时，晶闸管 T_1、T_2 和 T_4 同时导通，转移支路与主支路组成的回路发生 LC 振荡，半个周期后电容器 C 产生反向电流注入主支路，强迫系统电流转移，T_4 提供电流过零后的续流通路，之后系统电流不断注入电容器，待其电压升高至 MOV 阈值电压后，MOV 开启，电流转移至能量耗散支路并下降至零，开断完成。波形如图 8-13(b) 所示。

2) 桥式双向开断方案

如图 8-14 所示，为桥式电流注入断路器拓扑结构，由主支路、转移支路及能量耗散支路(金属氧化物避雷器 MOV)组成。转移支路为由预充电电容器 C、电感 L、两个续流二极管 VD_1 和 VD_2 及两个晶闸管 VT_1 和 VT_2 组成的桥式电路，集双向开断与续流功能于一体。

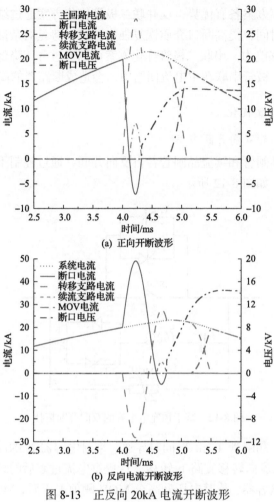

(a) 正向开断波形

(b) 反向电流开断波形

图 8-13 正反向 20kA 电流开断波形

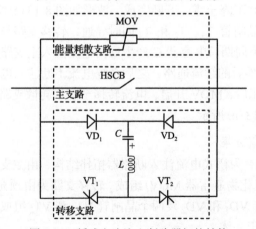

图 8-14 桥式电流注入断路器拓扑结构

其开断过程如图 8-15 所示：

(1)故障电流 i 发生后，控制高速断路器(high-speed circuit breaker，HSCB)迅速打开，同时控制晶闸管 VT_2 导通，预充电电容器 C 向主支路的 HSCB 注入反向电流，强迫故障电流向转移支路转移。此时由于 HSCB 上存有的电弧电压，二极管 VD_2 两端电压为负，VD_2 保持关闭(图 8-15(a))。

(2)当主支路电流 i_0 降为 0 后，故障电流完全转移至转移支路，此时 VD_2 导通，电容器剩余能量通过 VD_2 续流，并可控制住 HSCB 的断口电压保持在极低水平，防止触头间的重击穿(图 8-15(b))。

(3)当电容器电流等于故障电流时，VD_2 将关断，此后转移支路电流 i_1 开始向电容器反向充电，电容器电压 U_C 逐渐升高，其上升速率与故障电流大小有关(图 8-15(c))。

(4)当断路器两端电压 u_{CB} 达到 MOV 设置的阈值电压时，MOV 导通，电流转移至能量耗散支路，并最终降为零，整个开断过程完成(图 8-15(d))。

反向开断过程同正向。

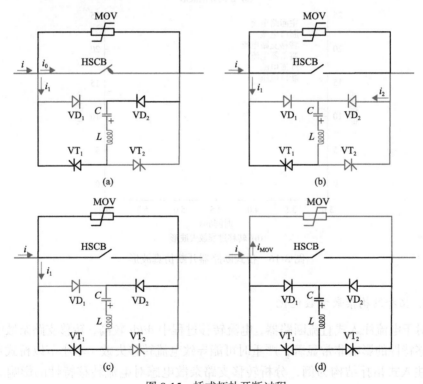

图 8-15　桥式拓扑开断过程

基于仿真平台，搭建桥式双向电流注入式直流断路器的仿真模型，进行正向15kA 电流开断仿真，仿真结果如图 8-16 所示。可以看出，电流经过两次转移到

MOV 中逐渐耗散，两次转移间隔中二极管导通续流，提供断口零休时间。反向开断时，波形与正向开断相同，此处不再赘述。

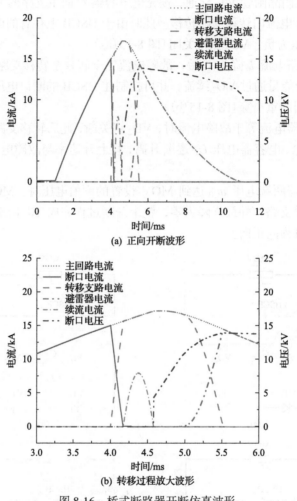

(a) 正向开断波形

(b) 转移过程放大波形

图 8-16　桥式断路器开断仿真波形

3. 拓扑结构杂散参数优化

对于电流注入式直流断路器，电流转移过程中 di/dt 较高，转移支路杂散电感对转移特性的影响非常显著，严重时可能导致电流转移失败。本小节以桥式双向电流注入式拓扑结构为例，分析转移支路杂散电感对电流转移特性的影响。如图 8-17 所示，对于桥式双向电流注入式开断方案，在电流转移过程中，电容器的放电会经过 m_1 和 m_2 两条路径，图(a)中各支路的杂散电感 L'_{e1}-L'_{e6} 可简化为图(b)中的 L_{e1} 和 L_{e2}，并分别由式(8-5)和式(8-6)确定。

$$L_{e1} = L'_{e1} + L'_{e4} + L'_{e5} + L'_{e6} \tag{8-5}$$

$$L_{e2} = L'_{e2} + L'_{e4} + L'_{e5} \tag{8-6}$$

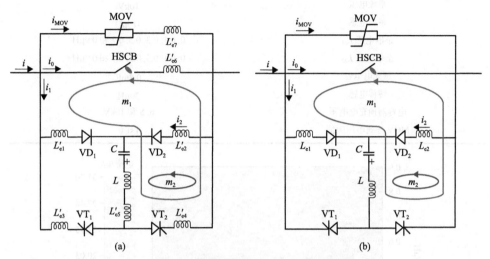

图 8-17　杂散电感等效电路及简化电路

设系统电流为 i，主支路电流为 i_0，转移支路电流为 i_1，二极管和晶闸管的导通压降为 U_T，电容器电压为 U_C，忽略该过程的机械断口弧压，则电流开始转移后的电路方程可表示为

$$i = i_0 + i_1 \tag{8-7}$$

$$U_2 = -L_{e1} \times \frac{di_1}{dt} - U_T = -U_C + L \times \frac{di_1}{dt} + U_T \tag{8-8}$$

由于杂散电感 L_{e1} 的存在，续流支路 m_2 中 VD₁ 两端电压为正，二极管 VD₂ 会开始续流，来自预充电电容器的放电电流部分注入续流支路 m_2，无法参与针对断口电流的强迫转移过程，从而造成了转移能力的损失。

为了研究杂散电感对电流转移性能的影响，对该拓扑进行了参数化仿真。计算中使用的参数如表 8-2 所示。

如图 8-18 所示，为电容预充电电压 U_C=6kV 时不同杂散电感下的电流转移能力，结果表明，随着 L_{e1} 的增加，转移能力逐渐降低，这主要是由于 VD₂ 支路电压增加，VD₂ 的提前导通。当 L_{e1} 小于 0.1μH 时，转移能力达到约 31kA；当 L_{e1} 变为 0.9μH 时，转移能力降低至 1.4kA。另一方面，在相同的 L_{e1} 下，转移能力随着 L_{e2} 的增加而提高，这是因为 VD₂ 支路上电压的增加阻止了电流流过 VD₂，从而转移能力的损失减小。

表 8-2　杂散电感仿真参数表

参数	数值
系统电压	10kV
系统电感	410μH
杂散电感 L_{e1}	0, 0.1, 0.3, 0.5, 0.7 和 0.9μH
杂散电感 L_{e2}	0, 0.1, 0.3, 0.5, 0.7 和 0.9μH
预充电电容	0.8mF
转移电感	30μH
电容器预充电电压	6, 8 和 10kV
MOV 导通电压阈值	15kV

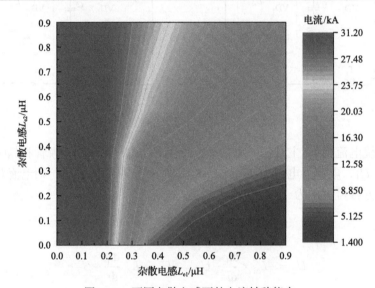

图 8-18　不同杂散电感下的电流转移能力

　　图 8-19 显示了在不同预充电电压 U_C 和杂散电感下计算的换流能力。当 L_{e1} 和 L_{e2} 均小于 0.1μH 时,换流能力随 U_C 的增加而线性增加。然而,当 L_{e1} 超过 0.1μH 时, U_C 的增加对转移能力的提高作用逐渐减弱,特别是当 L_{e1} 相对较大而 L_{e2} 相对较小时, U_C 的增加对转移能力的提高几乎没有影响。此外,为了保证断路器续流时的电压处于较低水平, L_{e2} 的值也应控制在较小的范围内。

　　图 8-20 显示了在不同预充电电压 U_C 和杂散电感下的续流时间。VT$_2$ 的触发电流设置为 20kA。结果表明,断路器的续流时间随 L_{e1} 的增大而减小。在相同的 U_C 和 L_{e1} 条件下, L_{e2} 的增加有利于提高续流时间。然而,当 L_{e1} 增加到 0.4μH 时,不同 U_C 和 L_{e2} 下的续流时间都降至零,这表明电流转移失败。因此,为了给断路器提供足够的续流时间, L_{e1} 不应过大。

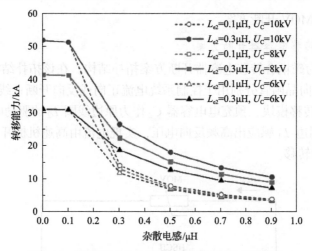

图 8-19　不同预充电电压和杂散电感下的转移能力

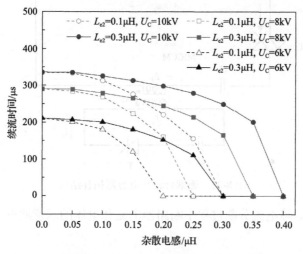

图 8-20　不同预充电电压 U_C 和杂散电感下的续流时间

8.3　基于磁耦合转移的电流注入式直流断路器

通常，为了实现电流转移，除了采用预充电电容器提供反向注入电流，学者们还提出了利用磁耦合转移模块实现电流转移的方案，即磁耦合电流注入式直流开断方案。

8.3.1　基于磁耦合转移的电流注入式开断原理

基于磁耦合电流转移的开断方案有两种：①磁耦合转移电容器开断方案和

②磁耦合转移 MOV 开断方案。

1) 磁耦合转移电容器开断方案

图 8-21 为磁耦合转移电容器开断方案拓扑结构。在该拓扑结构中，晶闸管 T_{bi} 的两个正反向晶闸管分别用于控制系统电流正向或反向开断；线圈 L_1 和 L_2 构成磁耦合电流转移模块，预充电电容器 C_2 作为原边线圈 L_2 的驱动电容，通过 C_2 对 L_2 放电，副边 L_1 感应出高频反向电压，实现电流由高速机械开关往磁耦合支路电容器 C_1 的转移。

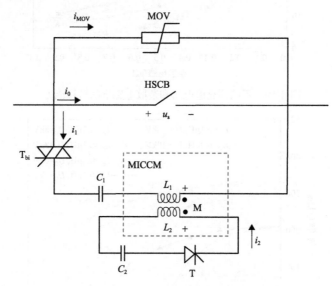

图 8-21　磁耦合转移电容器拓扑结构

图 8-22 为故障电流分断过程中断路器电流和电压的示意波形，图中变量含义同图 8-4。

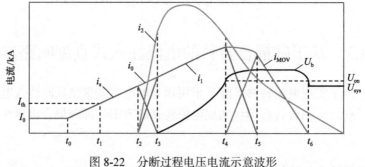

图 8-22　分断过程电压电流示意波形

结合控制时序，其具体开断原理如图 8-23 所示。

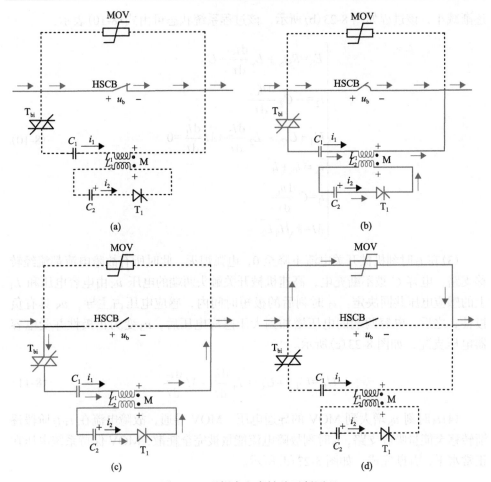

图 8-23　磁耦合电容转移开断原理

（1）在正常运行情况下（t_0 时刻前），高速机械开关 HSCB 闭合，晶闸管 T_1、T_2、T_3 和 T_{bi} 均未导通，电流 I_0 从高速机械开关流过，如图 8-23（a）所示，系统状态可由下式表示：

$$U_P = (R_S + Z)i_S \tag{8-9}$$

（2）t_0 时刻短路故障发生，流经高速机械开关 HSCB 的电流迅速上升（t_0-t_1），当故障电流达到预先设定的阈值 I_{th} 时，对高速机械开关 HSCB 发出打开命令，经过短暂的机械延时后，触头拉开，触头间产生电弧。稍后在 t_2 时刻控制晶闸管 T_3 和 T_{bi} 的正向管导通，预充电电容器 C_2 放电，在磁耦合模块 L_1 线圈侧感应出负压和高频反向电流注入机械开关支路，强迫故障电流由高速机械开关支路向转移支路转移，通过晶闸管 T_{bi} 对电容 C_1 充电。在 t_2-t_3 时刻，通过高速机械开关的电流逐渐减小，该过程如图 8-23(b)所示，该过程系统状态可由式(8-10)表示：

$$
\begin{cases}
E_S = R_S i_S + L_S \dfrac{d i_S}{d t} + U_P \\[2mm]
i_2 = -C_2 \dfrac{d u_{C_2}}{d t} \\[2mm]
U_T + U_{C_2} - L_2 \dfrac{d i_2}{d t} + M \dfrac{d i_1}{d t} = 0 \\[2mm]
i_S = i_0 + i_1 \\[2mm]
i_1 = C \dfrac{d u_C}{d t} \\[2mm]
M = k \sqrt{L_1 L_2}
\end{cases}
\tag{8-10}
$$

(3) 在 t_3 时刻机械开关电流下降至 0，电弧熄灭，此时所有故障电流都流经转移支路，电容 C 被不断充电，高速机械开关触头两端的电压 u_S 由电容电压和 L_1 上的感应电压共同决定。t_3 时刻后的极短时间内，感应电压占主导，u_S 具有负极性；之后，电容两端的电压增加到大于感应电压后，u_S 变为正极性并受电容器电压支配，如图 8-23(c)所示。

$$
U_P = U_{T_{bi}} + U_C + L_1 \dfrac{d i_1}{d t} - M \dfrac{d i_2}{d t}
\tag{8-11}
$$

(4) t_4 时刻 u_S 增大到 MOV 的导通电压，MOV 导通，故障电流在 t_4-t_5 阶段逐渐转移至能量吸收支路，t_6 时刻故障电流能量被完全耗散，MOV 保持系统电压在正常水平，开断完成，如图 8-23(d)所示。

$$
U_P = R_S i_S + U_{MOV}
\tag{8-12}
$$

2) 磁耦合转移 MOV 开断方案

磁耦合转移 MOV 开断方案也是基于电流注入式原理的开断方案，该方案适用于 20kA 以下开断电流比较小的场合。磁耦合负压转移 MOV 开断方案断路器拓扑结构如图 8-24 所示，其由两条并联的支路组成，分别是含有高速开关 HSCB 的额定通流支路和包含避雷器 MOV 的能量耗散支路。通过在与避雷器 MOV 串联的磁耦合转移模块(magnetic induction current commutation module，MICCM) 的副边线圈 L_1 上感应出很高的瞬态负压，在很短的时间内导通 MOV，实现电流从额定通流支路向能量耗散支路的转移。磁耦合转移模块 MICCM 的原边电感 L_2 与晶闸管 T、预充电电容 C 连接，通过控制电容器放电来控制磁耦合转移模块的工作状态。在这种方案中，断路器原边回路和副边回路没有直接相连，因此断路器中高压侧和低压侧相互隔离，有利于提高断路器在绝缘方面的稳定性和可靠性。

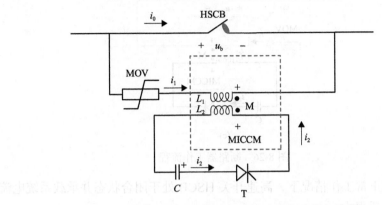

图 8-24　磁耦合负压转移 MOV 开断方案断路器拓扑结构

其开断故障电流的示意波形如图 8-25 所示。

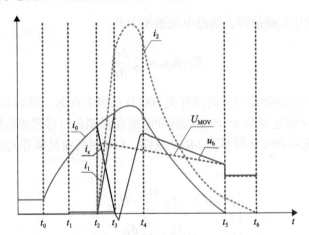

图 8-25　磁耦合负压转移 MOV 开断示意波形图

该断路器的工作流程如图 8-26 所示。

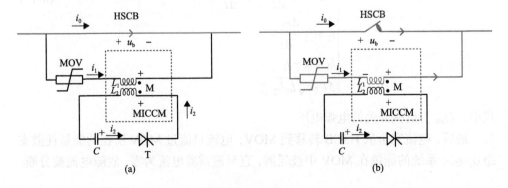

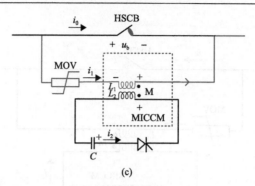

图 8-26　断路器工作流程

首先，在正常工作情况下，高速开关 HSCB 处于闭合状态并承载系统电流。此时断路器损耗很小。

$$E_S = (R_S + Z)i_0 \tag{8-13}$$

t_0 时刻，发生短路故障，短路电流迅速上升。

$$E_S = R_S i_0 + L_S \frac{\mathrm{d}i_0}{\mathrm{d}t} \tag{8-14}$$

在 t_1 时刻发出分闸命令，高速开关 HSCB 打开并起弧，然后 t_2 时刻触发晶闸管 T，利用预充电电容器 C 产生的脉冲电流在磁耦合转移模块的作用下，MOV 迅速导通，电流从 HSCB 转移到 MOV 支路。t_3 时刻高速机械开关断口电流过零，HSCB 熄弧。

$$\begin{cases} E_S = R_S i_0 + L_S \dfrac{\mathrm{d}i_0}{\mathrm{d}t} + U_{\mathrm{arc}} \\[2mm] U_{\mathrm{arc}} = L_1 \dfrac{\mathrm{d}i_1}{\mathrm{d}t} - M \dfrac{\mathrm{d}i_2}{\mathrm{d}t} + U_{\mathrm{MOV}} \\[2mm] U_C = L_2 \dfrac{\mathrm{d}i_2}{\mathrm{d}t} - M \dfrac{\mathrm{d}i_1}{\mathrm{d}t} + U_T \\[2mm] i_2 = C_2 \dfrac{\mathrm{d}u_{C_2}}{\mathrm{d}t} \\[2mm] i_0 = i_S + i_1 \\[2mm] M = k\sqrt{L_1 L_2} \end{cases} \tag{8-15}$$

式中，U_{arc} 为机械开关的电弧电压。

最后，电流完全从 HSCB 转移到 MOV，电流只流过 MOV 所在的能量耗散支路 $(t_3\text{-}t_5)$，系统的能量在 MOV 中被耗散，直至避雷器电流为零，故障电流被分断。

$$E_S = R_S i_0 + L_S \frac{\mathrm{d}i_0}{\mathrm{d}t} + L_1 \frac{\mathrm{d}i_0}{\mathrm{d}t} - M \frac{\mathrm{d}i_2}{\mathrm{d}t} + U_{\mathrm{MOV}} \tag{8-16}$$

8.3.2　磁耦合转移模块建模及仿真分析

磁耦合转移模块作为实现直流分断的主要元件，其特性对整个电流转移和分断过程的成功具有至关重要的作用，本节针对磁耦合转移模块的设计过程进行介绍。

1. 磁耦合转移模块结构方案

磁耦合电流转移模块结构根据导磁介质不同可以分为铁芯耦合方案和空气耦合方案两种情况，下面分别对其进行分析。

对于铁芯磁耦合结构，如图 8-27 所示，原副边线圈分别嵌套在铁芯不同侧，在原边线圈上外接预充电电容器，当模块接收到转移指令时，触发电容器对线圈放电，在原边产生大电流，并在副边的线圈通过原边电流感应出的瞬变磁场感应出反向电流，强迫短路电流向磁耦合模块转移。两个线圈之间通过铁芯进行隔离，对于绝缘要求较低。但此方案的缺点是大电流流过线圈铁芯容易发生饱和，导致电流转移能力有限。

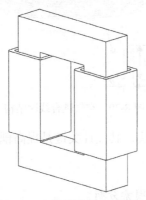

图 8-27　有铁芯磁耦合线圈结构

无铁芯的线圈耦合结构包括平板型和外桶型结构，如图 8-28 所示。外桶型结构没有铁芯，不存在饱和的问题，耦合效率较高，但其缺点是体积较大。因此本节针对平板型磁耦合线圈进行分析。

对于平板型线圈结构，采用盘式绕组耦合方式，如图 8-29 所示。上下两个线圈分别为其原副边，原边电感和副边电感没有直接的电气连接，通过磁耦合完成能量传输。原副边线圈分别嵌套在铁芯不同侧，在原边线圈外接预充电电容器，当模块接收到转移指令时，触发电容器对线圈放电，副边的线圈通过感应出反向电流，强迫短路电流向磁耦合模块转移，完成短路开断。

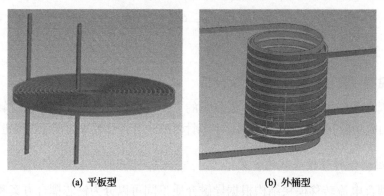

(a) 平板型　　　　　　　　(b) 外桶型

图 8-28　无铁芯磁耦合线圈结构

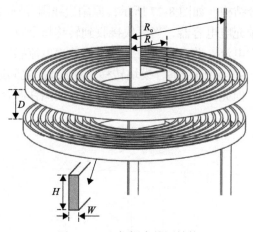

图 8-29　空气耦合线圈结构

对于磁耦合电流转移模块，其设计关键是提高耦合系数，增强能量利用率，保证电流的快速可靠转移。

2. 磁耦合模块关键影响因素分析

磁耦合模块的特性主要是电流转移能力，电流转移能力体现在可以转移电流的峰值以及断口电流过零前的电流变化率，其影响因素包括原边电感 L_2、副边电感 L_1、耦合系数、原边电容参数等。在有限元仿真软件中建立磁耦合线圈模型，对耦合线圈的转移能力与关键影响因素展开分析。

1) 原副边转移电感的影响

在保持原边电容参数与耦合系数不变的情况下，通过改变原边电感 L_2 和副边电感 L_1，可以获得不同磁耦合转移模块参数下的电流转移能力和原边电流水平。仿真结果如图 8-30 和图 8-31 所示。

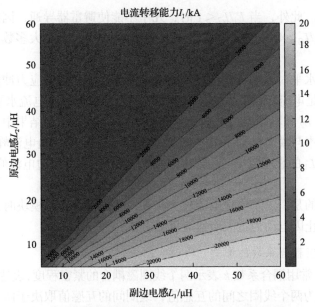

图 8-30 不同磁耦合转移模块参数下的电流转移能力

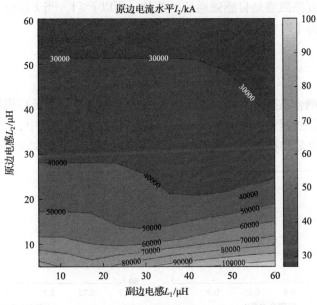

图 8-31 不同磁耦合转移模块参数下的原边电流水平

图 8-30 是不同原边自感 L_2 和不同副边自感 L_1 下的电流转移能力,从结果中可以看出:L_1 和 L_2 均对电流转移能力有较大的影响,表现为 L_1 与 L_2 的比值增大时,电流转移能力也相应地增加。这是由于导通避雷器的门槛电压较高,高达 12kV 左右,更高的 L_1/L_2 就意味着更好的升压比,也就更容易导通避雷器,从而更容易

产生转移电流。此外，当 $L_1/L_2<1$ 时，几乎不能使避雷器导通，因此转移电流近似为零。当 $L_1/L_2>4.85$ 时，转移电流大于 20kA，可以满足大多数情况下的开断需求。

原边电流水平对磁耦合转移模块的电流浪涌冲击和机械应力冲击有直接的影响，因此在满足电流转移能力的要求下，应尽可能降低原边电流水平。图 8-31 是不同原边自感 L_2 和不同副边自感 L_1 下的原边电流水平。从结果中可以看出：云图中等值线基本与横坐标轴副边电感 L_1 相平行，则说明原边电流峰值受 L_2 的影响较大，而受 L_1 的影响较小。在转移电流大于 20kA 时，原边电流峰值可达 70kA 以上。

值得注意的是，由于原边电流较大，在设计磁耦合转移模块时，常常要注意机械加固，防止因电动力过大而造成机械解体。

2) 不同感应耦合系数的影响

在电路中，常用耦合系数 k 表示两个线圈磁耦合的紧密程度，表达式如式(8-17)所示。其中 L 为两个线圈之间的互感值，线圈间的互感值取决于两个耦合线圈的几何尺寸、匝数及它们之间的相对位置和磁介质。当磁介质是非铁磁性物质时，L 是常数。由于互感磁通是自感磁通的一部分，所以 $k \leq 1$。当 k 接近 0 时，为弱耦合；当 k 近似为 1 时为强耦合。

$$k = \frac{L}{\sqrt{L_1 \times L_2}} \tag{8-17}$$

为了确定耦合系数 k 对断路器分断性能的影响，对 4 个转移模块时不同 k 情况下的电流转移过程进行仿真，仿真结果如图 8-32 所示。其中，图 8-32(a) 是不同 k 情况下的电流转移能力，图 8-32(b) 是不同 k 情况下的原边电流峰值。

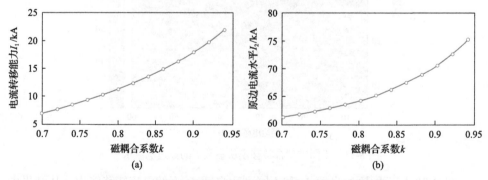

图 8-32　不同 k 情况下的电流转移能力和原边电流峰值

从结果中可以看出，耦合系数 k 对电流转移过程影响较为显著，随着 k 的增加，电流转移能力和原边电流峰值均在相应地增加。当 k 接近于 1，增长速率也到达峰值；当 k=0.7 时，电流转移能力为 6.91kA，原边电流为 61.3kA；当 k 上升至 0.8，电流转移能力提升 62.1%，到达 11.2kA，原边电流仅仅上升了 4.89%，到达 64.3kA；当 k>0.9 后，电流转移能力超过 20kA，此时原边电流约为 70kA。

　　尽管提升耦合系数 k 会稍微提高原边电流，但其带来的电流转移能力的提升是显著的，能大大提升电流转移效率。因此在实际工程设计中，会优先保证提高耦合系数。

3) 耦合电容参数的影响

　　电容容值和充电电压是实际断路器工程应用中较为容易调整的参数。针对耦合电容的容值和预充电电压对断路器分断性能的影响展开分析，结果如图 8-33 和图 8-34 所示。

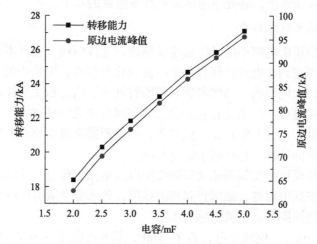

图 8-33　电容器容值对分断性能的影响

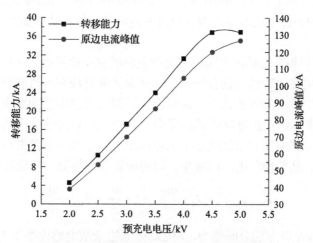

图 8-34　电容器预充电电压对分断性能的影响

由图 8-33 可得，转移能力和原边电流水平均随电容器容值的增大而增大，且近似成线性关系。为保证 20kA 以上的电流转移能力，耦合电容容值应大于 2.5mF；同时考虑到电容器容值过大会导致原边电流过大，造成磁耦合和晶闸管等器件的电流冲击大。因此，对于电容器容值的选取需要综合考虑电流转移能力和磁耦合原边电流应力。

由图 8-34 可得，在预充电电压 $U \leqslant 4.5\text{kV}$ 时，转移能力和原边电流水平均随电容器预充电电压的增大而增大，且近似成线性关系。$U > 4.5\text{kV}$ 后，再增大预充电电压，转移能力基本不变，且原边电流峰值上升速率放缓。$U > 3\text{kV}$ 时，转移能力基本达到 20kA 以上；$U > 3.5\text{kV}$ 后，原边电流峰值上升到了 90kA 以上。同时，增大充电电压还带来成本与体积的增长。因此，在选取电容充电电压参数时，应该在满足开断条件下，将充电电压限制在尽量低的水平。

4) 杂散电感参数的影响

杂散电感是指由电路中的导体如连接导线、元件引线、元件本体等呈现出来的等效电感。考虑到在电流转移过程中电流变化率很高，电路中的杂散电感会对开断性能产生较大的影响。杂散参数对开断特性的影响分析主要体现在电流转移阶段和电流续流过程。在电流转移阶段，转移回路杂散电感越大，造成电流转移过程困难，不利于电流开断；在续流过程，续流回路杂散电感在一定范围内，电感越大，续流时间越长，越有利于电流开断。

磁耦合转移模块中初级侧和次级侧线圈以及电路会带有一定的杂散电感。初级侧电流通路包括电容器、晶闸管和初级线圈，各部分杂散电感可总等效为 L_{st2}；次级侧包括副边线圈等，杂散电感为 L_{st1}。

系统电压 10kV，模块中电容器 $C = 4\text{mF}$，预充电电压 3.5kV，原边线圈电感 $L_2 = 10\mu\text{H}$，副边线圈电感 $L_1 = 50\mu\text{H}$，耦合系数 $k = 0.95$。L_{st2} 和 L_{st1} 变化范围均为 $0.1 \sim 2\mu\text{H}$，测试不同条件下的转移能力和原边电流峰值，仿真结果如图 8-35 和图 8-36 所示。

由图 8-35 可得，转移能力随原边杂散电感的减小而提高，这是因为电容器中储存的能量会更多地转移到耦合线圈上，从而能够更快在副边感应出更高的负电压；而在相同原边杂散电感值下，转移能力随副边杂散电感的增大而下降，这可以由式(8-18)来解释：在电流转移过程中，耦合线圈副边感应出的高负电压主要由自感电压、互感电压和杂散电感上的电压组成，杂散电感值的提高会增大其上的正向电压降，从而使负电压值减小，阻碍避雷器的导通，电流转移能力下降。

$$u_{\text{b}} - u_{\text{MOV}} = L_1 \times \frac{\text{d}i_1}{\text{d}t} - M \times \frac{\text{d}i_2}{\text{d}t} + L_{st1} \times \frac{\text{d}i_1}{\text{d}t} \tag{8-18}$$

为保证 20kA 以上的分断能力，MICCM 原边杂散电感应小于 $1.5\mu\text{H}$，副边杂散电感应小于 $2\mu\text{H}$。

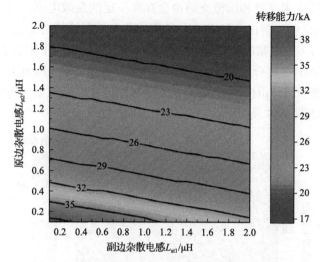

图 8-35　不同原副边杂散电感时的转移能力

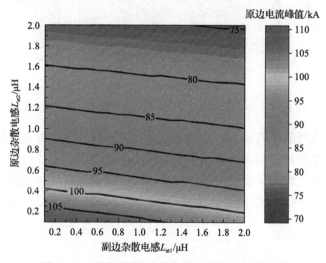

图 8-36　不同原副边杂散电感时的原边电流峰值

由图 8-36 可得，原边电流峰值随原边杂散电感的减小而提高，而在相同原边杂散电感值下，原边电流峰值也随副边杂散电感的减小而提高，这是因为转移能力提高，开断时间减少，电容器中的能量得到更快释放。当原边杂散电感降低到 0.9μH 以下时，原边电流峰值会极易上升至 90kA 以上，因此不应过多减少原边杂散电感。

综上所述，原副边电感都应该选取在 1μH 附近，既能保证转移能力满足电流转移需求，又能使原边电流保持在较低水平。

　　同时断路器中主支路和续流支路也会存在一定的杂散电感。设主支路的杂散电感值为 L_{st0}，变化范围在 0.5～3μH；续流支路杂散电感值为 L_{st3}，变化范围也是 0.5～3μH，采用 4 个串联的磁耦合电流转移模块，每个模块中原边电感 L_1=10μH，副边电感 L_2=50μH，耦合系数 k=0.95，电容器容值 4mF，充电电压 3.5kV，原边和副边杂散电感都为 1μH，仿真研究主支路和续流支路杂散电感对转移能力的影响，仿真结果如图 8-37 所示。

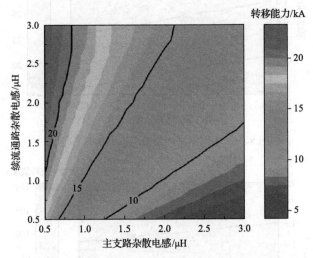

图 8-37　主支路和续流支路杂散电感对转移能力的影响

　　由于续流支路晶闸管和 MICCM 中的晶闸管同时导通，电流开始转移后，主支路电流变化率较高，将在主支路杂散电感上产生电压，会使转移支路注入的电流部分流入续流支路，从而损失部分转移能力。设 HSCB 上的电弧电压为 U_{arc}，电弧电流为 i_{arc}，则此时的电流转移过程可用式(8-19)～式(8-21)来描述。

$$i_s = i_0 + i_1 \tag{8-19}$$

$$u_b = U_{arc} - L_{st0} \times \frac{di_{arc}}{dt} = -L_{st3} \times \frac{di_3}{dt} - U_T \tag{8-20}$$

$$i_0 = i_{arc} - i_3 \tag{8-21}$$

　　此外，还研究了开断相同的 15kA 故障电流情况下，不同主支路和续流支路杂散电感对续流峰值和零休时间的影响。其中续流峰值是指开断过程中续流电流的峰值，可以表征续流支路吸收能量的多少；零休时间指电流转移完成到续流结束的时间，若转移未完成则以 0 表示。主支路和续流支路杂散电感变化范围都为 0.5～3μH，其他条件同上。仿真结果如图 8-38、图 8-39 所示。

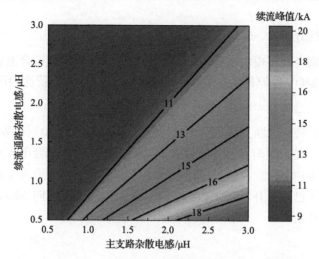

图 8-38　不同主支路和续流支路杂散电感对续流峰值的影响

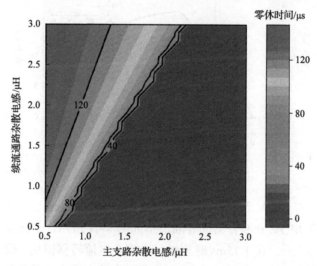

图 8-39　不同主支路和续流支路杂散电感对零休时间的影响

由图 8-38 可得，续流支路吸收的能量随主支路杂散电感的增大和续流支路杂散电感的减小而增多，当分流超过 10kA 时电流未能完全转移至转移支路，开断失败。而在仿真过程中发现，当开断成功时，总的续流时间和续流峰值基本不随两个变量变化，而零休时间随主支路杂散电感的增大和续流支路杂散电感的减小而降低，如图 8-39 所示。

因此，对于主支路和续流支路的线路设计，核心在于控制主支路杂散电感，使其保持在较低的水平；对于续流支路的线路设计，可以适当增长线路长度，以抑制提前续流。

8.3.3　开断特性分析

基于对磁耦合转移模块的建模分析与参数设计，建立磁耦合电容转移断路器与磁耦合转移 MOV 断路器的仿真平台，进行了断路器开断特性的仿真分析。

1) 磁耦合电容转移开断方案

磁耦合电容转移开断方案的开断波形如图 8-40 所示，在 0 时刻发生短路故障，电流迅速上升。在 1ms 时刻触发磁耦合电流转移模块，磁耦合电容对耦合线圈放电，原边电流迅速上升，副边感应出反向电流，注入断口创造人工过零点。转移支路电容器电压迅速上升，随后达到 MOV 导通电压，电流向 MOV 中转移，完成故障电流的开断。

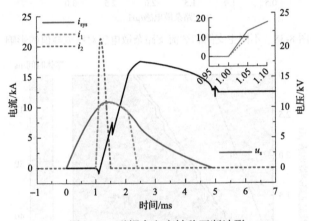

图 8-40　磁耦合电容转移开断波形

2) 磁耦合转移 MOV 开断方案

磁耦合转移 MOV 开断方案的开断波形如图 8-41 所示，在 0ms 时刻发生短路故障，电流迅速上升。在 1.75ms 时刻触发磁耦合电流转移模块，磁耦合电容对耦合线圈放电，副边感应出高压导通 MOV，断口电流在高电压的作用下，迅速转移至 MOV 支路，完成故障电流的开断。

可以看到，对于磁耦合电容转移开断方案，电流由断口转移至电容中，再由电容转移至 MOV 中；而对于磁耦合转移 MOV 开断，电流直接由断口转移至 MOV 中，完成故障电流的开断。因此，磁耦合转移 MOV 方案开断速度更快，开断成本更低。

8.3.4　拓扑结构的优化设计

针对目前磁耦合电流转移开断方案的拓扑结构进行优化设计，可以进一步提升断路器的开断性能。

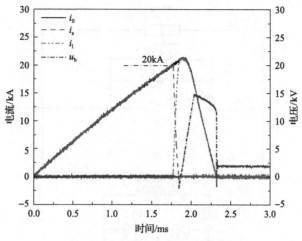

图 8-41　磁耦合转移 MOV 开断波形

　　对于磁耦合电流转移开断方案，断口介质恢复是断路器成功开断的关键。通过设计续流支路，给断口提供零休时间以提升断口的弧后介质恢复强度。结合双向开断的考虑，提出磁耦合开断方案拓扑结构的优化设计方案分别如图 8-42 和图 8-43 所示。

　　双向磁耦合电容转移方案在正向开断时，在电流转移完成后，控制 T_1 导通，提供续流回路，给机械开关提供零休时间。在反向开断时，首先注入与故障电流同向的电流，经过半个周期的振荡后，转移电流与故障电流反向，在高速机械开关支路创造人工过零点，实现电流的转移。剩余电流将从 T_2 进行续流，给断口提供零休时间。

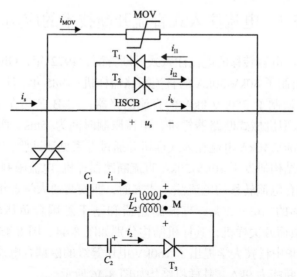

图 8-42　磁耦合电容转移方案优化拓扑结构

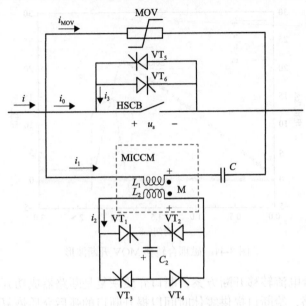

图 8-43　磁耦合负压转移 MOV 方案优化拓扑结构

双向磁耦合负压转移 MOV 方案在正向开断时，触发晶闸管 VT_1、VT_4 与 VT_5 导通，电流转移完成后通过 VT_5 续流。在反向开断时，触发晶闸管 VT_2、VT_3 与 VT_6 导通，电流转移完成后通过 VT_6 续流。

基于磁耦合的双向方案开断波形与基于预充电电容的电流注入式开断方案类似，因此本节不再赘述。

8.4　电流注入式直流开断技术的应用

在基于预充电电容转移的电流注入式开断方面，1972 年，GE 公司采用"人工过零"原理，研制了 80kV/30kA 的直流断路器样机；1985 年，日立公司利用"人工过零"原理，研制了 250kV/8kA 的直流断路器；ABB 公司在 2014 年研发了 80kV/10kA 谐振型机械式断路器样机，电流限制时间为 5ms。西安交通大学于 2015 年开发了 10kV/40kA 电流注入式样机并通过专家见证试验，此后又研制了基于双向桥式拓扑结构研了 10kV/20kA 直流断路器样机，电流限制时间小于 3ms。

在基于磁耦合电流转移的电流注入式方面，西安交通大学近年来研发了基于预充电电容转移的 10kV/20kA 直流断路器和基于磁耦合负压转移 MOV 的 10kV/2kA 直流负荷开关样机，其样机结构分别如图 8-44、图 8-45 所示。在高压直流开断领域，华中科技大学提出了 160kV 电压等级的磁耦合电流注入式开断方案设计，电流开断能力 9kA，其样机结构如图 8-46 所示。

图 8-44　基于磁耦合转移电容的
10kV/20kA 直流断路器

图 8-45　基于磁耦合转移 MOV 的
10kV/2kA 直流负荷开关

图 8-46　160kV 磁耦合型直流断路器整机结构

参 考 文 献

陈名, 徐惠, 张祖安, 等. 2018. 耦合型机械式高压直流断路器设计及仿真. 高电压技术, 44(2): 380-387.

何俊佳, 袁召, 赵文婷, 等. 2015. 直流断路器技术发展综述. 南方电网技术, (2): 9-15.

贾申利, 史宗谦, 王立军. 2017. 真空断路器用于直流开断研究综述. 高压电器, (3): 12-16.

荣命哲, 杨飞, 吴益飞, 等. 2017. 一种磁感应转移式直流断路器: 中国, 2016108540577.

吴益飞, 胡杨, 易强, 等. 2018. 中压直流开断技术研究综述. 供用电, 035(6): 12-16, 59.

吴益飞, 吴翊, 荣命哲, 等. 2018. 强制电流转移电路及其电流转移方法: 中国, 2015109158617.

吴益飞, 杨飞, 荣命哲, 等. 2018. 一种磁耦合换流式转移电路及其使用方法: 中国, 201610854252X.

吴翊, 荣命哲, 钟建英, 等. 2018. 中高压直流开断技术. 高电压技术, 44(2): 337-346.

吴翊, 杨飞, 吴益飞, 等. 2017. 一种瞬变磁脉冲感应式电流转移电路及其使用方法: 中国, 2016108540685.

杨飞, 荣命哲, 吴益飞, 等. 2014. 一种双向分断的混合式断路器: 中国, 2013100483854.

杨飞, 吴翊, 荣命哲, 等. 2019. 一种具有桥式感应转移结构的混合式断路器及其使用方法: 中国, 2016109933304.

张祖安, 黎小林, 陈名, 等. 2018. 160kV 超快速机械式高压直流断路器的研制. 电网技术, 42(07): 2331-2338.

Eriksson, Backman, Halen. 2014. A low loss mechanical HVDC breaker for HVDC grid Applications. Proc. Cigré Session, Paris, France.

Gao C. 2020. Stray Inductance Extraction Method Based on Interrupting Transient Process for Power Electronic Component in Hybrid DC Circuit Breaker. Proceedings of the 16th International Conference on AC&DC Power Transmission.

Greenwood, Barkan, Kracht. 1972. HVDC vacuum circuit Breakers. IEEE Transactions on Power Apparatus and Systems, (4): 1575-1588.

Li Y, Yang F, Rong M Z, et al. 2013. Numerical simulation of Self-excited oscillation switching current in HVDC MRTB. Gaodianya Jishu/High Voltage Engineering, 39: 2547-2552.

Tokuyama, Arimatsu, Yoshioka, et al. 1985. Development and interrupting tests on 250kV 8kA HVDC circuit Breaker. IEEE Power Engineering Review, (9): 42-43.

Wu Y F, Hu Y, Wu Y, et al. 2018. Investigation of an Active Current Injection DC Circuit Breaker Based on a Magnetic Induction Current Commutation Module. IEEE Transactions on Power Delivery, 33(4): 1809-1817.

Wu Y F, Wu Y, Yang F, et al. 2020a. Bidirectional Current Injection MVDC Circuit Breaker: Principle and Analysis. IEEE Journal of Emerging and Selected Topics in Power Electronics, 8(2): 1536-1546.

Wu Y F, Wu Y, Yang F, et al. 2020b. A Novel Current Injection DC Circuit Breaker Integrating Current Commutation and Energy Dissipation. IEEE Journal of Emerging and Selected Topics in Power Electronics, : 1.

Wu Y, Hu Y, Rong M Z, et al. 2017. Investigation of a magnetic induction current commutation module for DC circuit Breaker. 2017 4th International Conference on Electric Power Equipment-Switching Technology (ICEPE-ST). IEEE: 415-418.

Xiao Y, Wu Y, Wu Y, et al. 2019. Study on dielectric recovery characteristic of vacuum interrupter after high frequency Interruption. 2019 5th International Conference on Electric Power Equipment-Switching Technology (ICEPE-ST). IEEE: 197-200.

Xiao Y, Wu Y, Wu Y, et al. 2020. Study on the Dielectric Recovery Strength of Vacuum Interrupter in MVDC Circuit Breaker. IEEE Transactions on Instrumentation and Measurement, 69(9): 7158-7166.

第9章 混合式直流开断技术

电力电子开关具有操作速度快、关断无弧、控制精准等优势。随着全控型半导体技术的发展，新型的 IGBT、IEGT、IGCT、ETO 等大功率器件快速发展，基于高速机械开关和电力电子器件模块化级联的混合式直流断路器应运而生，结合了机械式断路器通态损耗低和固态式断路器开断速度快的优点，可以满足不同电压等级下全电流范围快速开断的需求。

本章首先介绍混合式直流开断的基本原理，对断路器基本动作时序进行简单介绍。接着对三类较为典型的混合式直流断路器方案分别进行综述，介绍相应的开断原理和开断方法，给出拓扑方案的设计方法，对关键过程进行仿真分析，探究各种关键因素对电流转移特性的影响规律；最后，针对中高压不同应用领域，阐述了混合式直流断路器的发展和应用情况。

9.1 混合式直流开断的基本原理

混合式直流断路器是结合了高速机械开关与电力电子器件而构成的一种直流断路器，充分利用机械开关的载流、绝缘能力及固态开关的开断能力，实现直流开断，兼顾了低通态损耗及快速故障电流开断性能，因而受到广泛关注。混合式直流断路器内部电路可分为载流支路、固态开关支路、耗能支路及用于实现电流转移的转移部分，拓扑结构如图 9-1 所示。

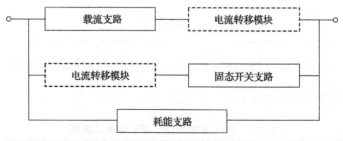

图 9-1　混合式直流断路器基本结构

混合式直流断路器分断故障电流的过程可以用"三条支路两次换流"来概括。正常运行时负荷电流流过载流支路，此时另外两支路等同于开路，载流支路较低的导通电阻保证了较低的通态损耗；故障发生后断路器首先进行第一次换流，由电流转移模块实现电流转移，故障电流从载流支路转移到固态开关支路；换流完成后控制固态开关支路上的众多电力电子子模块关断，电流逐渐从固态开关支路转向耗能支路，并在 MOV 的作用下逐渐下降为零，至此整个关断过程结束，其动作时序如图 9-2 所示。

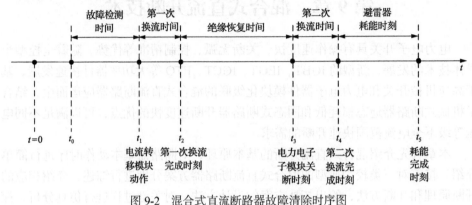

图 9-2　混合式直流断路器故障清除时序图

9.2　基于电力电子关断转移的混合式直流断路器

基于电力电子关断转移的混合式直流断路器由快速机械开关、桥式子模块和金属氧化物压敏电阻 3 种基本单元构成，如图 9-3 所示。

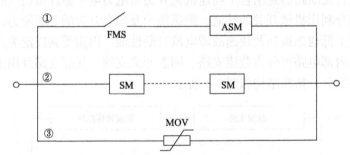

图 9-3　基于电力电子关断转移的混合式直流断路器拓扑示意图

其中各部分含义见表 9-1。

表 9-1　断路器结构拓扑图字母含义说明

序号	支路名称	简写	英文名称	中文名称
①	载流支路	FMS	fast mechanical switch	快速机械开关
		ASM	auxiliary sub modular	辅助子模块
②	固态开关支路	SM	sub modular	子模块
③	耗能支路	MOV	metal oxide varistor	金属氧化物压敏电阻

9.2.1　基于电力电子关断转移的混合式开断原理

直流断路器在直流电网中有多种运行工况，本小节以最严苛的短路故障电流下断路器的开断情况进行原理说明。结合图 9-2 给出混合式直流断路器在短路故障工况下的具体动作过程。

(1) $t=t_0$ 时，系统发生接地故障，故障电流快速上升；$t_0\sim t_1$ 为故障检测时间，其具体包括保护检测时间、保护动作时间、动作指令传达时间；$t=t_1$ 时，直流断路器载流支路上的 ASM 接收到动作信号进行闭锁，同时刻固态开关支路上的所有 SM 闭合。

(2) $t_1\sim t_2$ 为第一次换流时间，电流从载流支路 ASM 转移到固态开关支路 SM 中；$t=t_2$ 时，第一次换流完毕，载流支路电流降为 0，打开载流支路上的 FMS，即进行 FMS 的零电流关断。

(3) $t_2\sim t_3$ 为 FMS 绝缘恢复时间，断口在达到额定开距后需要一定时间建立足够的绝缘强度；$t=t_3$ 时，FMS 达到额定绝缘强度，此时可以关断 SM，开始第二次换流，这个动作也是混合式直流断路器实现电流关断的核心动作。

(4) $t_3\sim t_4$ 为第二次换流时间，电流首先从 SM 内的全控型电力电子器件向 SM 内的电容转移，MOV 两端电压不断升高直至达到其导通电压，电流向耗能支路的 MOV 转移；$t=t_4$ 时，第二次换流完毕，固态开关支路电流降为 0，电流全部转移到耗能支路，MOV 在巨大故障电流下迅速达到残压，并直接加到直流断路器两端，这也是固态开关支路所有 SM 需要耐受的最大绝缘电压应力。

(5) $t_4\sim t_5$ 为 MOV 耗能时间，耗能时间同 MOV 的电气参数有关；$t=t_5$ 时，MOV 耗能结束，直流断路器上通过的电流为 0，电压恢复到系统电压，整个关断过程进行完毕。

整个关断过程的电压电流波形示意图如图 9-4 所示。

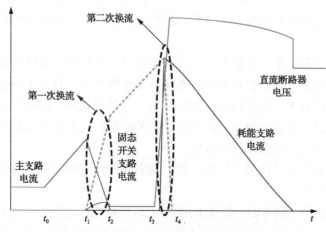

图 9-4　基于电力电子关断转移的混合式直流断路器故障关断电压电流波形示意图

9.2.2　半导体组件结构设计

基于电力电子关断转移的混合式直流断路器中的载流支路辅助子模块 ASM 和固态开关支路的子模块 SM 均为半导体组件，其拓扑结构一般包括功率电力电子开关、缓冲支路和耗能支路。在面向高电压大容量直流开断领域的混合式直流断路器中，主要采用全控型电力电子器件作为核心开断器件。其中，IGBT 和 IEGT 器件为压控型电力电子开关，需要配套的驱动进行控制保护，如图 9-5 所示，而 IGCT 为流控型器件，其配套驱动直接与器件进行集成，减小了驱动与器件之间的寄生参数。

(a) PI驱动　　　　　　　　　　　　　　　　(b) 青铜剑驱动

图 9-5　压控型电力电子器件驱动实物图

拓扑结构中除了关键的电力电子开关外，还有缓冲支路和耗能支路，其中，常见缓冲电路在第 7 章已详细介绍。缓冲电路主要用于全控型器件的保护，因此过电压和过电流的抑制是考虑缓冲电路的选择与设计的主要原因。

在实际工程应用中，为了适应双向电流开断的需要，载流支路辅助子模块 ASM 及固态开关支路子模块 SM 均为桥式结构，又称为"桥式子模块"，另外还可称为"桥式半导体""半导体组件"等。在 7.2.1 小节已介绍了全桥结构和二极管桥结构，后续在进行瞬态电气分析与拓扑结构选择时，将以此两种结构为基础进行研究。

在直流断路器正常工作状态下，载流支路 ASM 半导体组件与高速机械开关串联共同承载额定通流，在直流断路器正常工作状态下一直处于导通状态，运行时间长，载流压力大，面临的情况较为复杂。而位于载流支路的半导体组件 SM 是正常工作状态下并联在载流支路两端处于关断状态，不需要承载额定通流，是实现直流断路器电流分断的核心部件。

下面对比两种半导体组件拓扑结构，说明高压直流断路器不同位置半导体组件方案的选择依据。

其一，在通态损耗方面，假设 IGBT、二极管的通态电阻分别为 R_{Gon}、R_{Don}，则有

$$\begin{cases} P_1 = (R_{\mathrm{Gon}} + R_{\mathrm{Don}})/2 \times I_{\mathrm{N}}^2 \\ P_2 = (R_{\mathrm{Gon}} + 2R_{\mathrm{Don}}) \times I_{\mathrm{N}}^2 \end{cases} \Rightarrow \frac{P_2}{P_1} > 2 \qquad (9\text{-}1)$$

式中，P_1、P_2 分别为全桥结构和二极管结构的通态损耗；I_{N} 为额定电流。

可以看出，二极管桥式结构的通态损耗是全桥结构的两倍以上。

其二，从重合闸能力方面进行对比，在半导体组件桥式结构中，重合闸对于电力电子开关来说没有太大区别；但对于 RCD 吸收电路来说，全桥和二极管桥式结构的重合闸能力，主要由缓冲电路中的电阻或者增加放电电阻实现。

对于全桥结构，可以直接增加阻值为几欧姆的快速放电电阻，给关断后缓冲电路上的吸收电容提供泄放回路。同理对于二极管桥式结构，除了缓冲支路上原有的兆欧级电阻外，额外再增加几欧姆的快速放电电阻，满足重合闸下次关断需求。表 9-2 给出了全桥结构与二极管桥式结构对高压混合式直流断路器的应用适应性对比。

表 9-2　两种桥式结构对比

桥式结构类型	双向开断能力	通态损耗	关断耐压能力	正向耐流能力	重合闸能力	技术成本
全桥结构	有	低	基本相同	基本相同	有，需补充快速放电电阻	高
二极管桥式结构	有	高			有，需补充快速放电电阻	低

二极管桥式结构在关断时由 IGBT 器件承受所有关断电压；而全桥结构在关断时，由于 D_1、D_4 的续流，要由 IGBT G_2、G_3 各自承担关断电压，而不是共同承担，即单个全桥结构的耐压能力为单个 IGBT 的耐压能力，与二极管桥式基本相同。

综合上述分析，载流支路 ASM 在拓扑结构设计时主要考虑的不是故障耐压，而是 ASM 的运行损耗。同时，根据工程实际运行经验，直流输电线路故障发生率很低，检修时间也很短，可以说直流断路器正常运行时间远远多于分断暂态时间，因此，通态损耗更低的全桥结构更适合于用于载流支路的 ASM 之中。

与载流支路的 ASM 相反，固态开关支路的 SM 在大多数时候都不导通，其主要的作用是在关断时切断负荷电流，或在故障时切断较高的故障电流。同时，固态开关支路 SM 是直流断路器实现故障切断作用的核心部件，其首先考虑的应该是关断能力，而不是可以忽略不计的导通损耗。通过上述分析可以看出，全桥与二极管桥结构在关断能力上有着相同的表现，而后者更具经济性，因此二极管桥式结构是 SM 选型的更好选择。

9.2.3　基于电力电子关断转移的混合式直流断路器开断特性仿真

以应用于直流输电工程的典型混合式直流断路器为例，进行基于电力电子关断转移的断路器开断特性仿真，其中系统参数由表 9-3 给出。

表 9-3　500kV 柔直输电系统仿真参数

名称	参数	名称	参数
系统电压	500kV	二极管桥式子模块内部电感	500nH
短路电流峰值	25kA	耗能支路 50kV 单元杂散电感	3μH
载流支路杂散电感	50μH	电容并联电阻阻值	200MΩ
载流支路半导体组件杂散电感	10μH	二极管并联电阻	2Ω
全桥子模块内部杂散电感	600nH	载流支路电容	200μF
固态开关整体杂散电感	160μH	固态开关支路电容	200μF

1）电力电子开关组件建模研究

基于实际工程应用的二极管桥式拓扑，搭建高压直流断路器工况下的半导体组件模型，分析其全电流范围开断的电气特性。为方便叙述，此处简化处理，将多阀组并联的半导体组件由单个器件进行简化代替，但其正向压降、导通电阻等参数按照实际的串并联个数进行设定。在 MATLAB/Simulink 中搭建测试桥式 IGBT 模块开断特性的仿真模型如图 9-6 所示。

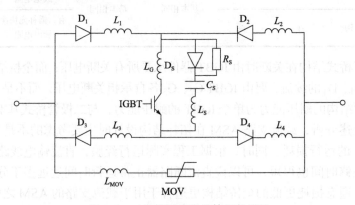

图 9-6　二极管桥式半导体组件模块

2）开断特性仿真计算

基于图 9-6 中的电力电子开关组件及表 9-3 中系统参数进行仿真分析，在 MATLAB/Simulink 中建立基于电力电子关断转移混合式直流断路器的仿真模型，分别仿真了额定和短路工况下的开断特性，分别如图 9-7、图 9-8 所示。

由图 9-7(a) 所示的典型案例仿真结果可见，额定运行时，直流断路器流过 3kA 直流电流。在 t=3ms 时控制载流支路 IGBT 关断，固态开关支路 IGBT 导通，第一次电流转移过程开始，整个转移过程维持 260μs，该过程中载流支路电流不断减小，固态开关支路电流不断增大。当 t=3.3ms 时，快速机械开关关断，为了使机械开关产生足够绝缘耐受能力，要求电流在固态开关支路 IGBT 中持续通流一断时间，这段时间内电流为系统额定电流 3kA。在 t=5.5ms 时，固态开关支路上的 IGBT 关断，电流向耗能支路转移，同时避雷器两端电压快速上升。在 t=5.9ms 时，避雷器两端电压达到导通阈值，避雷器导通耗能。

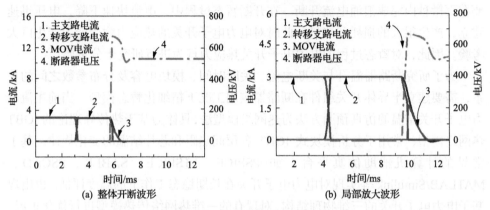

(a) 整体开断波形　　　　　　　　　(b) 局部放大波形

图 9-7　额定电流开断波形

由图 9-8 可见，发生短路故障时，载流支路上电流持续上升，直流电流由 t=0ms 时的 3kA 上升至 t=3ms 时的 16.7kA，在 t=3ms 时向断路器发送信号开断，经过 0.225ms 后，电流从载流支路转移至固态开关支路，载流支路机械开关开断。

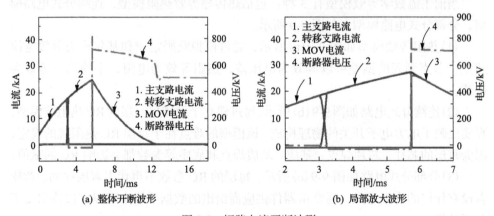

(a) 整体开断波形　　　　　　　　　(b) 局部放大波形

图 9-8　短路电流开断波形

在 t=5.7ms 时，固态开关支路上电流达到 25kA，此时机械开关达到额定开距，同时关断固态开关支路，经过 30μs，电流转移至耗能支路。

如图 9-8 所示，耗能支路两端电压上升，在 t=5.7ms 时达到最大值 812kV，避雷器导通，故障电流经过耗能支路泄放，避雷器电压逐渐下降，最后经过小的电压振荡达到稳定值 500kV。

9.2.4　半导体组件热累积效应分析

随着系统电压等级提高，直流断路器内部采用了数量更多的电力电子开关。在直流故障开断工况中，故障电流转移至半导体开关组件的电力电子开关后，需要在百微秒内完成浪涌电流开断。在开断暂态过程中，电流快速下降，电压迅速建立，产生很大的损耗和热量，此时对电力电子开关的热应力耐受能力产生巨大考验。因此，对暂态过程的电力电子开关热应力行为进行研究十分重要。

为了研究断路器温升与关断电流、关断时间、模块电容及分布参数之间的关系，需要建立半导体开关组件在断路器应用工况下精细化暂态模型。当前主流电力电子开关结温的仿真预测方法为热网络模型法，具体为基于热传导理论的 IGBT 热网络模型，常用于分析模块式 IGBT 各层间热阻和芯片结温的变化规律。基于常见的计算机辅助仿真平台，如 PSPICE、LTSPICE、SABER、PSCAD、MATLAB/Simulink 等实现对电力电子开关在长期稳态工作下的温度评估。也出现基于电力电子开关的三维物理结构，对现有的一维热网络传热模型进行优化扩展，考虑功率器件的横向热扩散性，从而提升仿真的精确性。下面针对典型热网络等效模型进行介绍。

1) 热网络等效模型

当前主流数学等效模型有 3 种：包括热传导等效热阻模型，连续分式电路模型，分部分式电路模型，如图 9-9 所示。

(1) 热阻等效模型如图 9-9(a) 所示，通过模拟欧姆定律和基尔霍夫等效定律建立，节点到壳的温差可以等效为电压差，热阻等效为电阻，平均功率等效为电流。

(2) 连续分式电路如图 9-9(b) 所示，通过建立半导体层与层的 RC 热阻抗模型，真实反映了电力电子开关的物理构成。该模型的难点在于每层 RC 热阻抗的设定，因为每层的芯片、芯片焊点、基质、基质焊点和底座等参数都会影响 RC 的赋值。

(3) 分部分式电路如图 9-9(c) 所示，每层的 RC 参数不再代表着层序列，意味着没有任何的物理意义。通常由器件供应商给出的数据手册中可以直接读出便于分析计算。

上述 3 种模型，主要区别在热阻模型的功率参考量类型。其中热阻等效模型为平均功率，后两种为瞬时功率。热阻模型只可反映能量作用在半导体产品上的温升，后两种不但可以反映能量作用时，能量消失时的温升变化也可以体现出来，但是第二种模型需用户对器件内部参量及微观工作过程有详细了解，难度较大。

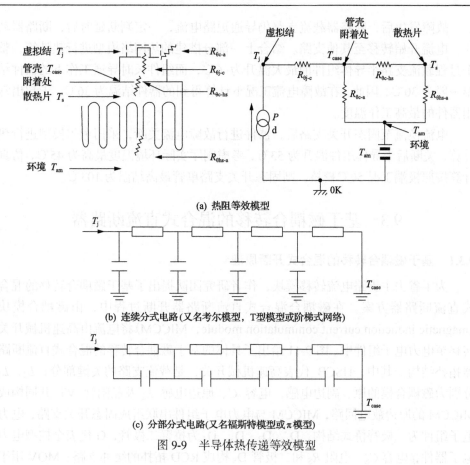

(a) 热阻等效模型

(b) 连续分式电路(又名考尔模型，T型模型或阶梯式网络)

(c) 分部分式电路(又名福斯特模型或π模型)

图 9-9　半导体热传递等效模型

2) 半导体组件关键应力热计算

基于电力电子关断转移的混合式断路器开断 25kA 电流工况为算例，其拓扑如图 9-3 所示，分析载流和固态开关支路电力电子开关的结温变化情况，以 ABB 公司型号为 5SNA3000K45230 的器件为例，根据给出的短路开断下的电流转移特性分别对载流支路和固态开关支路的电力电子器件进行热计算，仿真结果如图9-10所示。

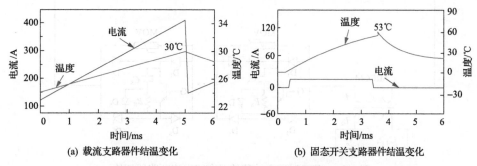

(a) 载流支路器件结温变化　　　　　　　　(b) 固态开关支路器件结温变化

图 9-10　半导体组件耐受短时电流温升仿真波形

　　故障发生后，断路器载流支路仍导通短路电流，一定判断延时后，断路器动作，电流开始转移至其他支路。结合上一部分搭建的热网络模型进行热计算，整个过程载流支路半导体组件的最大温升为 6℃，而组件长时导通工作下的器件结温一般为 30℃，因此，在故障电流工况下计算得到的器件结温为 36℃，未超出常用器件的最高工作温度。

　　电流换流至固态开关支路后，器件进行故障电流关断，采用考尔模型进行热计算，关断后半导体组件温升为 53℃，考虑阀厅实际环境温度最高为 45℃，仿真计算按照极端工况 50℃校核，则固态开关支路单管最高结温为 103℃。

9.3　基于磁耦合转移的混合式直流断路器

9.3.1　基于磁耦合转移的混合式开断原理

　　为了省去主支路电流转移模块，作者研究团队提出了基于磁耦合转移的混合式直流断路器方案。在磁耦合混合式直流断路器开断过程中，由磁耦合模块（magnetic induction current commutation module，MICCM）将电流由高速机械开关转移至电力电子组件中。图 9-11 给出了具体的基于磁耦合转移的混合式直流断路器拓扑结构。其中，HSCB 代表高速机械开关，是载流支路的关键部分；L_2、L_1 分别为磁耦合模的原、副边电感，电容 C、原边电感 L_2 及晶闸管 VT 共同构成 MICCM 的原边放电回路，MICCM 与电力电子组件串联组成固态开关支路，电力电子组件为二极管桥式结构，D_1、D_2、D_3、D_4 为桥臂二极管，G 代表全控型电力电子器件；电容 C_S、电阻 R_S 和二极管 D_S 构成 RCD 拓扑的缓冲支路；MOV 用于系统能量耗散，构成耗能支路。

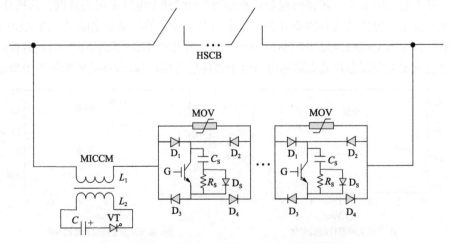

图 9-11　基于磁耦合转移的混合式直流断路器拓扑

基于磁耦合转移的混合式直流断路器拓扑开断原理如下。

在正常通流情况下，高速机械开关闭合承载额定电流，二极管桥式半导体组件中的 IGBT 处于关断状态，对磁耦合转移模块原边侧电容预充电压。当短路故障发生时，断路器各部件依次动作，断路器的动作时序如下所述，图 9-12 为开断过程中断路器不同支路电流及断路器两端电压波形示意图。

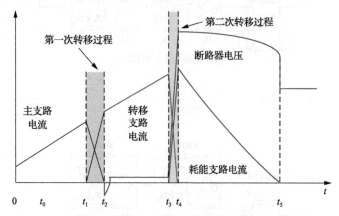

图 9-12　开断过程断路器两端电压及不同支路电流波形示意图

(1) $t_0 \sim t_1$ 短路电流上升阶段，如图 9-13(a)所示。短路电流上升，断路器接收到来自继保的动作信号时，给高速机械开关、半导体组件和磁耦合模块低压侧电路发出动作信号。由于高速机械开关动作延迟，此时额定电流仍然通过载流支路流通。

(2) $t_1 \sim t_2$ 电流转移阶段，如图 9-13(b)所示。高速机械开关接收到触发信号时，高速机构动作拉开触头，触头两端产生电弧。磁耦合转移模块收到信号后，磁耦合转移模块原边侧电路导通，预充电电容放电产生电流，耦合线圈的副边侧感应出负电压，短路电流开始由高速机械开关向固态开关支路快速转移。

(3) $t_2 \sim t_3$ 等待断口介质绝缘恢复阶段，如图 9-13(c)所示。当电流全部转移完成后，机械触头间的电弧熄灭，载流支路断开。短路电流全部流经固态开关支路，固态开关支路维持导通，等待机械断口介质绝缘恢复。

(4) $t_3 \sim t_4$ 固态开关支路关断阶段，如图 9-13(d)所示。当断口介质绝缘恢复到足够强度后，控制电力电子组件关断，建立起关断过电压使 MOV 导通，电流开始下降，最终电流降至零完成整个开断过程。

该断路器拓扑方案采用磁耦合电流转移原理，结合了机械开关良好的静态特性和电力电子器件优越的动态特性，主回路采用纯机械开关承担额定通流，正常工作损耗小，短时耐受能力强，断路器静态工作特性好，避免了传统的混合式直流断路器额定通流损耗高、水冷装置复杂的问题。

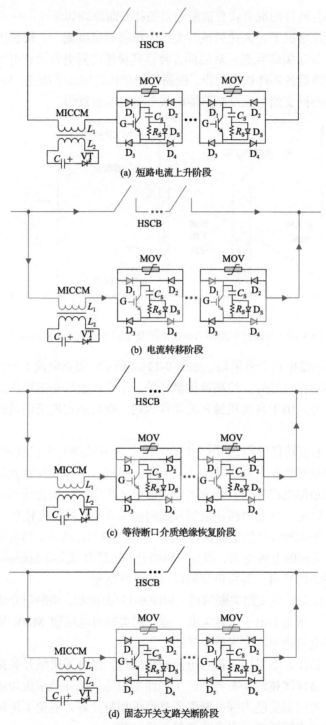

(a) 短路电流上升阶段

(b) 电流转移阶段

(c) 等待断口介质绝缘恢复阶段

(d) 固态开关支路关断阶段

图 9-13　基于磁耦合转移的混合式直流断路器开断过程

9.3.2　磁耦合转移的关键影响因素分析及优化设计

磁耦合电流转移模块作为所述混合式直流断路器电流转移的关键元件，其电流转移特性关系到整个断路器分断过程的成功与否。为建立磁耦合混合式仿真模型，需要先分析磁耦合模块关键应用确定磁耦合模块的参数。

1) 磁耦合转移模块对电流转移特性的影响

MICCM 的转移能力取决于模块原边的放电回路、原副边电感的耦合系数等因素。图 9-14 为磁耦合模块的实际电路结构，C 为原边预充电电容，VT 为晶闸管，用于在开断过程中控制电容放电。i_2 和 i_1 分别为 MICCM 原、副边的电流，u_C 为电容的预充电电压，k 为原副边耦合系数。

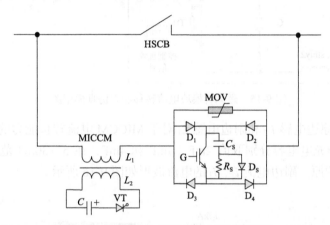

图 9-14　磁耦合电流转移能力测试电路图

显然，电容预充电电压 u_C 和耦合系数 k 越大，MICCM 的转移能力越强。然而，原边电流水平 i_2 对磁耦合转移模块的电流浪涌冲击和机械应力冲击有着直接的影响，在满足电流转移能力的要求下，应尽可能地降低原边电流水平。因此，需要对 MICCM 的转移能力进行优化，主要包括两个方面：①模块要有足够的电流转移能力；②i_2 应尽可能被限制在一个相对较低的水平。

以额定电流 2kA、故障电流上升率为 10A/μs 的 10kV 直流系统为例，评估 MICCM 电流转移能力。在具体仿真实例中，采用 5 组二极管桥式电力电子组件，其中，二极管（快恢复二极管 FYB2000-45-02）和 IGCT（6in IGCT CAC 4000-45-02）在换流过程中的导通压压降根据具体的型号确定，图 9-15 为 MATLAB/SIMULINK 中搭建的磁耦合模块电流转移能力仿真模型图。

如前所述，MICCM 的具体参数对模块电流转移特性具有重要的影响。因此，完成模型搭建后，利用仿真模型获取 MICCM 的具体参数，如原副边的电感 L_1、L_2、互感 M、耦合系数 k 等参数对模块电流转移特性的影响规律。

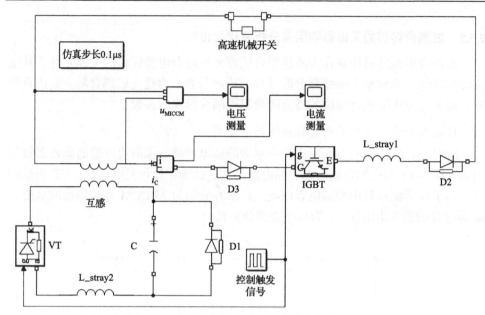

图 9-15　磁耦合模块电流转移能力仿真模型图

（1）不同原边电感 L_2 和副边电感 L_1 对于 MICCM 电流转移能力的影响。

首先，预充电电容分别取值 2mF、3mF 和 4mF，在 5～30μH 范围内改变 L_1 和 L_2，得到的原、副边电流 i_2、i_1 的电流波形如图 9-16 所示。

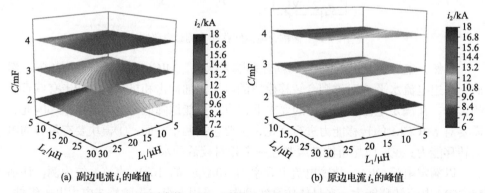

(a) 副边电流 i_1 的峰值　　　　　　(b) 原边电流 i_2 的峰值

图 9-16　不同容值 C 下，不同原、副边电感组合的电流波形

从图 9-16(a) 中可以看出，在不同电容值 C 下，转移电流 i_1 最大值时 L_1、L_2 的取值最优区间几乎不变，大致位于 L_1 为 7～10μH，L_2 为 24～30μH 的区域。此外，随着 C 从 2mF 变化到 4mF，i_1 的值有所增加。

从图 9-16(b) 可以看出，i_2 的峰变化几乎不受副边电感 L_1 的影响，与容值 C 的相关度也较小，但会随着 L_2 的增加而急剧下降。

（2）不同感应耦合系数对于 MICCM 电流转移能力的影响。

在电路中，常用耦合系数 k 表示两个线圈磁耦合的紧密程度，表达式如（9-2）所示。其中 M 为两个线圈之间的互感值，线圈间的互感值取决于两个耦合线圈的几何尺寸、匝数及它们之间的相对位置和磁介质。当磁介质是非铁磁性物质时，M 是常数。由于互感磁通是自感磁通的一部分，所以 $k \leqslant 1$。当 k 接近 0 时，为弱耦合；当 k 近似为 1 时为强耦合。

$$k = \frac{M}{\sqrt{L_1 \times L_2}} \tag{9-2}$$

为了确定耦合系数 k 对断路器分断性能的影响，取容值 $C = 3\text{mF}$，预充电电压为 1kV，仿真耦合系数 k 分别为 0.85、0.9 和 0.95 下的 MICCM 的电流转移情况，仿真结果图 9-17 所示。可以发现，L_1 和 L_2 的取值的最优区间不随 k 的变化而变化。此外，随着 k 的增加，i_1 和 i_2 均增加，但电流 i_2 的值增加不明显，i_1 的值却有明显增加，这十分有利于提高 MICCM 的电流转移能力。

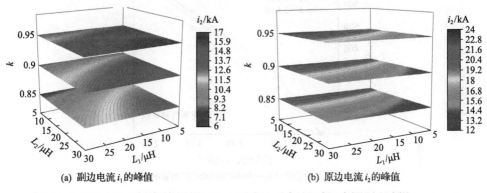

(a) 副边电流 i_1 的峰值　　　　　　　　　(b) 原边电流 i_2 的峰值

图 9-17　不同耦合系数 k 下，不同原、副边电感组合的电流波形

尽管提升耦合系数 k 会稍微提高原边电流，但其带来的电流转移能力的提升是显著的，能大大提升电流转移效率。因此在实际工程设计中，应优先保证耦合系数。

（3）原边预充电电容对于 MICCM 电流转移能力的影响。

原边电容器作为基于磁耦合转移的断路器分断方案中的唯一储能元件，其储能是电流转移动力的来源，也是影响断路器整体体积的关键因素之一。在设计原边电容时，需要考虑原边电容容值不能太大，否则原边电容体积过大，导致断路器整体体积偏大。

基于上述关键因素，对原边电容器展开了仿真研究。图 9-18 所示为不同电容容值和预充电电压对于 MICCM 电流转移能力、换流结束后 HSCB 两端电压及流经 HSCB 电流的电流下降率的影响，其中电容取值分别为 1.5mF、2mF、2.5mF，预充电电压分别为 1000V、1500V、2000V。

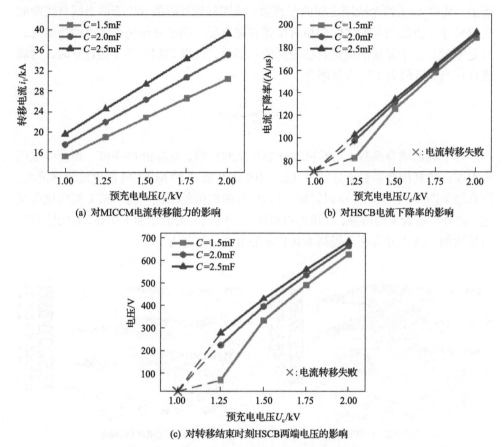

(a) 对MICCM电流转移能力的影响

(b) 对HSCB电流下降率的影响

(c) 对转移结束时刻HSCB两端电压的影响

图 9-18　不同电容容值、预充电电压对于 MICCM 电流转移能力、HSCB 电流下降率及电流转移结束 HSCB 两端电压的影响

图 9-18(a)可知，电流转移能力随着容值或预充电电压的增大而增大，即断路器的开断能力增强。流经 HSCB 电流的电流变化率代表电流转移速度，由图 9-18(b)(c)可知，随着 C 或 u_C 的增大，电流转移变快，但转移结束时刻 HSCB 两端的电压也随之增大，这可能会导致高速机械开关发生重击穿。因此，在对原边预充电电容进行参数设计时，应充分考虑转移性能及断口重击穿之间的权衡。

2) 磁耦合转移模块优化设计

(1)MICCM 的双向电流转移能力。针对磁耦合转移方案，如图 9-14 所示的磁耦合模块及其原边放电电路只能由于实现单方向的电流转移，而直流系统潮流可逆，要求断路器具备双向开断的能力，因此需要对磁耦合模块进行双向开断设计，如图 9-19 所示。通过对 MICCM 的原边放电电路进行桥式结构设计，晶闸管 VT_2 和 VT_3、VT_1 和 VT_4 分为两组，实际关断过程中控制 MICCM 电流转移的极性。

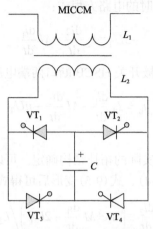

图 9-19　具备双向电流转移能力的 MICCM

　　(2) MICCM 的原边放电续流电路设计。如图 9-20 所示，二极管 V_D 用于对原边电感 L_2 的续流。在实际开断过程中，投入 MICCM 将电流从 HSCB 转移至电力电子组件。若没有续流二极管 V_D，则在 HSCB 电流过零时刻，由于 MICCM 原边放电电路电容 C 与原边电感 L_1 仍旧维持振荡状态，在原边电感 L_2 两端仍会感应出较高幅值的反压，电路方程如式(9-3)所示：

$$u_C = L_2 \frac{di_2}{dt} - M \frac{di_1}{dt} + 2U_T \tag{9-3}$$

式中，u_C 为电容电压；L_2 为原边电感；M 为耦合系数；U_T 为电力电子器件的导通压降。

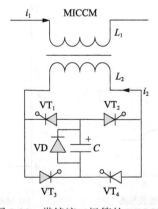

图 9-20　带续流二极管的 MICCM

相反，在电容两端反并联二极管能够在 MICCM 原边振荡电路电流达到峰值后，即预充电电容两端电压极性反向后被导通，为原边电感提供续流通道，同时将电容 C 短路，可以得到此时的电路方程式：

$$-3U_\mathrm{T}=L_2\frac{\mathrm{d}i_2}{\mathrm{d}t}-M\frac{\mathrm{d}i_1}{\mathrm{d}t} \tag{9-4}$$

在上述过程中，高速机械开关 HSCB 断口两端电压为式(9-5)：

$$u_\mathrm{b}=L_1\frac{\mathrm{d}i_1}{\mathrm{d}t}-M\frac{\mathrm{d}i_2}{\mathrm{d}t}+nU_\mathrm{T} \tag{9-5}$$

式中，u_b 代表断口两端电压。

电力电子器件数量根据实际的拓扑结构确定。可以发现，断口两端电压与原边电流变化率相关，将式(9-4)、式(9-5)变形后可得式(9-6)。

$$\begin{cases} \dfrac{\mathrm{d}i_2}{\mathrm{d}t}=\left(u_\mathrm{C}+M\dfrac{\mathrm{d}i_1}{\mathrm{d}t}-2U_\mathrm{T}\right)\Big/L_2 \\[3mm] \dfrac{\mathrm{d}i_2}{\mathrm{d}t}=\left(M\dfrac{\mathrm{d}i_1}{\mathrm{d}t}-3U_\mathrm{T}\right)\Big/L_2 \end{cases} \tag{9-6}$$

由于高速机械开关断口过零后，鞘层发展需要一定时间才能够建立足够的绝缘强度，因而这样的反压施加在断口两端可能会造成断口重击穿，引起开断失败。通过对比可以发现，在没有二极管续流的情况下的 $\mathrm{d}i_2/\mathrm{d}t$ 会更高，导致断口两端的反向电压幅值更高，更容易引起 HSCB 电流过零后断口的重击穿，如图 9-21 (a)(b)所示为有无二极管续流情况下 HSCB 两端电压波形图，其中 i、i_S、i_1、i_2、i_3 分别为系统电流、载流支路电流、MICCM 副边电流、MICCM 原边电流和电力电子组件电流。可以发现，MICCM 有续流二极管的情况下 HSCB 电流过零后其两端负压值明显减小，有利于提高断路器开断的可靠性。

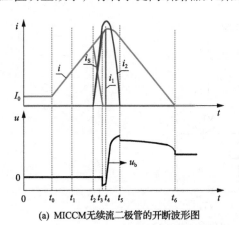

(a) MICCM无续流二极管的开断波形图

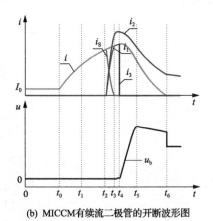

(b) MICCM有续流二极管的开断波形图

图 9-21　有无二极管续流情况下波形图对比

9.3.3　基于磁耦合转移的混合式直流断路器开断特性仿真计算

在上述关键组件建模的基础上，结合前述基于磁耦合的混合式直流断路器拓扑图，在 Simulink 中根据上文中所示的磁耦合混合式拓扑结构图进行磁耦合混合式拓扑结构的仿真计算。

1）短路电流分断

针对磁耦合转移的混合式拓扑结构，以 500kV 混合式直流断路器为例，建立仿真模型，如图 9-22 所示。

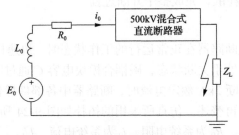

图 9-22　短路电流分断仿真模型示意图

仿真模型采用直流电源的方式，10kA 短路电流分断的电流电压仿真波形如图 9-23 所示。此时，截流时间小于 2ms，全电流开断时间小于 3ms。

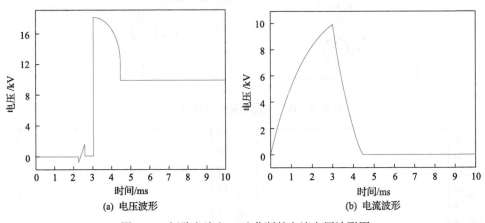

(a) 电压波形　　　　　　　　　　(b) 电流波形

图 9-23　短路电流（10kA）分断的电流电压波形图

混合式直流断路器在正常运行的工作状态时，快速机械开关处于合闸状态，电力电子组件处于关断状态，磁耦合模块电容通过隔离供能变压器预先充有初始电压。10kA 短路电流分断具体过程如下。

（1）系统发生故障短路电流上升，断路器检测到故障控制发出短路关断信号时，直流断路器的控制保护系统即刻向快速机械开关发出分闸命令。

(2)高速机构、转移回路和磁耦合转移回路接收到动作信号后同时动作：高速机构接收到触发信号时，触发高速机构动作拉开；磁耦合模块收到信号时，磁耦合转移回路中晶闸管导通，预充电电容放电在回路里产生电流，互感器副边感应出负压；固态开关支路接收到信号时，触发电力电子组件导通，在磁耦合转移模块的负压作用下，电流由高速开关转移至固态开关支路。

(3)电流转移完成后，机械开关断开，电流全部通过固态开关支路流通，固态开关支路维持导通等待断口建立可靠绝缘。

(4)当断口介质绝缘恢复后，控制电力电子组件关断，过电压使 MOV 导通，系统能量通过 MOV 耗散，完成整个开断过程。

2)额定电流分断

当本混合式直流断路器在正常运行的工作状态时，快速机械开关 K 处于合闸状态，电力电子组件处于关断状态，磁耦合模块电容 C 通过隔离供能变压器预先充有初始电压。在分断 2kA 额定电流时，断路器中各部件操作逻辑与短路电流分断相差不大，此处不再赘述。仿真所采用的拓扑如图 9-24 所示，图中 U_P 为系统电压，L_0 为系统电感，R_0 为系统电阻，i_0 为系统电流，U_{Load} 为负载电压。额定电流分断的电流电压仿真波形如图 9-25 所示，图中 U_b 为直流断路器两端电压，i_s

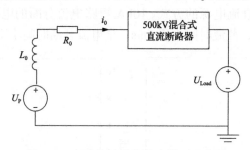

图 9-24　额定电流分断仿真模型示意图

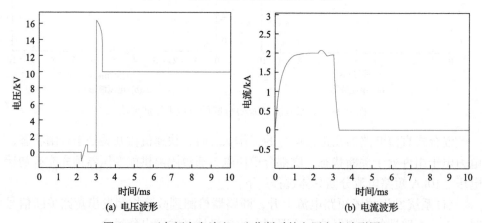

(a) 电压波形　　　　　　　　　　(b) 电流波形

图 9-25　正向额定电流(2kA)分断时的电压电流波形图

为系统线路电流。此时，截流时间小于 1ms，全电流开断时间小于 2ms，直流断路器端间暂态恢复电压峰值 16.4kV。

9.4　基于弧压增强转移的混合式直流断路器

9.4.1　基于弧压增强转移的混合式开断原理

1）拓扑结构

在 9.3 节介绍的基于磁耦合转移的混合式直流开断方案的基础上进一步对开断方案进行优化，作者研究团队开展了基于弧压增强转移的新型直流开断方案研究。其拓扑结构如图 9-26 所示，主要包括主开关支路、电力电子开关支路及外部磁场激励电路。

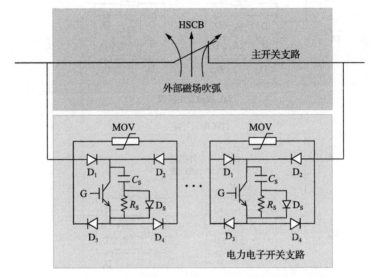

图 9-26　基于弧压增强转移的混合式直流断路器拓扑结构

其中，主开关支路作为断路器中的载流支路主要由多个高速机械开关或液态金属开关等串并联组成，电力电子开关支路由多个半导体组件串并联组成，以满足系统中高压需求。基于弧压转移的混合式直流断路器是通过高速机械开关或液态金属开关在开断过程中于载流支路建立起一定电压降，利用该电压实现载流支路与电力电子开关支路间的电流转移。

在本节介绍的断路器方案中，主开关支路采用高速机械开关，通过外部横向磁场调控电弧，大幅提升电弧电压，实现电流由载流支路机械开关往电力电子开关的快速转移，而电力电子开关支路中的半导体组件采用与 9.2 节相似的二极管桥式拓扑结构，但采用外并联 RCD 缓冲和保护回路，同样可实现故障大电流的快速关断，完成故障清除。

2）工作原理

结合图 9-27 和图 9-28 对所提出的混合式直流开断方案的工作原理进行详细介绍：图中，U_P 为系统电压，L_s 为系统电感，R_s 为系统电阻，HSCB 为高速机械开关，C 为磁场发生电路中的电容，D 为磁场发生电路中二极管，T_r 为磁场发生电路中晶闸管，D_1、D_2、D_3 和 D_4 为半导体组件中的整流桥二极管，G 为 IGBT，MOV 为避雷器。

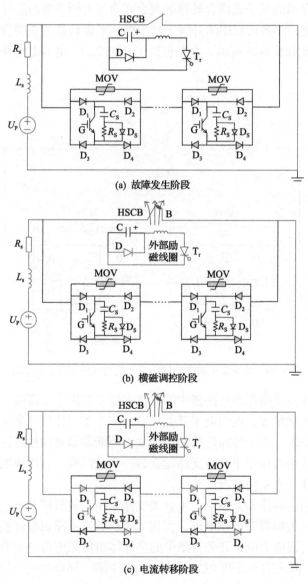

(a) 故障发生阶段

(b) 横磁调控阶段

(c) 电流转移阶段

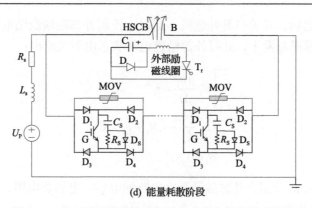

(d) 能量耗散阶段

图 9-27　基于弧压增强转移的混合式直流断路器开断原理

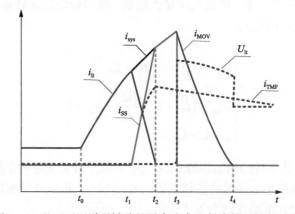

图 9-28　基于弧压增强转移的混合式直流断路器开断原理波形

（1）在正常状态下，系统额定电流由高速机械开关承载，整个系统的电路方程如下：

$$U_P = i_s \cdot R_s \tag{9-7}$$

式中，R_s 为负载电阻。

（2）如图 9-26（a）所示，系统在时刻 t_0 发生短路故障后，等效为负载发生短路，此时电流迅速上升，系统状态由式（9-8）给出：

$$\begin{cases} U_P = i_S(t) \cdot R_f + (L_S + L_h)\dfrac{\mathrm{d}\,i_S(t)}{\mathrm{d}\,t} \\ i_S(t_0) = \dfrac{U_P}{R_l} \end{cases} \tag{9-8}$$

式中，R_f 为负载短路后系统回路的等效电阻；L_h 为高速机械开关支路杂散电感。

（3）在时刻 t_1，故障电流达到控制系统的整定值后，控制高速机械开关动作，在一定机械延迟后，开关打开并燃弧。同时，控制外部磁场激励电路中的晶闸管导通，激励外部磁场发生，此时外部励磁电路状态由下式给出：

$$\begin{cases} C_t \dfrac{\mathrm{d}u_t}{\mathrm{d}t} = i_t \\[2mm] L_t \dfrac{\mathrm{d}i_t}{\mathrm{d}t} + i_t R_t + u_t = 0 \\[2mm] i_t(0) = 0 \end{cases} \tag{9-9}$$

式中，L_t、C_t 和 R_t 分别为外部磁场激励电路的电感、电容和电阻；u_t 为电容两端电压；i_t 为励磁电流。

在外部磁场的调控下，电弧电压显著增加，故障电流快速转移，如图 9-27(b) 所示，电路状态由下式给出：

$$\begin{cases} U_p - U_{arc} = i_0 \cdot R_f + L_S \dfrac{\mathrm{d}i_0}{\mathrm{d}t} \\[2mm] U_{arc} - (L_h + L_G) \dfrac{\mathrm{d}i_{SS}}{\mathrm{d}t} - U_d = 0 \\[2mm] i_0 = i_r + i_{SS} \end{cases} \tag{9-10}$$

式中，U_d 为半导体组件的通态压降；L_G 为电力电子开关支路的杂散电感。

(4) 故障电流往半导体组件转移之后，在时刻 t_2，机械开关支路的电流过零，如图 9-27(c) 所示，电路状态由下式给出：

$$U_p = i_S(t) \cdot R_f + (L_S + L_h) \dfrac{\mathrm{d}i_S(t)}{\mathrm{d}t} + U_d \tag{9-11}$$

在外部横磁发生电路中，当预充电电容 C_h 的电压下降至零，电流上升至峰值，此时，二极管导通开始续流过程，该过程的电流由下式给出：

$$i_t \cdot R_t + L_t \dfrac{\mathrm{d}i_t}{\mathrm{d}t} = 0 \tag{9-12}$$

根据能量守恒定律可得

$$\frac{1}{2} C_t U_t^2 = \frac{1}{2} L_t I_h^2 \tag{9-13}$$

结合式(9-12)和式(9-13)，可得

$$I_h = \sqrt{\frac{C}{L_t}} U_h \tag{9-14}$$

　　由此可以通过改变预充电电容的电压来调整峰值电流，进而控制生成的外部磁场的强弱，从而对电弧电压进行较为精确地调控。

　　(5) 在 t_3 时刻，故障电流通过半导体组件中的电力电子器件进行关断，之后电流换流至 MOV，如图 9-27(d) 所示，故障能量被耗散，系统的电路状态由下式给出：

$$E_S - U_{MOV} = i_0 \cdot R_f + L_S \frac{\mathrm{d}i_0}{\mathrm{d}t} \tag{9-15}$$

　　(6) t_4 时刻系统电流下降至零，完成故障电流开断。

　　根据上述过程分析，可以看出基于弧压增强转移的新型混合式断路器通过外部磁场调控真空电弧，提升断口电弧电压，实现了故障电流的快速转移，具有以下优势：

　　(1) 仅通过机械断口结合调控方法实现电流的快速转移，不需要负载转移开关或磁耦合等额外辅助转移器件，通态损耗低，成本体积大幅优化。

　　(2) 开断过程不需要判定电流方向，时序控制简单，开断可靠性高。

　　(3) 当断口燃弧时，电流就被快速换流至电力电子开关支路，保证了机械开关支路中的低电弧电流水平和低电流变化率，提升了断口的弧后介质恢复特性，提高了开断可靠性。

9.4.2　断口电弧电压提升方法

　　对于真空断口，其电弧电压保持在一个较小的值。随着触头开距增加，电弧电压略有增加，并达到峰值，接着随着电流换流过程的推进，电弧电压随着电弧电流的减少而略微降低。在整个燃弧过程中，电弧电压是相对稳定的，而且电弧电压建立之后，电流就从主开关支路向电力电子开关支路转移。然而，由于电弧电压相对较低，转移电流随着电弧电压的降低而达到饱和，需要更长的时间完成电流转移，降低了高速机械开关的可靠性。整个过程的电路方程由下式给出：

$$U_{arc} = (L_h + L_G) \frac{\mathrm{d}i_G}{\mathrm{d}t} + U_d \tag{9-16}$$

式中，U_{arc} 为电弧电压；U_d 为半导体组件的通态压降；L_h 和 L_G 分别为主开关支路和电力电子开关支路的杂散电感，U_d、L_h、L_G 为常数。

　　则可以获得转移电流 i_G 为

$$i_G(t) = \frac{\int_{t_0}^{t} U_{arc} \mathrm{d}t - U_d(t - t_0)}{(L_h + L_G)} \tag{9-17}$$

　　因此，电弧电压在燃弧过程随时间的积分量对转移电流有着重要影响，是电流转移能力的主要因素。

　　图 9-29 给出了有和无外部横磁作用下的电流换流过程和电弧电压波形。图 9-30 给出了有和无外部横磁作用下的电弧电压细节对比。为了消除触头自激磁场的影响，采用对接触头进行实验验证。

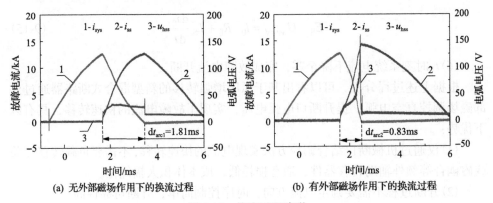

图 9-29　换流过程波形

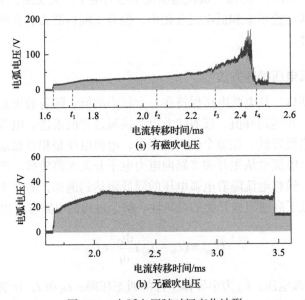

图 9-30　电弧电压随时间变化波形

　　为了更形象地认识电弧电压受磁场的影响作用，图 9-31 给出了外部磁场作用下的电弧运动瞬间。

　　在 t_0 时刻，电弧在触头左侧边缘起弧。接着 t_1 时刻，在外部磁场的作用下，电弧被驱动至触头右侧，如图 9-31（a）所示。从 t_1 时刻至 t_2 时刻，电弧的长度接近

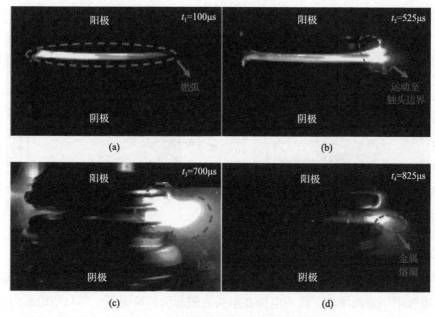

图 9-31　外部磁场作用下的电弧运动瞬间

触头开距，此时电弧电压与无外部磁场作用时没有区别，如图 9-31(b)所示。从 t_2 时刻至 t_3 时刻，由于触点限制的消除，电弧大大延长，电弧电压急剧增加，同时也加快了故障电流的转移，如图 9-31(c)所示。但从 t_3 时刻至 t_4 时刻时，电弧进一步拉伸，电弧接近极限状态，电弧电压快速增大。在电弧拉伸状态下，电弧电压主要由电弧长度决定，而非电弧电流。因此，尽管电弧电流持续转移至电力电子开关支路，电弧电压仍不断增加。在 t_4 时刻，出现了 HSCB 的电流过零点，如图 9-31(d)所示。同时还可以注意到，在触点外还存在由电弧拉伸引起的金属液滴飞溅。

9.4.3　电流转移特性分析

1) 电流转移特性的分散性分析

本小节将针对弧压增强转移式直流开断方案分析电流转移特性及其关键影响因素。对于弧压增强转移式方案，受起弧点和电弧形状的影响，电弧电压存在一定的波动性，导致转移特性存在一定的分散。为了评估该断路器方案的电流转移分散性，在相同的参数下，采用 15kA 电流进行了多次实验。转移时间和电流过零前的 $\mathrm{d}i/\mathrm{d}t$ 分布如图 9-32 所示。

如图 9-32(a)所示，转移时间主要在 0.81ms 至 1.24ms 范围内，平均转移时间为 0.92ms。但是，注意到转移时间在该范围内分布不均匀，集中在 0.85ms 和 1.20ms 左右的两个区域。这种现象可以用电弧起弧点的不同来解释：根据图 9-31 所示的电弧运动瞬间图像，电弧运动穿过触头大约需要 400μs，这正好是两个集中区域的时间差。

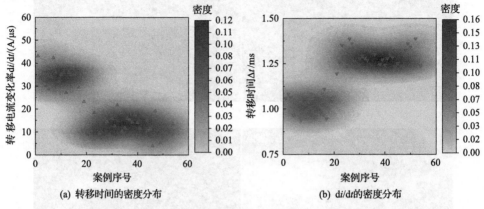

(a) 转移时间的密度分布　　　　　　　　　　(b) d*i*/d*t*的密度分布

图 9-32　基于外部磁场的弧压增强式电流转移特性的分散性

当电弧在触头的左侧起弧时，也就是与洛伦兹力相同的方向，电弧立即被拉伸，电弧电压急剧增加。而当电弧在触头右侧起弧的情况下，即与洛伦兹力相反的方向，电弧在被拉伸之前需要穿过触头表面，这导致了转移时间的增加。经过反复实验，电弧的起弧点是相对固定的。因此，转移时间集中在这两个区域。

如图 9-32(b) 所示，d*i*/d*t* 分布在 15A/μs 至 55A/μs 的范围内，相应地，集中在 20A/μs 和 45A/μs 两个区域。值得注意的是，d*i*/d*t* 与转移时间密切相关。在转移时间短的情况下，d*i*/d*t* 的分布密度大约是较长转移时间的两倍。虽然转移时间和 d*i*/d*t* 都集中在两个区域，但两者在分开的区域都表现出良好的稳定性。

2) 电流转移特性的影响因素分析

(1) 机械开关的动作速度。为了具体评估机械开关动作速度对电流转移特性的影响，图 9-33 给出了在不同动作速度下的电流转移特性。

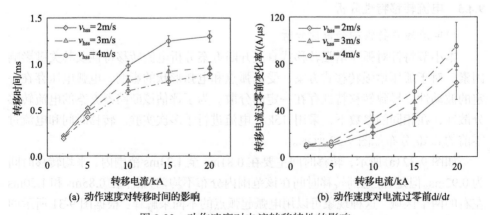

(a) 动作速度对转移时间的影响　　　　　　(b) 动作速度对电流过零前d*i*/d*t*

图 9-33　动作速度对电流转移特性的影响

如图 9-33（a）所示，快速机械开关的动作速度的增加有效地缩短了转移时间，并且转移电流增大了快速机械开关的动作速度的影响。在 2kA 的情况下，随着快速机械开关的动作速度的增加，转移时间减少到 86.4%（从 0.22ms 到 0.19ms），而在 20kA 的情况下，该百分比为 68.5%（从 1.3ms 到 0.89ms）。此外，给定具有 2m/s 快速机械开关动作速度的转移特性，可以得出快速机械开关动作速度需要超过特定阈值以满足实际断路器的需求。

在快速机械开关速度相同的情况下，转移时间随着电流从 2kA 到 10kA 几乎线性增加。然而，当电流大于 10kA 时，转移时间达到饱和。以 V_{hss}=3m/s 的情况为例，电流从 5kA 到 10kA 时，转移时间增加 230μs。然而，从 15kA 到 20kA，只增加了 50μs。通过对电弧特性的分析，当转移时间超过 500μs 时，电弧电压将迅速上升，大大加快了换向过程。因此，当换向电流超过 10kA 时，转移时间几乎不增加。

快速机械开关速度对 di/dt 的影响如图 9-33（b）所示。从图中可以看出，di/dt 与转移时间密切相关，因此，在相同电流下，快速机械开关速度的增加本质上提高了 di/dt。在电流低于 5kA 时，di/dt 几乎保持不变，因为转移时间随电流线性增加。然而，当电流超过 10kA 时，di/dt 呈指数上升，这是由较大电流下的转移时间过短引起的。

（2）外部横向磁场强度。对于给定的断口结构，断口磁吹强度主要由激发磁场的励磁电流决定。图 9-34 给出了采用 5kA、7kA 和 9kA 三种不同励磁电流进行了实验，换向电流从 2kA 到 20kA 不等。

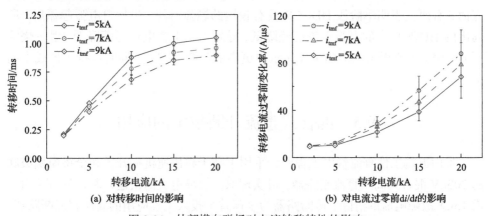

(a) 对转移时间的影响　　　　　　　(b) 对电流过零前di/dt的影响

图 9-34　外部横向磁场对电流转移特性的影响

在图 9-34 中给出了外部横向磁场强度对转移特性的影响。与不同快速机械开关速度下的情况相比，外部横向磁场对转移时间的影响较小。以 20kA 转移电流为例，转移时间减少至 85.2%（从 0.92ms 减少到 1.08ms），而在不同快速机械开关速度的情况下，转移时间百分比为 68.4%。由于转移时间的分散性较低，在不同的外部横向磁场电流下 di/dt 的分散性相对较小。

　　基于上述分析，可以确定转移特性的分散性对于实际的断路器工况是可接受的。而且，对于所提出的断路器方案的优化设计可以有一条建议：由于快速机械开关速度的增加对电流转移特性有显著的影响，所以快速机械开关的质量应该减少。为了满足快速换向的要求，提高快速机械开关速度是一种很有前途的解决方案。

　　然而，由过短的转移时间引起的高 di/dt 决定了快速机械开关速度的上限。为了评估所提出的混合式直流断路器的电流转移特性，表 9-4 中比较了传统的机械式直流断路器(mechanical direct current circuit breaker，MDCCB)、基于 MICCM 的混合式直流断路器(hybrid direct current circuit breaker，HDCCB)、单阶段混合式直流断路器以及所提出的 HDCCB。

表 9-4　不同断路器的电流转移特性对比

参数	MDCCB	基于 MICCM 的 HDCCB	单阶段 HDCCB	提出的 HDCCB
转移电流	20kA	20kA	10kA	15kA
转移时间	100μs	100μs	70μs	0.8ms
燃弧时间	1.3ms	1.2ms	0.6ms	0.8ms
过零前 di/dt	200A/μs	200A/μs	142A/μs	20~50A/μs

　　所提出的混合式直流断路器的平均 di/dt 明显低于其他断路器。在转移时间方面，有研究表明单阶段 HDCCB 具有较短的燃弧时间。虽然自电弧起弧后，所提出的 HDCCB 中的电弧电流已经降低，导致平均电弧电流显著降低，触头烧蚀更弱。因此，所提出的 HDCCB 显示出更高的开断可靠性，同时保持了低成本的优势。

9.5　混合式直流开断技术的应用

　　舟山五端柔性直流输电工程中，采用了基于超快速机械开关和全桥模块级联的 200kV 混合式高压直流断路器，可实现双向故障电流的快速开断，在 3ms 内完成 15kA 故障电流的清除。该断路器为全球首个投入工程应用的高压直流断路器，整体技术水平达到了国际领先。

　　张北可再生能源柔性直流电网试验示范工程是世界上首个具有网络特性的直流电网工程，工程核心技术和关键设备均为国际首创。其中，作为工程骨干设备之一的高压直流断路器，其设计、研发、制造、应用等方面取得了重大突破。工程采用了 4 台 500kV 高压直流断路器，可在 3ms 内完成 25kA 故障电流开断，并且能够快速可靠实现故障线路的隔离及重合。

南方电网南澳多端柔直工程采用了基于耦合式高频人工过零技术的 160kV 机械式高压直流断路器，具备双向直流电流快速开断能力，控制简单，可靠性高，可在 3.5ms 内完成 9kA 峰值故障电流的快速开断。该断路器为我国首台完全自主研制的用于柔性直流输电系统中的机械式高压直流断路器装备，且占地面积仅为 34m^2，技术经济性优势突出。

9.5.1　混合式直流断路器在高压领域的应用

ABB 公司基于 IGBT 串联技术提出了混合式直流断路器的拓扑结构，如图 9-35 所示，并成功研制出世界第一台 320kV 混合式直流断路器。

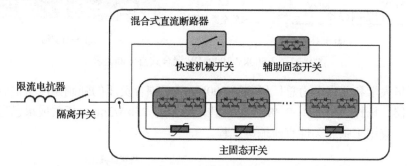

图 9-35　ABB 公司提出的典型拓扑结构

国内关于高压直流断路器的研究工作也快速展开。国网联研院研制出 ±200kV 混合直流断路器，其实物如图 9-36 所示，目前，该拓扑结构的直流断路器已在舟山五端柔直工程中挂网运行并实现带电投退保护跳闸等功能。

图 9-36　基于 H 型全桥拓扑结构的 ±200kV 直流断路器实物

国网联研院牵头研制了±500kV/3000MW 的混合式直流断路器，采用了基于电力电子关断转移的拓扑结构，如图 9-37（a）所示，其样机实物如图 9-37（b）所示。目前已经通过验证性实验，应用于张北柔性直流输电工程中。

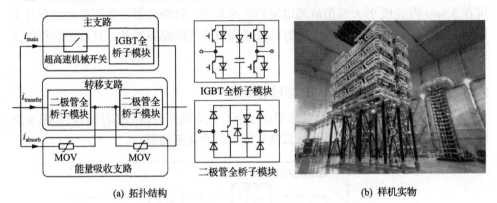

(a) 拓扑结构　　　　　　　　　　　　　　　(b) 样机实物

图 9-37　±500kV/3000MW 混合式直流断路器

清华大学和北京电力总厂研制了 500kV 基于耦合负压的强制换流型混合式直流断路器，拓扑结构如图 9-38 所示，其开断能力 25kA/3ms，相关成果已通过实验验证，应用于张北柔性直流输电工程。

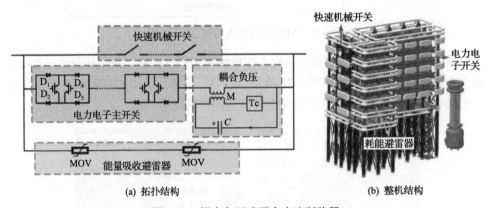

(a) 拓扑结构　　　　　　　　　　　　　　　(b) 整机结构

图 9-38　耦合负压式混合直流断路器

9.5.2　混合式直流断路器在中压领域的应用

混合式直流断路器在中压领域应用的拓扑结构区别主要体现在实现载流支路与固态开关支路间电流转移方式的不同。基于上述提出的混合式直流断路器方案，在中压直流领域研制了样机并获得应用。其中，作者所在团队研制了 10kV/10kA 的基于磁耦合转移的混合式直流断路器、10kV/15kA 的基于弧压增强转移的混合式直流断路器，样机实物图如图 9-39 所示。

(a) 10kV/10kA基于磁耦合转移的IGCT
混合式直流断路器

(b) 10kV/15kA基于弧压增强转移的IEGT
混合式直流断路器试验现场图

图 9-39 混合式直流断路器样机实物

目前,基于磁耦合转移的 10kV/10kA 混合式直流断路器已经应用于南方电网,基于弧压增强转移的 10kV/15kA 混合式直流断路器已经成功应用于国网江苏直流配电示范工程。

参 考 文 献

黄瑜珑, 温伟杰, 刘卫东. 2016. 一种适用于混合式直流断路器的电流转移装置及方法: 中国, CN201510368753.2.

李亚男, 蒋维勇, 余世峰, 等. 2014. 舟山多端柔性直流输电工程系统设计. 高电压技术, 40(8): 2490-2496.

刘宾礼, 罗毅飞, 肖飞, 等. 2017. 适用于器件级到系统级热仿真的 IGBT 传热模型. 电工技术学报, 32(13): 1-13.

纽春萍, 魏源, 吴翊, 等. 2020. 基于电容预充电转移的双向混合式直流断路器及开断方法: 中国, 2019107319928.

裘鹏, 黄晓明, 王一, 等. 2018. 高压直流断路器在舟山柔直工程中的应用. 高电压技术, 044(2): 403-408.

荣命哲, 孙昊, 吴益飞, 等. 2014. 一种用于三分频输电系统的低频断路器: 中国, 2012104982946.

荣命哲, 吴益飞, 纽春萍, 等. 2015. 一种高压混合式直流断路器: 中国, 2013100497518.

荣命哲, 吴益飞, 吴翊, 等. 2020. 一种电磁斥力开关的触头磁吹方法及开关系统: 中国, 2018108309083.

荣命哲, 吴翊, 吴益飞, 等. 2019. 一种磁脉冲感应转移式直流断路器及其使用方法: 美国, 15493287.

沙彦超, 蔡巍, 胡应宏, 等. 2019. 混合式高压直流断路器研究现状综述. 高压电器, 55(9): 64-70.

申海东, 解江, 吴雪珂, 等. 2018. 考虑热效应的 IGBT 热网络模型建模方法. 半导体技术, 43(12): 898-904.

申越, 郑雪峰, 程玉华. 2017. 基于 Saber 的 IGBT 模块电热联合仿真的研究. 西安: 西安电子科技大学硕士学位论文.

汤广福, 王高勇, 贺之渊, 等. 2018. 张北 500kV 直流电网关键技术与设备研究. 高电压技术, 44(7): 2097-2106.

温伟杰, 黄瑜珑, 吕纲, 等. 2016. 应用于混合式直流断路器的电流转移方法. 高电压技术, 42(12): 4005-4012.

吴益飞, 荣命哲, 杨飞, 等. 2019. 磁感应转移和电阻限流相结合的直流断路器及其使用方法: 中国, 2016110053112.

吴益飞, 吴翊, 荣命哲, 等. 2018. 强制电流转移电路及其电流转移方法: 中国, 2015109158617.

吴益飞, 吴翊, 杨飞, 等. 2019. 一种基于桥式感应转移直流断路器及其使用方法: 中国, 2016109973072.

吴益飞, 吴翊, 杨飞, 等. 2020. 半导体组件及其控制方法: 中国, 2019103322936.

吴益飞, 杨飞, 荣命哲, 等. 2018. 一种磁耦合换流式转移电路及其使用方法: 中国, 201610854252X.

吴翊, 荣命哲, 吴益飞, 等. 2014. 混合式直流断路器: 中国, 2012104982611.

吴翊, 荣命哲, 吴益飞, 等. 2015. 一种混合式直流断路器: 中国, 2013100491206.

吴翊, 荣命哲, 吴益飞, 等. 2019. 一种磁感应电流转移模块及其电流转移方法: 中国, 2017104221365.

杨飞, 荣命哲, 吴益飞, 等. 2014. 一种双向分断的混合式断路器: 中国, 2013100483854.

杨飞, 吴翊, 荣命哲, 等. 2019. 一种具有桥式感应转移结构的混合式断路器及其使用方法: 中国, 2016109933304.

张翔宇, 余占清, 黄瑜珑, 等. 2018. 500kV 耦合负压换流型混合式直流断路器原理与研制. 全球能源互联网, 1(4): 413-422.

Callavik M, Blomberg A, Häfner J, et al. 2012. The hybrid HVDC Breaker. ABB Grid Systems Technical Paper, 361: 143-152.

Chen F L, Pan X J, Zeng H, et al. 2019. Study on Performance Optimization of IGCT Device for DC Circuit Breaker. 2019 5th International Conference on Electric Power Equipment-Switching Technology (ICEPE-ST). Kitakyushu, Japan: IEEE: 358-363.

Chen H, Yang J, Xu S. 2020. Electrothermal-Based Junction Temperature Estimation Model for Converter of Switched Reluctance Motor Drive System. IEEE Transactions on Industrial Electronics, 67(2): 874-883.

Gao C. 2020. Stray Inductance Extraction Method Based on Interrupting Transient Process for Power Electronic Component in Hybrid DC Circuit Breaker. Proceedings of the 16th International Conference on AC&DC Power Transmission.

Li M, Guo P C, Wang Y F, et al. 2020. Radiation Characteristics of Internal Fault Arc in an Enclosed Tank. High Voltage Engineering.

Li M, Wu Y F, Wu Y, et al. 2017. Experimental and theoretical investigation on radiation loss for a fault arc between different material electrodes in an enclosed air Tank, 48. Journal of Physics D: Applied Physics, 50(48): 485205.

Li M, Zhang J P, Hu Y, et al. 2016. Simulation of Fault Arc Based on Different Radiation Models in a Closed Tank. Plasma Science and Technology, 18(5): 549.

Lutz, Schlangenotto, Scheuermann, et al. 2011. Semiconductor Power Devices. Berlin, Heidelberg: Springer Berlin Heidelberg.

Wu Y F, Guo J H, Yang F. 2018. Analysis of the motion characteristics of the high speed repulsion mechanism of DC fast Switch. High Voltage Engineering, 44(5): 1641-1650.

Wu Y F, Hu Y, Wu Y, et al. 2018. Investigation of an Active Current Injection DC Circuit Breaker Based on a Magnetic Induction Current Commutation Module. IEEE Transactions on Power Delivery, 33(4): 1809-1817.

Wu Y F, Ren Z G, Yang F, et al. 2016. Analysis of fault arc in High-speed switch applied in hybrid circuit Breaker. Plasma Science and Technology, 18(3): 299.

Wu Y F, Rong M Z, Wu Y, et al. 2015. Investigation of DC hybrid circuit breaker based on High-speed switch and arc Generator. Review of Scientific Instruments, 86(2): 024704.

Wu Y F, Rong M Z, Wu Y, et al. 2018. Experimental and theoretical study of decay and Post-arc phases of a SF6 transfer arc in DC hybrid Breaking. Journal of Physics D: Applied Physics, 51(21): 215204.

Wu Y F, Su Y, Han G Q, et al. 2017. Research on a novel bidirectional direct current circuit Breaker. 2017 4th International Conference on Electric Power Equipment-Switching Technology (ICEPE-ST). Xi'an: IEEE: 370-374.

Wu Y F, Wu Y, Rong M Z, et al. 2014. Research on a novel Two-stage direct current hybrid circuit Breaker. Review of Scientific Instruments, 85(8): 084707.

Wu Y F, Wu Y, Rong M Z, et al. 2019. Development of a Novel HVdc Circuit Breaker Combining Liquid Metal Load Commutation Switch and Two-Stage Commutation Circuit. IEEE Transactions on Industrial Electronics, 66(8): 6055-6064.

Wu Y F, Yi Q, Wu Y, et al. 2019. Research on Snubber Circuits for Power Electronic Switch in DC Current Breaking. 2019 14th IEEE Conference on Industrial Electronics and Applications (ICIEA). Xi'an, China: IEEE: 2082-2086.

Wu Y, Hu Y, Rong M Z, et al. 2017. Investigation of a magnetic induction current commutation module for DC circuit Breaker. 2017 4th International Conference on Electric Power Equipment-Switching Technology (ICEPE-ST). IEEE: 415-418.

Wu Y, Rong M Z, Zhong J Y. 2018. Medium and high voltage DC breaking Technology. High Voltage Engineering, 44 (2): 337-346.

Xiao Y, Peng S, Wu Y, et al. 2021. Analysis of the Energy Dissipation Characteristic in an MMC-Based MVDC System with the Liquid Metal Current Limiter. IEEE Journal of Emerging and Selected Topics in Power Electronics.

Xiao Y, Wu Y, Wu Y, et al. 2020. Study on the Dielectric Recovery Strength of Vacuum Interrupter in MVDC Circuit Breaker. IEEE Transactions on Instrumentation and Measurement, 69 (9): 7158-7166.

Yi Q, Wu Y F, Zhang Z H, et al. 2020. Low-cost HVDC circuit breaker with high current breaking capability based on IGCTs. IEEE Transactions on Power Electronics.

Yi Q, Yang F, Wu Y F, et al. 2020. Snubber and Metal Oxide Varistor Optimization Design of Modular IGCT Switch for Overvoltage Suppression in Hybrid DC Circuit Breaker. IEEE Journal of Emerging and Selected Topics in Power Electronics.

Zhuang W B, Wu Y, Wu Y F, et al. 2020. An IGBT junction temperature evaluation model for DC interruption Application. Proceedings of the 16th International Conference on AC&DC Power Transmission.

W. L. L. L., W., L. et al. 2016. Research on parallel IGBTs for direct current circuit breaker, research on
2016 International conference on future. Edinburg and Automation, ICFA, Wu Lu, et al. IGBT series valves,
Z. L. L., et al. 2017. Investigation of series connected technology for direct current breaker in VSC

第 10 章　阻尼式直流开断技术

目前，高压直流开断的技术路线主要包括机械式和混合式两种，对于不同的电压等级及应用需求，两种方案各有优势。例如南澳岛 160kV 高压直流系统采用机械式方案，舟山 200kV 采用了混合式方案，张北 500kV 高压直流系统采用了混合式和机械式。随着直流电网的电压等级进一步提升以及未来系统容量的增加，无论是机械式或者混合式方案，现有高压直流断路器技术水平都已经达到极限。对于机械式方案来说，小电流开断时间长、快速重合闸困难等瓶颈问题仍然难以突破，限制了该方案开断性能的提升，且其成本随着重合闸次数的增加显著提升；对于混合式方案来说，其转移支路需要大量的全控型电力电子器件，随着开断电流需求提升，将会造成成本进一步增大。因此，不论是机械式还是混合式，快速开关断口间隙的弧后绝缘恢复特性已成为决定开断成功与否的关键共性问题，但目前方案都使用了大量的机械开关断口串联，这极大降低了开断可靠性。

随着现代电力电子技术的发展，IGCT、IETO 等新型全控型电力电子器件在直流开断中的应用不断深入，已经成为提升高压直流断路器开断容量和可靠性，降低高压直流断路器成本的重要途径。此外，单台 500kV 高压直流断路器的造价非常昂贵，高昂成本显然难以满足未来多端直流电网的规模化应用需求。因此，必须从本质上改变现有高压直流断路器的设计思路，寻求降低高压直流断路器造价的新技术和新方法。

10.1　阻尼式直流开断的基本原理

10.1.1　阻尼式直流断路器的基本组成

针对当前高压直流开断研究所面临的困难，作者研究团队开展了高压直流阻尼式开断技术的研究，提出了基于电流转移、阻尼和关断一体化的开断新思想，实现高压直流短路电流的限制与开断，同时满足高压直流电网对断路器技术性能和经济成本的双重指标要求。

采用电容支路的阻尼式高压直流断路器典型结构和波形如图 10-1、图 10-2 所示，其核心部件包括：快速机械开关、阻尼电容、新型电力电子器件、耗能模块和电流转移模块。其开断过程为：①通过电流转移模块，将电流从快速机械开关转移到阻尼电容和新型电力电子器件支路；②阻尼电容在电流作用下提前建立阻尼电压，抑制短路电流的上升；③新型电力电子器件关断电流，阻尼电容和电力电子器件建立开断所需的全部反向电压，系统电流快速下降；④随着系统电磁能量的耗散，电流最终下降到零，断路器完成故障的清除。

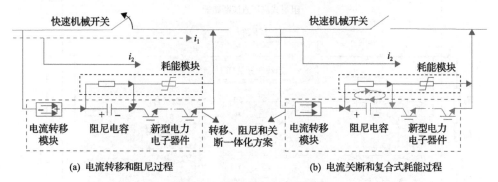

图 10-1 阻尼式直流开断原理

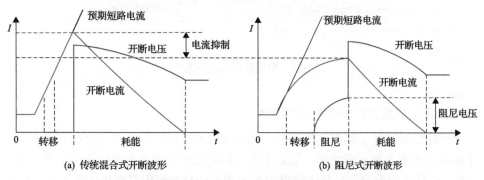

图 10-2 传统混合式开断与本项目阻尼式开断的波形对比

所提出的高压直流阻尼式开断方案，可以提高断路器的预期开断电流，有利于降低全控型电力电子器件使用数量和短路电流开断所需耗散的能量，同时满足高压直流电网对断路器技术性能和经济成本的双重指标要求，有利于规模化应用。

图 10-3 给出了一种基于电流转移和阻尼一体化的阻尼式直流断路器的拓扑，图中使用直流电压源模拟直流系统的输入。阻尼式直流断路器拓扑由主支路，电流阻尼模块和桥式固态开关三部分组成。主支路包括串联的超快速开关(high-speed circuit breaker, HSCB)和反并联晶闸管(VT_1 和 VT_2)。电流阻尼模块由磁耦合模块(magnetic induction current commutation module, MICCM)和阻尼电路组成，磁耦合模块利用副边电压的耦合负压完成电流转移，阻尼电路通过阻容并联电路限制故障电流，减轻桥式固态开关的电流开断压力。MICCM 由电容器 C_1、晶闸管($VT_3 \sim VT_6$)、原边线圈 L_1 和副边线圈 L_2 组成。$VT_3 \sim VT_6$ 用于构建预充电电容器双向放电的桥式电路。阻尼电路包括并联连接的电阻 R 和电容 C。桥式固态开关包括二极管 $D_1 \sim D_4$、IGCT 和 MOV。$D_1 \sim D_4$ 构建了用于 IGCT 双向电流切换的桥式电路。MOV 用于限制过电压并在开断过程中耗散能量，U_P 是系统电压，R_0、

L_0 和 Z_L 分别是系统中的电阻、电感和负载。

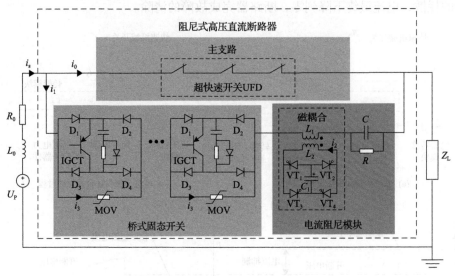

图 10-3　阻尼式直流断路器拓扑

10.1.2　阻尼式直流断路器的工作原理

根据图 10-3 所示的断路器拓扑，阻尼式开断方案可以实现电流的双向开断。图 10-4 以正向电流开断为例，展示了在不同阶段阻尼式直流断路器的等效电路。其中，i_S 是系统电流，i_0 是主支路中的电流，i_1 是电流阻尼模块中的电流，i_2 是 MICCM 原边的电流，i_3 是 MOV 中的电流。根据阻尼模块和固态开关的工作原理，整个电流分断过程可以分为两个阶段：阻尼阶段和开断阶段。故障电流开断过程中的各个支路电流和断口电压示意图如图 10-5 所示。

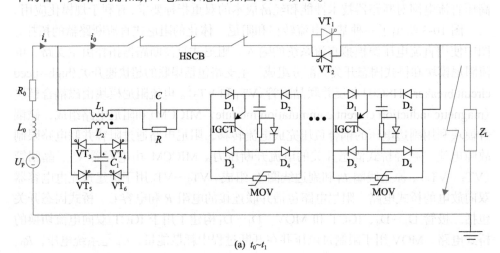

(a) $t_0 \sim t_1$

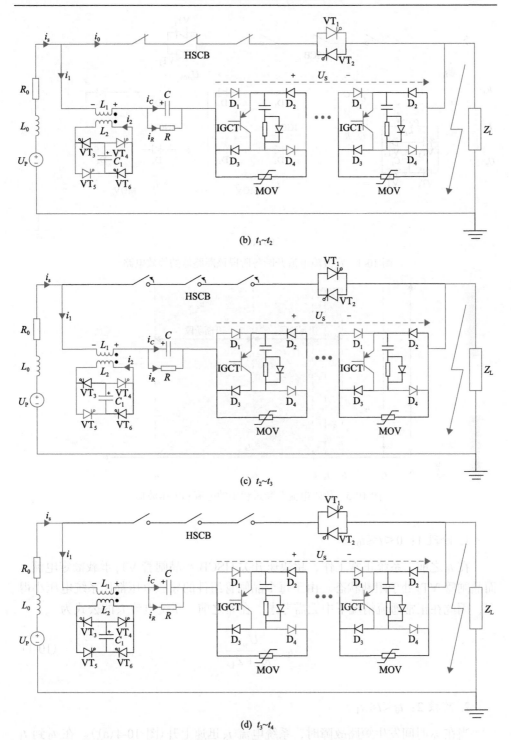

(b) $t_1 \sim t_2$

(c) $t_2 \sim t_3$

(d) $t_3 \sim t_4$

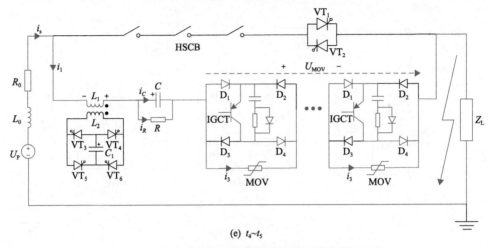

(e) $t_4 \sim t_5$

图 10-4　在故障电流开断各阶段该断路器的等效电路

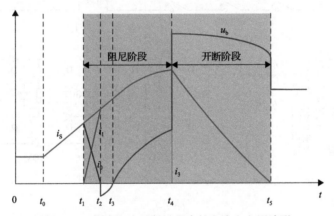

图 10-5　故障电流开断过程中的电流和电压波形

1. 阶段 1：$0 < t \leqslant t_0$

在 t_0 之前，系统正常工作，超快速开关 HSCB 和晶闸管 VT_1 承载额定电流，而晶闸管 VT_2 处于阻断状态。由于每个晶闸管组件的导通电压都比系统电压小得多，因此在正常通流情况下中无需考虑。在 t_0 之前，系统电流 i_S 的公式为

$$i_S = \frac{U_p}{R_0 + Z_L} \tag{10-1}$$

2. 阶段 2：$t_0 < t \leqslant t_1$

当在 t_0 时间发生短路故障时，系统电流 i_S 迅速上升（图 10-4(a)）。在 t_0 到 t_1

时间内，i_S 由以下公式确定：

$$U_p = R_0 \cdot i_S + L_0 \cdot \frac{\mathrm{d}i_S}{\mathrm{d}t} \tag{10-2}$$

在此期间，系统故障电流 i_S 求解为

$$i_S(t) = \frac{\mathrm{e}^{-\frac{R_0 t}{L_0}}\left(-U_P + \mathrm{e}^{\frac{R_0 t}{L_0}} U_P + I_S R_0\right)}{R_0} \tag{10-3}$$

式中，I_S 为故障电流在 t_0 时刻的初始值。

3. 阶段 3：$t_1 < t \leqslant t_2$

在 t_1 时刻，故障电流达到设定门槛值，控制 MICCM 中的晶闸管（VT$_4$ 和 VT$_5$）和固态开关中的 IGCT 同时导通，预充电电容 C_1 放电，通过磁耦合模块 MICCM 耦合作用，L_1 两端感应出负电压，主支路中的电流迅速转移到电流阻尼模块（图 10-4（b）所示）。假设固态开关中的 IGCT 和二极管上的压降为 U_S，则在 t_1 到 t_2 时间段的主支路电流和电压由以下方程式确定：

$$\begin{cases} U_p = L_0 \cdot \frac{\mathrm{d}i_S}{\mathrm{d}t} + R_0 \cdot i_S \\ L_1 \cdot \frac{\mathrm{d}i_1}{\mathrm{d}t} - M \cdot \frac{\mathrm{d}i_2}{\mathrm{d}t} + U_C + U_S = 0 \\ L_2 \cdot \frac{\mathrm{d}i_2}{\mathrm{d}t} - M \cdot \frac{\mathrm{d}i_1}{\mathrm{d}t} - U_{C_1} = 0 \\ M = k\sqrt{L_1 L_2} \\ i_S = i_1 + i_0 \\ i_1 = i_R + i_C \\ U_C = i_R \cdot R \\ i_C = C \cdot \frac{\mathrm{d}U_C}{\mathrm{d}t} \end{cases} \tag{10-4}$$

式中，M 和 k 分别为 L_1 和 L_2 之间的互感和耦合系数；U_C 和 U_{C_1} 分别为电容器 C 和原边电容 C_1 的电压；i_1 为 L_1 中的电流；i_C 和 i_R 分别为电容器 C 和电阻 R 中的电流。

在此期间，i_0、i_1 和 i_2 求解为

$$i_0(t)=\frac{\mathrm{e}^{-\frac{R_0 t}{L_0}}\left(-U_\mathrm{P}+\mathrm{e}^{\frac{R_0 t}{L_0}}U_\mathrm{P}+I_\mathrm{S}R_0\right)}{R_0}+\frac{U_{C_{10}}\sqrt{C_1}\,\mathrm{e}^{\frac{\left(-C_1 n^2 R_1-\sqrt{C_1}\sqrt{4L_2+4Mn+C_1 n^4 R_1^2}\right)t}{2C_1(L_2+Mn)}}}{\sqrt{4L_2+4Mn+C_1 n^4 R_1^2}}$$

$$-\frac{U_{C_{10}}\sqrt{C_1}\,\mathrm{e}^{\frac{\left(-C_1 n^2 R-\sqrt{C_1}\sqrt{4L_2+4Mn+C_1 n^4 R_1^2}\right)t}{2C_1(L_2+Mn)}}}{\sqrt{4L_2+4Mn+C_1 n^4 R_1^2}} \tag{10-5}$$

$$i_1(t)=-\frac{U_{C_{10}}\sqrt{C_1}\,\mathrm{e}^{\frac{\left(-\sqrt{C_1}\sqrt{4L_2+4Mn+C_1 n^4 R_1^2}-C_1 n^2 R_1\right)t}{2C_1(Mn+L_2)}}}{n\sqrt{4L_2+4Mn+C_1 n^4 R_1^2}}+\frac{U_{C_{10}}\sqrt{C_1}\,\mathrm{e}^{\frac{\left(\sqrt{C_1}\sqrt{4L_2+4Mn+C_1 n^4 R_1^2}-C_1 n^2 R\right)t}{2C_1(Mn+L_2)}}}{n\sqrt{4L_2+4Mn+C_1 n^4 R_1^2}} \tag{10-6}$$

$$i_2(t)=-\frac{U_{C10}\sqrt{C_1}\,\mathrm{e}^{\frac{\left(-\sqrt{C_1}\sqrt{4L_2+4Mn+C_1 n^4 R_1^2}-C_1 n^2 R_1\right)t}{2C_1(Mn+L_2)}}}{\sqrt{4L_2+4Mn+C_1 n^4 R_1^2}}+\frac{U_{C_{10}}\sqrt{C_1}\,\mathrm{e}^{\frac{\left(\sqrt{C_1}\sqrt{4L_2+4Mn+C_1 n^4 R_1^2}-C_1 n^2 R\right)t}{2C_1(Mn+L_2)}}}{\sqrt{4L_2+4Mn+C_1 n^4 R_1^2}} \tag{10-7}$$

式中，n 为原边线圈与副边线圈匝数之比；R_1 为等效阻抗，等于 $n^2 R/(1+\omega C R)$，$\omega=1/\sqrt{L_2 C_1}$；$U_{C_{10}}$ 为电容器 C_1 的初始电压。

4. 阶段4：$t_2 < t \leqslant t_3$

在 t_2 时刻，主支路电流完全转移，C_1 剩余的预充电电压在 UFD 和 VT_2 上产生负电压。由于反向晶闸管 VT_2 未触发，因此没有电流通过 UFD，故 UFD 在 $t_2 \sim t_3$ 之间实现无弧开断(图10-4(c))。同时，考虑到 MICCM 产生的负电压在几千伏特范围内，VT_2 只需要少量的晶闸管，所以在系统正常通流情况下的导通损耗相对较低。t_2 到 t_3 时刻的支路电流和电压由式(10-8)决定：

$$\begin{cases}U_\mathrm{P}=L_0\cdot\dfrac{\mathrm{d}i_\mathrm{S}}{\mathrm{d}t}+R_0\cdot i_\mathrm{S}+L_1\cdot\dfrac{\mathrm{d}i_1}{\mathrm{d}t}-M\cdot\dfrac{\mathrm{d}i_2}{\mathrm{d}t}+U_\mathrm{C}+U_\mathrm{S}\\[2mm] L_2\dfrac{\mathrm{d}i_2}{\mathrm{d}t}-UC_1-M\dfrac{\mathrm{d}i_1}{\mathrm{d}t}=0\\[2mm] M=k\sqrt{L_1 L_2}\\[2mm] i_\mathrm{S}=i_1=i_\mathrm{R}+i_C\\[2mm] U_\mathrm{C}=i_\mathrm{R}\cdot R\\[2mm] i_C=C\cdot\dfrac{\mathrm{d}U_\mathrm{C}}{\mathrm{d}t}\end{cases} \tag{10-8}$$

在这段时间内，故障电流 i_S 和磁耦合模块原边电流 i_2 解为

$$i_S(t) = \frac{e^{-\frac{(R+R_0)t}{L_0+L_1}}\left[-U_P + e^{\frac{(R+R_0)t}{L_0+L_1}}U_P\right]}{(R+R_0)} + \frac{e^{-\frac{(R+R_0)t}{L_0+L_1}}\left[i_{f2}(R+R_0)\right]}{(R+R_0)}$$

$$+ \frac{e^{-\frac{(R+R_0)t}{L_0+L_1}}\left[U_S - e^{\frac{(R+R_0)t}{L_0+L_1}}U_S\right]}{(R+R_0)} \tag{10-9}$$

$$i_2(t) = \frac{1}{2}e^{-\frac{t}{\sqrt{L_2C_1}}}(1 + e^{\frac{2t}{\sqrt{L_2C_1}}})\sqrt{\frac{C_1}{L_2}}U_{C_{10}} \tag{10-10}$$

式中，i_{f2} 为 t_2 时刻故障电流的初值。

5. 阶段 5：$t_3 < t \leqslant t_4$

在 t_3 时刻，主支路电压为零，随着电容 C 被故障电流持续充电，电压迅速升高，意味着阻尼模块通过建立阻尼电压来抵抗系统电压，从而限制故障电流。当 C_1 产生的原边电流 i_2 降至 0 时，由于 C_1 的反向电压作用，晶闸管 VT$_4$ 和 VT$_5$ 关闭（图 10-4(d)）。从 t_3 到 t_4，支路电流和电压由式(10-11)确定。由此可见，从 t_1 到 t_4，主支路的电流通过电流阻尼模块完成转移和限流过程，因此将阻尼式高压直流断路器的阻尼阶段定义为 t_1 到 t_4 时间段。

$$\begin{cases} E_0 = L_0 \cdot \dfrac{\mathrm{d}i_S}{\mathrm{d}t} + R_0 \cdot i_S + L_1 \cdot \dfrac{\mathrm{d}i_1}{\mathrm{d}t} + U_C + U_S \\ i_S = i_1 = i_C + i_R \\ U_C = i_R \cdot R \\ i_C = C \cdot \dfrac{\mathrm{d}U_C}{\mathrm{d}t} \end{cases} \tag{10-11}$$

其中，故障电流 i_S 解得

$$i_S(t) = \frac{e^{-\frac{R_0t+Rt}{L_0+L_1}}\left(U_S - e^{\frac{R_0t+Rt}{L_0+L_1}}U_S - U_P\right)}{R_0+R} + \frac{e^{-\frac{R_0t+Rt}{L_0+L_1}}\left(e^{\frac{R_0t+Rt}{L_0+L_1}}U_P + i_{f3}R + i_{f3}R_0\right)}{R_0+R} \tag{10-12}$$

式中，i_{f3} 为 t_3 时刻故障电流的初值。

6. 阶段 6：$t_4 < t \leqslant t_5$

在 t_4 时刻，HSCB 能够承受开断过电压，桥式固态开关中串联的 IGCT 关断，当开关的关断电压达到 MOV 导通电压时，IGCT 中的电流快速转移到 MOV（图 10-4(e)）。之后，电容器 C 上的阻尼电压和 MOV 上的电压 (U_{MOV}) 共同构成了开断电压，迫使系统电流迅速降至零。最后，t_5 时刻故障电流降至零，分断过程完成。$t_4 \sim t_5$ 的支路电流和电压由式 (10-13) 决定：

$$
\begin{cases}
U_P = L_0 \cdot \dfrac{\mathrm{d}i_S}{\mathrm{d}t} + R_0 \cdot i_S + L_1 \cdot \dfrac{\mathrm{d}i_1}{\mathrm{d}t} + U_C + U_{MOV} \\
i_S = i_1 = i_C + i_R \\
U_C = i_R \cdot R \\
i_C = C \cdot \dfrac{\mathrm{d}U_C}{\mathrm{d}t}
\end{cases}
\tag{10-13}
$$

则 i_S 解得

$$
i_S(t) = \frac{\mathrm{e}^{-\frac{R_0 t + Rt}{L_0 + L_1}} \left(U_{MOV} - \mathrm{e}^{\frac{R_0 t + Rt}{L_0 + L_1}} U_{MOV} - U_P \right)}{R_0 + R} + \frac{\mathrm{e}^{-\frac{R_0 t + Rt}{L_0 + L_1}} \left(\mathrm{e}^{\frac{R_0 t + Rt}{L_0 + L_1}} U_P + i_{f4} R + i_{f4} R_0 \right)}{R_0 + R}
\tag{10-14}
$$

式中，i_{f4} 为 t_4 时刻故障电流的初值。

从以上过程可以看出，阻尼式直流断路器的拓扑结构优势体现在以下方面。

(1) 利用电流阻尼模块的电压可以快速转移和限制故障电流，把故障电流峰值限制在单个 IGCT 最大关断能力下，这大大降低了断路器的成本。

(2) IGCT 在低通态电压下具有很高的抗涌流能力，这有利于提高电流转移能力。

(3) 固态开关关断后，开断过电压由阻尼模块电压与 MOV 电压叠加，减少全开断时间。

10.2　阻尼式直流开断的基本过程分析

直流断路器的开断过程一般包括 3 个过程：电流转移与过零、电压建立与耐受、电能耗散。为了详细研究所提拓扑结构的各个基本过程及其关键影响因素，搭建了 500kV 直流断路器的仿真平台，其参数如表 10-1 所示。

表 10-1　系统主要参数

组件	参数	值
系统电压	U_P	500kV
系统电感	L_0	126mH
负载电阻	Z_L	250Ω
回路电阻	R_0	20Ω
阻尼电容	C	30μF
阻尼电阻	R	20Ω
耦合系数	k	0.90
原边电容电压	U_{C_1}	10kV
避雷器导通电压	U_{ON}	550kV

10.2.1　电流转移与过零分析

　　阻尼式直流断路器主要通过磁耦合模块实现故障电流的快速转移，同时在电流转移过程中，阻尼模块起到限制故障电流的作用。在电流转移过程中，转移特性主要受到磁耦合模块参数和阻尼模块参数的影响，合理优化选择原副边电感、电容的大小和阻尼参数可以提高电流转移能力，缩短转移时间。因此通过仿真计算分别研究阻尼参数和磁耦合参数对电流转移能力和转移时间的影响，优化得到相应的参数选择。

　　在磁耦合模块中，原、副边电感值和预充电电容大小都会影响电流转移能力和转移时间大小。在初始的仿真计算中，原边电容 C_1 取 2mF，阻尼电容取 40μF，阻尼电阻取 30Ω，系统故障电流变化率为 6kA/ms，电感 L_1 和 L_2 分别在 40～100mH 和 100～300mH 范围内变化。

　　图 10-6 和图 10-7 分别给出了原、副边电感对原边电流峰值和电流转移能力的影响，从图中可以看出，原边电感值减小或副边电感值增大都会使原边电流的峰值升高。当原边电感取 40μH，副边电感取 300μH 时，原边电流可达 70kA。但由图 10-7 可知，电流转移能力和原边电感值、副边电感值都呈负相关的关系，当原边电感取 40μH，副边电感取 100μH 时，电流转移能力最强，可达 18kA。

　　原、副边电感对转移时间的影响如图 10-8 所示，由图可知，电流转移时间主要受副边电感影响，副边电感越大，转移时间越长。原边电感对转移时间的影响几乎可以忽略。当副边电感取 100μH 时，转移时间最短，大约需要 42μs。在设计磁耦合模块原副边电感值时要充分考虑原边电流峰值，电流转移能力和转移时间的综合影响。

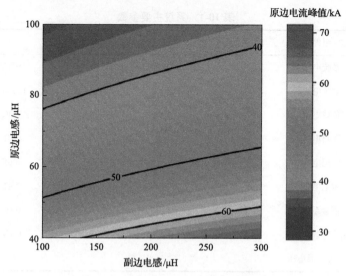

图 10-6　原副边电感对原边电流峰值的影响

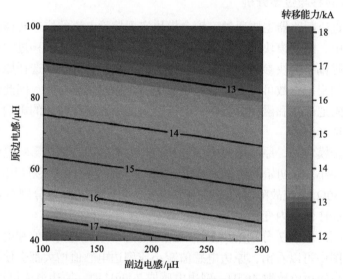

图 10-7　原、副边电感对转移能力的影响

10.2.2　反向电压建立与耐受分析

　　阻尼电容与电阻对断路器特性的影响体现在两个方面，一方面阻尼电容容值的增加将缩短故障电流转移时间，减小断口燃弧时间；另一方面容值的增加将导致成本和体积的显著升高。阻尼电阻阻值过小会影响限流特性，导致开断电流难以满足要求；而阻值过大会造成电流转移困难，增加电流转移时间。因此，需要通过仿真分析以实现电容与电阻参数的优化设计。

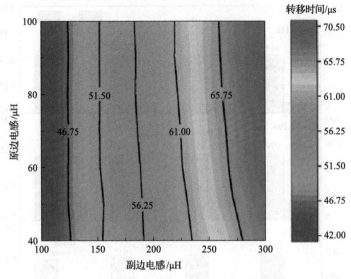

图 10-8　原副边电感对转移时间的影响

　　为了量化阻尼模块参数对开断特性的影响，引入分压比的概念，即阻尼电阻两端电压 U_C 与断口电压 U_b 之间的比值。分压比越高说明电阻电压高，阻尼限流效果好，并开断过电压高，有利于缩短全开断时间。

　　阻容参数与分压比影响如图 10-9 所示。在阻尼电阻不变的情况下，随电容容值的增大，U_C 缓慢下降，分压比基本也呈线性下降的趋势，并且，随着电阻阻值增加，这个趋势越来越明显。在电容容值不变的情况下，U_C 随着电阻增大而大幅增加，分压比也随阻值增大而上升。注意到阻值从 30Ω 增大到 40Ω 引起的分压比增幅远没有阻值从 10Ω 增大到 20Ω 的大，说明电阻不断增大使阻尼模块的限流与分压作用趋于饱和。

10.2.3　电能耗散特性分析

　　在电流转移过程中，阻尼电阻起到限制故障电流峰值的作用，同时在阻尼电阻两端也会产生较高的电压。根据图 10-9 的结果，阻尼电阻越大，断口开断过电压越高，阻尼电阻所占电压比也越高。而对于电能耗散过程，主要由 MOV 耗散系统故障能量，耗能大小主要取决于开断过电压和故障电流大小，为了研究阻尼电阻和电容对电能耗散特性的影响，分别得到如图 10-10 和图 10-11 所示不同阻尼电容和阻尼电阻情况下的电能耗散特性。由图可知，阻尼电容越大，MOV 耗散能量略有增加，但是整体影响不大。而阻尼电阻越大，如图 10-11 所示，MOV 耗散能量越小。实际上，阻尼电阻增大导致系统整体过电压增大，分压比升高，能够更快的耗散故障能量，有利于缩短全开断时间，减小 MOV 耗散能量大小。

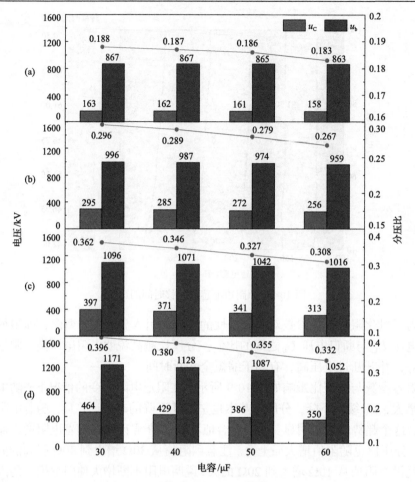

图 10-9　不同电容参数对电阻的分压比

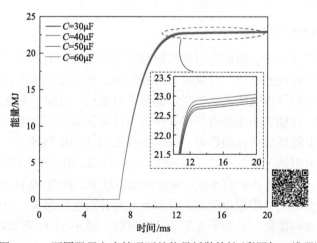

图 10-10　不同阻尼电容情况下的能量耗散特性(彩图扫二维码)

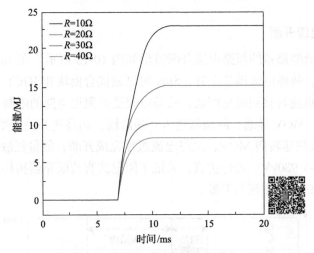

图 10-11　不同阻尼电阻情况下的能量耗散特性(彩图扫二维码)

10.3　阻尼式直流断路器开断特性

10.3.1　额定电流开断

阻尼式直流断路器的额定电流开断波形如图 10-12 所示,系统额定电流为 2kA,5ms 时刻控制磁耦合模块原边晶闸管和桥式固态开关的 IGCT 导通,主支路电流迅速向阻尼模块转移,大约 40μs 完成换流过程。当机械开关完成无弧分断且能承受开断过电压时,即 7ms 时刻,控制 IGCT 关断,IGCT 关断产生的过电压使 MOV 导通,之后故障电流过零完成开断,能量耗散阶段大约 600μs,开断过电压 770kV。

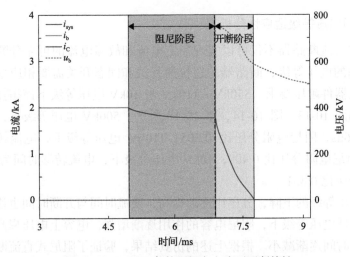

图 10-12　500kV 条件下额定电流下开断特性

10.3.2　短路电流开断

阻尼式直流断路器的短路电流开断波形如图 10-13 所示。在 1ms 时刻，系统出现短路故障，故障电流迅速上升，5ms 时刻磁耦合模块和 IGCT 导通，主支路约 15kA 电流迅速转移到阻尼模块，故障电流受到阻尼电路的限制。7ms 时刻控制 IGCT 关断，MOV 导通，断路器进入开断阶段，超高速开关承受开断过电压，IGCT 中的电流快速转向 MOV，最终电流过零完成开断，能量耗散时间约 5ms，开断过电压达到 980kV。通过仿真，验证了阻尼式直流断路器拓扑结构能够实现 500kV、15kA 的故障限流与开断。

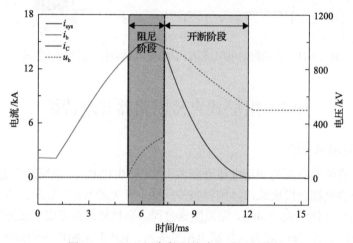

图 10-13　500kV 条件下故障电流开断特性

10.3.3　不同电压等级适应性分析

阻尼式直流断路器不仅可以实现额定电流和故障电流的可靠分断，还可以应用在不同的电压等级，断路器的超快速开关和固态开关需要相应串联多个模块，以满足器件耐压要求。550kV、110kV 与 10kV 电压等级下该拓扑结构开断波形分别如图 10-13、图 10-14、图 10-15 所示。500kV 电压等级下，电流转移时间为 34.6μs，阻尼电阻分压比 0.305；110kV 电压等级下，电流转移时间为 6.209μs，阻尼电阻分压比 0.409；10kV 电压等级下，电流转移时间为 0.897μs，阻尼电阻分压比 0.451。

随着电压等级的下降，分压比逐渐提高，换流时间与开断时间也逐渐缩短。实际上，在低电压等级下，阻尼电容的作用逐渐增强，电容上电压提高、耗能增加，使开断时间逐渐减小。根据上述的仿真结果，验证了阻尼式直流断路器在全电压等级下都具有良好的适应性。

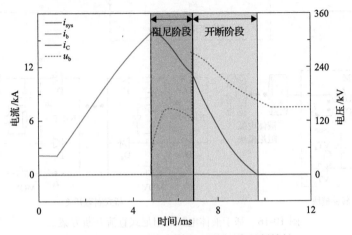

图 10-14　110kV 电压等级下的短路开断特性

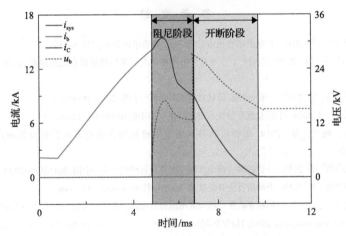

图 10-15　10kV 电压等级下的短路开断特性

　　上文所介绍的阻尼式直流开断方案中阻尼模块可不局限于 RC 组合的方式，本节将对阻尼式直流开断方案进行简单拓展，提供不同的阻尼开断方案。

　　液体电弧具有电弧电压高、等效电阻大的优势，可以在电流转移支路作为阻尼和限流模块。基于液体电弧的阻尼开断方案拓扑结构如图 10-16 所示，由机械开关承载额定电流，磁耦合模块实现电流的快速转移，在故障开断时，通过液体电弧对故障电流进行限制，耗散系统能量，降低固态开关的开断需求；根据断路器的参数需求可以对液体电弧阻尼单元进行多个串并联，适应不同的系统电压等级与开断容量。

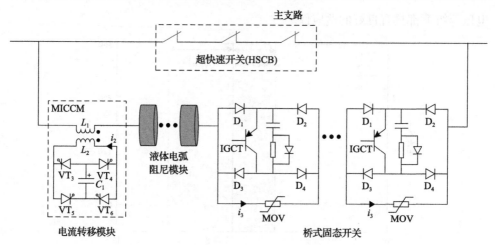

图 10-16　基于液体电弧的阻尼式直流开断方案

参 考 文 献

何俊佳, 袁召, 赵文婷, 等. 2015. 直流断路器技术发展综述. 南方电网技术, (2): 9-15.

李斌, 马久欣, 温伟杰, 等. 2019. 适用于中压直流配电网的新型多端口机械式直流断路器. 高电压技术, 45(8): 2385-2392.

荣命哲, 杨飞, 吴益飞, 等. 2017. 一种磁感应转移式直流断路器: 中国, 2016108540577.

吴益飞, 胡杨, 易强, 等. 2018. 中压直流开断技术研究综述. 供用电, 035(006): 12-16, 59.

吴益飞, 荣命哲, 杨飞, 等. 2019. 磁感应转移和电阻限流相结合的直流断路器及其使用方法: 中国, 2016110053112.

吴益飞, 杨飞, 荣命哲, 等. 2018. 一种磁耦合换流式转移电路及其使用方法: 中国, 201610854252X.

吴翊, 荣命哲, 钟建英, 等. 2018. 中高压直流开断技术. 高电压技术, 44(02): 337-346.

吴翊, 杨飞, 吴益飞, 等. 2017. 一种瞬变磁脉冲感应式电流转移电路及其使用方法: 中国, 2016108540685.

Agostini, Vemulapati, Torresin, et al. 2015. 1MW Bi-directional DC solid state circuit breaker based on air cooled reverse blocking-IGCT. 2015 IEEE Electric Ship Technologies Symposium (ESTS). IEEE: 287-292.

Bernal-Perez, Ano-Villalba, Blasco-Gimenez, et al. 2012. Efficiency and fault Ride-through performance of a diode-rectifier-and VSC-inverter-based HVDC link for offshore wind Farms. IEEE Transactions on Industrial Electronics, 60(6): 2401-2409.

Gao L, Yang K, Xiang B, et al. 2018. A DC Hybrid Circuit Breaker with Buffer Capacitor and Vacuum Interrupters. 2018 28th International Symposium on Discharges and Electrical Insulation in Vacuum (ISDEIV). IEEE: 615-618.

Götte N, Krampert T, Nikolic P G. 2020. Series Connection of Gas and Vacuum Circuit Breakers as a Hybrid Circuit Breaker in High-Voltage Applications. IEEE Transactions on Plasma Science, 48(7): 2577-2584.

Hajian M, Zhang L, Jovcic D. 2014. DC transmission grid with Low-speed protection using mechanical DC circuit Breakers. IEEE Transactions on Power Delivery, 30(3): 1383-1391.

Li X, Song Q, Liu W, et al. 2012. Protection of nonpermanent faults on DC overhead lines in MMC-based HVDC Systems. IEEE Transactions on Power Delivery, 28(1): 483-490.

Liu S, Xu Z, Hua W, et al. 2013. Electromechanical transient modeling of modular multilevel converter based multi-terminal HVDC systems. IEEE Transactions on Power Systems, 29 (1): 72-83.

Peng S H. 2020. Investigation on Fault Energy Dissipation for MVDC Distribution Network. Proceedings of the 16th International Conference on AC&DC Power Transmission.

Sima W, Fu Z, Yang M, et al. 2018. A novel active mechanical HVDC breaker with consecutive interruption capability for fault clearances in MMC-HVDC Systems. IEEE Transactions on Industrial Electronics, 66 (9): 6979-6989.

Tamaki S, Ganaha K, Oshiro R, et al. 2016. Dielectric Recovery Characteristics after High-Frequency Current Interruption in Vacuum Circuit Breaker. Electrical Engineering in Japan, 197 (3): 29-38.

Tokoyoda S, Sato M, Kamei K, et al. 2015. High frequency interruption characteristics of VCB and its application to high voltage DC circuit Breaker. 2015 3rd International Conference on Electric Power Equipment–Switching Technology (ICEPE-ST). IEEE: 117-121.

Wu Y F, Hu Y, Wu Y, et al. 2018. Investigation of an Active Current Injection DC Circuit Breaker Based on a Magnetic Induction Current Commutation Module. IEEE Transactions on Power Delivery, 33 (4): 1809-1817.

Wu Y F, Ren Z G, Yang F, et al. 2016. Analysis of fault arc in High-speed switch applied in hybrid circuit Breaker. Plasma Science and Technology, 18 (3): 299.

Wu Y F, Rong M Z, Wu Y, et al. 2013. Development of a new topology of dc hybrid circuit Breaker. 2013 2nd International Conference on Electric Power Equipment-Switching Technology (ICEPE-ST). Matsue-city, Japan: IEEE: 1-4.

Wu Y F, Rong M Z, Wu Y, et al. 2015. Investigation of DC hybrid circuit breaker based on High-speed switch and arc Generator. Review of Scientific Instruments, 86 (2): 024704.

Wu Y F, Rong M Z, Wu Y, et al. 2020. Damping HVDC Circuit Breaker With Current Commutation and Limiting Integrated. IEEE Transactions on Industrial Electronics, : 1-1.

Wu Y F, Wu Y, Yang F, et al. 2020. Bidirectional Current Injection MVDC Circuit Breaker: Principle and Analysis. IEEE Journal of Emerging and Selected Topics in Power Electronics, 8 (2): 1536-1546.

Wu Y F, Zhang Z H, Liu W T, et al. 2019. Current Sharing Characteristics Study of Parallel IGCTs Module in a DC Circuit Breaker. 2019 5th International Conference on Electric Power Equipment-Switching Technology (ICEPE-ST). Kitakyushu, Japan: IEEE: 324-328.

Xiao Y, Peng S, Wu Y, et al. 2021. Analysis of the Energy Dissipation Characteristic in an MMC-Based MVDC System with the Liquid Metal Current Limiter. IEEE Journal of Emerging and Selected Topics in Power Electronics.

Xiao Y, Wu Y F, Wu Y, et al. 2020. High-capacity MVDC Interruption Based on IGCT Current Sharing Integrated with Freewheeling. IEEE Transactions on Industrial Electronics.

Xiao Y, Wu Y, Wu Y, et al. 2020. Study on the Dielectric Recovery Strength of Vacuum Interrupter in MVDC Circuit Breaker. IEEE Transactions on Instrumentation and Measurement, 69 (9): 7158-7166.

Yi Q, Wu Y F, Zhang Z H, et al. 2020. Low-cost HVDC circuit breaker with high current breaking capability based on IGCTs. IEEE Transactions on Power Electronics.

Yi Q, Yang F, Wu Y F, et al. 2020. Snubber and Metal Oxide Varistor Optimization Design of Modular IGCT Switch for Overvoltage Suppression in Hybrid DC Circuit Breaker. IEEE Journal of Emerging and Selected Topics in Power Electronics.

第11章 直流高速机械开关

高速机械开关作为混合式直流断路器中最关键的部件之一，其操作性能及可靠性直接决定了故障电流能否被快速切除。随着中压直流供电系统的高速发展，其系统容量、电压等级和短路电流水平大大提高，对中压直流断路器中高速机械开关的分闸速度和结构强度提出了更高的要求。目前，国内外广泛利用基于涡流效应产生电磁斥力的驱动方式实现中低压开关的快速分闸，本章在以往研究成果和设计经验基础上，介绍应用于中压直流开断中的基于涡流斥力原理的高速机械开关设计方法，并总结相关仿真优化设计方法和实验测试手段，可为提高中压直流高速机械开关的性能提供设计依据。

11.1 直流高速机械开关需求现状

11.1.1 高速机械开关的需求

中压直流断路器在直流系统中要承担承载额定电流、短路故障分断、线路投入与退出等一系列任务。典型的中压直流断路器根据原理不同主要包括振荡式、混合式和固态式，其中，高速机械开关作为前两种断路器的关键组成部件获得了极大关注。

以振荡式(也称电流注入式)直流断路器为例，其拓扑结构如图11-1所示，该断路器由高速机械开关(支路1)、振荡支路(支路2)和MOV(支路3)并联组成。正常额定通流情况下，电流从高速机械开关流过；一旦系统发生短路故障，高速开关打开，开关触头间产生电弧，控制并触发振荡支路中功率半导体器件导通，

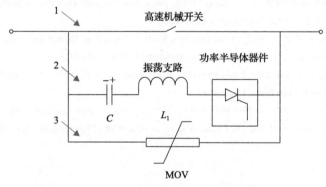

图11-1 电流注入式断路器原理图

预充电容器通过支流 2 中电感、半导体器件及高速开关断口电弧进行放电，强迫支路 1 中的短路电流向支路 2 快速转移；当支路 1 电流过零时，高速开关断口电弧熄灭；短路电流对支路 2 中电容持续充电直至超过 MOV 阈值，MOV 导通，最终完成短路分断。

无论是振荡式直流分断原理，还是混合式分断原理，受限于电力电子器件自身通态损耗大的问题，主支路均需采用高速机械开关承载额定电流。两种原理对于高速机械开关的响应时间(从控制系统发出分闸命令到机械开关触头刚分时刻)及分闸速度都要求较高。由于直流系统短路电流上升率一般可到 20A/μs，尽早的分断可以降低断路器的分断容量、体积和成本，减小短路故障对系统其他部件的冲击。所以说，高速机械开关作为直流供电系统安全运行的保障，需要承载额定电流，耐受短时大电流冲击，具备超高速的分闸速度及极短的响应时间，同时兼备断路器生命周期的操作寿命(一般最少为 3000 次以上)，这样才能满足中压直流系统的发展需求。

11.1.2　高速机械开关技术现状

随着开关电器的快速发展，其操作机构的结构型式也在不断变化。从提供的能源形式不同，操作机构可以分为手动操作机构、弹簧操作机构、电磁操作机构、气动操作机构、液压操作机构、永磁操作机构、电机操作机构和磁力操作机构。目前应用于中压断路器的操作机构主要包括电磁操作机构、弹簧操作机构和永磁操作机构三种。

电磁操作机构在真空断路器发展初期得到了广泛应用，这是由于电磁操作机构较好地迎合了真空灭弧室的要求：一是开距小(8～25mm)，二是在合闸位置需要大的操动力(2000～4000N/相)。然而电磁操作机构也存在不容忽视的缺点：磁路电感 L 在合闸过程中变化较大，产生反电动势，从而抑制了合闸线圈电流的增大，而且这种抑制作用随着合闸速度增加而增强。相比之下，弹簧操作机构用于手动或小功率交流电动机储能，能够获得较高且稳定的分合闸速度，但是存在零部件数量多、传动机构复杂、故障率高、制造工艺要求高等缺点。近年来出现了一种永磁保持、电子控制的永磁机构，工作时主要运动部件只有一个，无需机械脱扣、锁扣装置，故障源少，具有较高可靠性，但其行程前期的平均速度较低。

上述传统的操作机构响应时间比较分散，达毫秒级以上，动作时间均在十几毫秒甚至几十毫秒以上，已经难以满足开关对机构快速性、可靠性的要求，因此，一种基于涡流原理的电磁快速操作机构凭借其机械延迟时间短、初始运动速度快等优点，已被广泛应用于混合式直流限流断路器、真空直流断路器、新型超导限流器等电力系统限流保护设备的高速触头驱动机构中，特别适用于驱动机械触头高速分闸。

　　早在 1972 年，快速电磁式斥力机构被首次提出，它主要是利用脉冲放电电流通过励磁线圈时，与临近的金属盘中感应出较大涡流产生斥力作用，从而推动金属盘带动动触头动作。其直动式的设计显著减少了中间环节，不仅减少了运动部件的质量，有利于提高动作速度，而且极大地缩短了机构的固有分闸时间。不过，由于当时电力系统规模较小，短路电流水平相对较低，一般的断路器足以开断短路电流，没有得到重视与发展。近年来随着混合式直流限流断路器对开关快速性和可靠性要求提高，国内外对电磁快速操作机构开展了大量的研究工作，以下对中压直流领域的电磁快速操作机构的国内外研究成果进行简单的介绍。

　　1998 年德国布伦瑞克大学在一种混合式直流断路器的研究中使用了涡流斥力进行开关驱动，它进行驱动的负载很小，实现了一种直流无弧快速分断，应用范围是中低压领域，可以在 12.5kV 下切断 275A 的短路电流。2001 年日本三菱公司利用真空灭弧室、双向电磁斥力机构、可倒翻碟簧双稳及碟簧双稳机构开发了 6kV、15kV 和 24kV 的快速真空断路器，该结构利用两个通电的盘状线圈来产生电磁斥力，其效率比利用金属盘和盘状线圈更高，虽然机构动作速度很快，但因终止速度大，其缓冲装置较为复杂。2008 年俄罗斯全俄电力技术研究所研制了额定 3.3kV/3kA 直流限流断路器，并进行了 180A 小电流、1.9kA 额定电流和 10kA 短路电流 3 种不同工况下的开断试验。2014 年意大利威尼斯学院研制出 3.8kV/20kA 的混合式直流断路器样机并运用在了日本的 JT-60SA 超导电磁系统。

　　2003 年清华大学和山东大学联合开展了对高速斥力机构的研究，利用 6kV/400A 真空接触器灭弧室、双向电磁斥力机构及双稳碟簧机构研制了高压快速转换开关样机。由于碟簧本身的应力-应变特性，可以利用两组碟簧得到双稳态，即可以保持在行程两端稳定状态的特性，这种类似于永磁机构的双稳特性，机械寿命很长，可达 30000 次。2008 年华中科技大学提出了在线圈周围加装导磁材料以及利用脉冲成形网络作为其放电回路的方法，最终利用 12kV-40kA-2500A 真空开关管、双向电磁斥力机构及可倒翻碟簧双稳机构，研制了 10kV 快速真空开关，实测其固有分闸时间为 0.5ms。2014 年海军工程大学研制了额定 5kV/6kA 的混合式中压直流断路器样机，并在上海电器科学研究所进行了直流 6kA 温升实验和直流 70kA、时长 100ms 大电流耐受实验，均满足标准要求，获得了较好的实验结果，从控制器发出分闸信号到触头实现电气分离时间为 180us，2ms 时触头开距达到 5.2mm，机构最终锁扣开距为 5mm，此外还对样机进行了 2000 次左右的机械寿命实验，实验前后运动特性一致性较好。西安交通大学电器教研室围绕基于电磁斥力的高速机械开关开展了大量的前期研究工作，2010 年研制了 5kV 真空直流断路器操作机构样机，2015 年研制了 126kV 真空断路器分离磁路式永磁操作机构样机，2018 年研制开发了 5kV 双稳永磁高速机械开关样机，如图 11-2 所示。

(a) 5kV真空断路器样机　　　(b) 12kV真空断路器样机　　(c) 5kV双稳永磁机械开关样机

图 11-2　西安交通大学电器教研室研究成果

11.1.3　高速机械开关难点分析

1. 长操作寿命

由于电磁斥力驱动方式具有峰值高、脉冲大的特点，斥力分合闸过程中会对传动零部件造成巨大冲击，在高速运动条件下斥力盘及绝缘拉杆的最大应力均接近材料屈服极限。根据疲劳寿命理论，材料所受应力越接近材料屈服极限，材料疲劳寿命越短，因此传统的斥力机构的使用寿命一般都不长。一般而言，斥力机构的使用寿命短的几十次上百次，长的最多 3000 次。同时，随着多次应力冲击零部件，零部件劣化现象会更加严重，一定程度上会影响机构响应时间和分闸速度等关键性能参数，如何兼顾斥力机构的分闸速度和使用寿命，是斥力机构设计的一个难题问题。

2. 高通流能力

现有的直流断路器一般通流能力大多在 2kA 以下，这是由于现有的直流配电系统容量较小，系统额定电流不大，但随着城市用电负荷逐渐增加，以及一些大型船舶的配电容量增加，系统电流逐步提升至 5kA 的水平，在保证额定通流采用真空灭弧室结构的触头质量会急剧增加，机构运动部件质量会快速增加，对机构响应特性和分闸速度都会有一定的影响。同时，考虑触头间洛伦兹力和霍尔姆力的作用，斥力机构的合闸保持力也要提高。如何系统性地设计斥力机构，使其适应 5kA 额定电流水平的通流要求，也是一个难点问题。

3. 短响应时间

直流系统一般阻抗较小，当发生短路故障后，故障电流上升速率可达 15A/μs，部分特殊系统可以达到 30A/μs。因此，斥力机构能及时打开机械断口，可以有效地减小故障电流分断峰值，限制故障电流，减小短路故障对系统其他关键设备和负载的冲击，斥力机构响应时间的减少对直流断路器的可靠性提高有巨大贡献。前文提到，随着电压等级提高和通态电流增加，机构真空灭弧室的触头质量大幅提高，相较于之前国内外已报道的样机而言，现已开发的样机的通流能力大多集中在电流 2kA 以下，如何在通流能力提升的情况下，提升斥力机构的响应时间是斥力机构设计的另一个难点问题。

11.2　直流高速机械开关原理与结构

11.2.1　电磁斥力机构原理

电磁斥力机构的驱动方式主要是利用涡流感应原理。当一种金属材料处于交变的磁场中，流过金属材料的磁通量会随着时间不断变化，作为导体的金属材料中将会产生环绕在磁通周围变化着的环形电流，这个环形电流就称为涡流。此外，涡流本身也会产生一个交变的磁场，反过来会影响原来的磁场，那么这两个磁场方向就刚好相反，于是产生电磁斥力。

快速斥力机构基本工作原理如图 11-3 所示，图中包含的三个部件分别是斥力盘、斥力线圈和传动杆，斥力线圈紧固在机构外壳上，为不可动部件，斥力盘与传动杆紧贴线圈安装，并连同开关中的绝缘拉杆和机械触头等部件组成了运动部件，可动部分质量就是包括了所有这些运动部件的重量。电容 C 为斥力线圈提供电流，晶闸管 VT 用来触发电路导通使电容放电，二极管 VD 为续流二极管，斥力盘材料一般选用铝或铜等金属。电容 C 在机构动作前预充一定电压，机构动作时触发晶闸管 VT，使预充电压的电容向斥力线圈放电，线圈中产生一个持续时间为几个毫秒、峰值很大的脉冲电流 i_q，并立刻建立起一个迅速增大的轴向磁场。而此时与线圈相隔很近的非导磁性斥力盘上就会感应出与线圈中脉冲电流方向相反的涡流 i_p，该涡流也会产生一个磁场，由于这个磁场与线圈产生的轴向磁场方向相反，使线圈和斥力盘之间产生了巨大的电磁斥力，从而带动传动杆和机械触头运动，实现中压直流开关的快速分断。

斥力线圈中的脉冲电流峰值越大，到达峰值的时间越短，即电流上升率越大，那么电磁斥力也越大，机构的运动速度也越快，整个直流短路开断的时间就会越短。因此，要研究提高操作机构的分闸速度，就要研究提高斥力线圈和斥力盘之间感应的电磁斥力的峰值以及作用时间，这就需要对斥力盘和斥力线圈的结构参

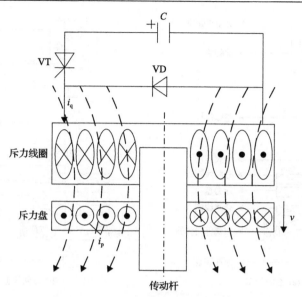

图 11-3　电磁斥力机构的工作原理示意图

数以及线圈放电电路的相关参数进行规律性研究，例如斥力盘形状、材料、厚度、内外径，斥力线圈匝数、线径、厚度、内外径，斥力盘与线圈的初始间距，可动部件质量，电容器组容值，电容器组充电电压等一系列参数。为了设计速度更快的中压直流开关快速操作机构，需要总结其中关键参数对电磁斥力大小的影响规律，使此时线圈和斥力盘间产生的电磁斥力足够大，使快速操作机构的分闸速度非常快，能在预定的时间范围内完成分闸操作。

11.2.2　高速机械开关组成结构

高速机械开关主要由斥力盘、金属连杆、分闸线圈、真空灭弧室、绝缘拉杆、缓冲装置、双稳保持装置等部件构成，双稳保持装置目前常用的有双稳弹簧保持装置和双稳永磁保持装置。其中斥力盘、金属连杆、绝缘拉杆、动触头以及部分双稳保持装置等组成该机构的运动部分，且运动方式为直动，无需转轴等零部件，结构简单、可靠性好。

1. 双稳弹簧保持结构

双稳弹簧保持结构如图 11-4 所示，双稳弹簧斥力快速开关主要由金属盘、分闸线圈、合闸线圈、机械触头、导电夹、绝缘拉杆、双稳弹簧、高速油缓冲器等部件构成，其中金属盘、绝缘拉杆、导电夹及动触头等是运动部分，也称为可动部分。

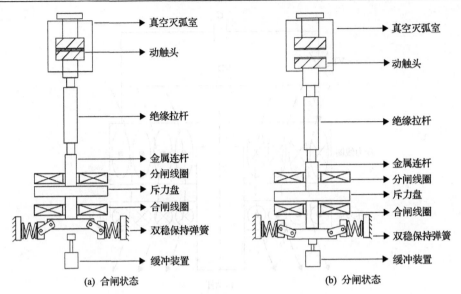

(a) 合闸状态　　　　　　　　　　　　　　(b) 分闸状态

图 11-4　双稳弹簧斥力机构结构图

在合闸状态下，斥力盘和线圈之间有很小的初始间距，双稳弹簧提供一定的预压力，使真空灭弧室动静触头之间保持良好的电接触。当直流故障电流快速判断装置检测到短路故障电流并发出分闸指令后，分闸线圈放电回路导通，线圈中出现很高的脉冲电流，此时斥力盘和线圈间产生很大的斥力，使斥力盘带动金属连杆，再带动绝缘拉杆和动触头向下运动，进行分闸动作。当分闸达到一定开距后，电磁斥力几乎降为零，缓冲装置发挥作用，同时机构依靠惯性继续分闸运动。当分闸位置超过双稳弹簧死点，此时双稳弹簧为机构提供向下的分闸力，带动触头继续分闸，并压缩油缓冲器。在油缓冲器的反力作用下机构的运动速度迅速减小，在最大开距时速度降为零，最后完成整个高速分闸过程。

在分闸状态下，双稳弹簧提供向下的保持力，保证机构稳定在分闸位置。利用同样的驱动原理可实现机构的合闸，且合闸速度要求远小于分闸速度，驱动装置主要由斥力盘和线圈组成，是整个快速斥力机构的动力核心。快速斥力机构要达到很高的分闸速度，主要方式是提高电磁驱动力的大小和持续时间并减小可动部件质量，而斥力盘、线圈及放电路的基本参数直接影响驱动力或者可动部件质量。

2. 双稳永磁保持结构

双稳永磁保持结构如图 11-5 所示，相较于双稳弹簧保持机构，永磁保持机构具有较大优势，磁保持装置可以实现较大的合闸保持力，双稳弹簧机构随着合闸保持力增大，弹簧设计和安装都存在较大问题；双稳弹簧的保持机构一般存在销钉连接等部件，在快速分闸过程中受到冲击较大，机械寿命提高存在问题。

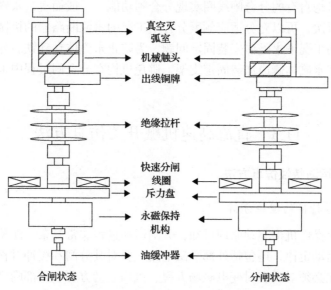

图 11-5　双稳永磁斥力机构结构图

永磁保持机构原理图如图 11-6 所示，永磁保持机构由永磁体、动铁芯和静铁芯组成，三者之间构成闭合磁路，利用动静铁芯之间的吸引力提供分合闸保持力。当机构处于合闸位置时，静铁芯与上极板的气隙极小，气隙磁阻较小，上极板可以提供较大的吸力，动铁芯与静铁芯下极板与动铁芯气隙较大，磁阻较大，上极板提供的吸力远大于下极板，永磁保持机构可以较大的合闸保持力，分闸位置亦然。当断路器分闸时，分闸线圈通过电流，建立起与合闸保持相反相的磁场，此时下极板吸力大于上极板的吸力，动铁芯开始向下运动，机构实现分闸。永磁保

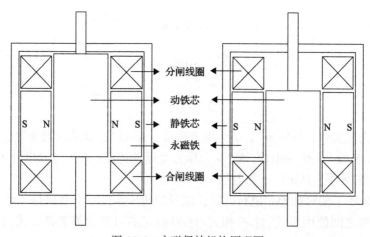

图 11-6　永磁保持机构原理图

持机构相较于其他斥力机构合闸保持方案，可以提供较大的合闸保持力，同时可以通过永磁机构自有的分合闸线圈实现分合闸功能。一般而言，永磁机构的动作寿命可达上万次，可以充分适应频繁分合闸工况的直流断路器的机械操作需求。考虑实际使用工况下永磁体安装固定问题，为防止永磁体在动铁芯分合闸过程中上下运动，在永磁体侧边加装固定支架，避免机构在分合闸过程中永磁体出现滑动的现象。

11.3　直流高速机械开关仿真方法

11.3.1　开关运动特性仿真方法

1. 动力学特性的理论分析

根据快速操作机构驱动原理可知，分闸运动过程非常复杂，涉及瞬态时变电磁场、牛顿运动定律，还包括外部励磁电路，要对其分闸和缓冲过程的运动特性进行分析，就必须对瞬态时变电磁场方程、机构运动方程、外部励磁分闸电路和外部励磁合闸电路进行耦合求解。为了从理论上去描述快速操作机构分闸过程模型，以下列出了需要耦合的相关方程。

1) 瞬态时变电磁场方程

为了保证求解的唯一性，计算中采用了位函数的库仑规范 $\nabla \cdot \vec{A} = 0$，所用方程及边界条件如下：

$$\nabla \times (\nabla \times A) = \mu J \tag{11-1}$$

$$\nabla \cdot J = 0 \tag{11-2}$$

$$\vec{B} = \nabla \times A \tag{11-3}$$

$$\vec{E} = -\frac{\partial A}{\partial t} - \nabla \Phi + v \times \nabla \times A \tag{11-4}$$

$$J = -\sigma E \tag{11-5}$$

式中，A 为磁矢位，$Wb \cdot m^{-1}$；J 为电流密度，$A \cdot m^{-2}$；B 为磁通密度，T；E 为电场强度，$V \cdot m^{-1}$；Φ 为电位，V；v 为斥力盘运动速度，在斥力盘以外区域为零，m/s；μ 为磁导率，H/m；σ 为电导率，S/m。

由于采用了轴对称模型进行计算，磁场的边界条件也与其保持一致。在金属部分与空气之间使用了式 (11-6) 和式 (11-7) 确定的自然边界条件。式 (11-8) 为式

(11-3)在 rz 平面内的表达式，因此在对称轴上设磁矢位 A 为 0，由式(11-8)可知，这就是对称轴上磁力线平行的对称边界。而在距离线圈和斥力盘很远区域的模型边界设为磁矢位 A 为 0，这也是磁场求解中对于远场通常使用的边界条件。

$$H_{t1} = H_{t2} \tag{11-6}$$

$$B_{n1} = B_{n2} \tag{11-7}$$

$$B = \frac{1}{r}\left[-\frac{\partial}{\partial z}(rA_{\Phi})r + \frac{\partial}{\partial r}(rA_{\Phi})z\right] \tag{11-8}$$

式中，B 为磁通密度；H 为磁场强度；H_{t1}、H_{t2} 分别为介质两侧磁场强度的切向分量，A/m；B_{n1}、B_{n2} 分别为介质两侧磁通密度的法向分量/T；r、z 分别为 rz 平面的坐标轴/m；A_{Φ} 为垂直于 rz 平面的磁矢位分量，Wb/m。

2)运动学方程

电磁力是运动系统的驱动力，通过式(11-9)所示的虚功原理可求出电磁力，建立起电磁场与运动学方程的联系。所用方程如下：

$$F = -\frac{dW}{ds} = -\frac{d}{ds}\int_V B \cdot H dV \tag{11-9}$$

$$F - F_s = ma \tag{11-10}$$

$$v = \int_0^t a dt \tag{11-11}$$

$$s = \int_0^t v dt \tag{11-12}$$

式中，F 为斥力盘在运动方向受到的总电磁力，N；F_s 为机构运动部分受到的阻力，N；m 为运动部分质量，kg；v 为斥力盘的运动速度，m/s；a 为斥力盘的加速度，m/s^2；s 为斥力盘的位移，m；W 为斥力盘及盘式线圈储存的能量，J。

3)电路方程

金属线圈的外接驱动电路如图 11-7 所示，其中，C 为储能电容器组，U_C 为电容器组 C 两端充电电压，S 为接触器，VT 为可控晶闸管，R_1、L_1 分别为电容 C 自身电阻和电抗，R_2、L_2 为外部线路阻抗，R 和 L 分别为斥力机构的总电阻和电感，其中包含了金属线圈自身阻抗和与金属盘的互感。

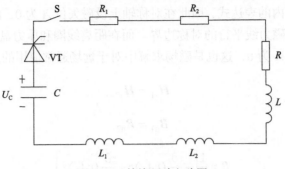

图 11-7　外接驱动电路图

模型将式(11-13)和式(11-14)联立,通过能量法求得各匝线圈及金属盘之间的自感和互感,通过式(11-16)中电磁场中的热损耗得到线圈的瞬时电阻,并以此将电磁场方程与电路方程相耦合,所用方程如下:

$$W = \frac{1}{2}\sum_j \phi_j I_j \tag{11-13}$$

$$W = \frac{1}{2}\int_\Omega \boldsymbol{B} \cdot \boldsymbol{H} \mathrm{d}\Omega \tag{11-14}$$

则由式(11-13)和式(11-14)可以导出式(11-15):

$$L_{ij} = \int_\Omega \boldsymbol{B}_i \cdot \boldsymbol{H}_j \mathrm{d}\Omega \tag{11-15}$$

$$R_i = \left(\int_S \boldsymbol{J}_i \cdot \boldsymbol{J}_i \mathrm{d}S\right)\Big/ I^2 \tag{11-16}$$

$$u_c = (L + L_1 + L_2)\frac{\mathrm{d}I}{\mathrm{d}t} + (R + R_1 + R_2)I \tag{11-17}$$

$$i = -C\frac{\mathrm{d}u_c}{\mathrm{d}t} \tag{11-18}$$

式(11-13)~式(11-18)中,ϕ_j 为将线圈看作多个导体的串联,第 j 个导体的磁链,Wb;I 为线圈电流,A;I_j 为第 j 个导体中的电流,A;L_{ij} 为第 i 和第 j 个导体的互感,当 $i=j$ 时即为导体的自感,H;R_i 为第 i 个导体的瞬时电阻,Ω;R 为将 R_i 求和得到线圈总电阻,Ω;$\boldsymbol{J}_i$ 为第 i 个导体的电流密度,A/m^2;u_c 为储能电容充电电压,V;C 为储能电容容量,F。

2. 计算模型的建立

根据电磁快速操作机构的结构特性,可以用二维的轴对称模型对其运动过程进行分析。利用 AnsoftMaxwell 二维瞬态场的计算模块对快速操作机构的动力学特性相关方程进行耦合求解。求解主要包括了建模、定义材料、边界条件、运动设置、网格剖分及求解等几个过程。利用前处理建立了快速操作机构的二维轴对称简化模型，如图 11-8(a) 所示，模型中包含了分闸线圈、合闸线圈、金属盘、金属杆、运动空间及外壳，其中金属盘厚度设置为 D_1，金属盘半径为 R，分闸线圈匝数为 N，分闸线圈厚度为 D_2。

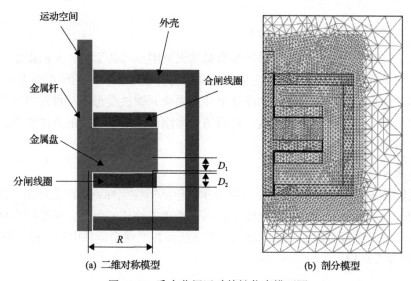

(a) 二维对称模型　　　　　(b) 剖分模型

图 11-8　斥力分闸运动特性仿真模型图

　　二维模型建立完成之后，给各部件赋上材料属性，定义边界条件，设置运动参数，可动部件质量是运动特性计算中的关键参数，其质量大小与中压直流系统的额定电压、额定电流、触头系统及加工方式等多方面因素有关。基本设置完成后对模型进行网格划分，如图 11-8(b) 所示为网格剖分模型，网格总数为 5089 个，网格数量越大能够提高计算精度但计算量也增大。最后设置仿真计算的步长和计算时间进行计算求解，并生成结果，计算结果包含电磁斥力、线圈放电电流、运动速度、运动行程等常见的动力学特性参数的变化曲线，以及电流密度分布、磁力线分布等等势图结果，可以对其进行规律性分析。

　　根据前文的理论分析，利用 ANSOFT 软件建立的动力学分析模型就可对机构中的关键参数进行仿真设计，如金属盘尺寸和材料、线圈尺寸和材料以及电容容值、预充电压和线路参数等各个关键参数等，通过仿真分析的方法来指导设计快速操作机构的结构参数和电路参数，使之获得最佳的效果。

11.3.2　开关应力特性仿真方法

　　由于电磁快速操作机构中的驱动力存在作用时间短、变化率高等特点，传统的静态应力的求解方法无法准确反映机构中各个部件的实际受力情况，整个操作机构的运动情况对每个构件的受力有很大影响，从而决定了构件内部的应力应变分布。为了提高快速机构中各部件应力的求解精度，应用柔性体动力学的理论，可联合 ADAMS 多体动力学机械系统仿真软件和 ANSYS 有限元软件，建立中压直流快速操作机构全柔性体动力学模型，采用斥力盘分布式载荷的方法对分闸过程进行仿真。

1. 动态应力应变计算理论分析

为了计算快速操作机构中弹性变形对其大范围运动的影响，人们提出采用混合坐标系来描述柔性体位形。动态应力应变的计算基于柔性体的瞬态动力学分析，在具体的建模过程中先将部件的浮动坐标系固化，弹性变形按某种理想边界条件下的结构动力学有限元进行离散，然后仿照多刚体系统动力学的方法建立离散系统数学模型。

1) 柔性体浮动坐标系

柔性体系统中的坐标系如图 11-9 所示，包括惯性坐标系和动坐标系。前者不随时间变化，后者是建立在柔性体上，用于描述柔性体的运动。动坐标系可以相对惯性坐标系进行有限的移动和转动。动坐标系在惯性坐标系中的坐标(移动、转动)称为参考坐标。

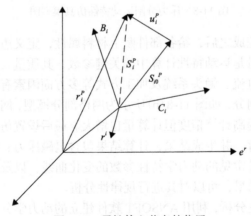

图 11-9　柔性体上节点的位置

与刚体不同，柔性体是变形体，体内各点的相对位置时时刻刻都在变化，只靠动坐标系不能准确描述该柔性体在惯性坐标系中的位置。因此，引入弹性坐标系来描述柔性体上各点相对坐标系的变形，这样柔性体上任一点的运动就是动坐标系的刚性运动与弹性变形的合成运动。

2)分布式载荷数学模型

在 ADAMS 软件中，外加载荷包括单点力与扭矩、分布式载荷及残余载荷三部分。实际上，如果分布力系的施加对象是刚体，可以按照力的平移定理，对分布力系进行简化，形成一个力和一个力偶，但是根据电磁斥力分布特性研究可知，对于金属盘而言，不能通过传统的集中力和集中力偶作为驱动力，必须建立分布力才能更准确分析金属盘的受力情况。分布式载荷可以通过 MFORCE 的方式创造，通常在 FEM(finit elenment methods)软件中有运动方程：

$$M\ddot{x} + Kx = F \tag{11-19}$$

式中，M 为柔性体上有限单元的质量；K 为刚度矩阵；x 为物理节点的自由度矢量；F 为载荷矢量。

利用模态矩阵 $\boldsymbol{\Phi}$ 将上式转换到模态坐标 q 下，有

$$\hat{M}\ddot{q} + \hat{k}q = f \tag{11-20}$$

式中，$\hat{M}$ 为广义质量矩阵 $\boldsymbol{\Phi}^{\mathrm{T}}M\boldsymbol{\Phi}$；$\hat{k}$ 为广义刚度矩阵 $\boldsymbol{\Phi}^{\mathrm{T}}K\boldsymbol{\Phi}$；$f$ 为模态载荷矢量 $\boldsymbol{\Phi}^{\mathrm{T}}F$。

节点力矢量在模态坐标上的投影为

$$f = \boldsymbol{\Phi}^{\mathrm{T}}F \tag{11-21}$$

如果 $\bar{F}$ 是时间的函数，则求解时计算费用太大。一种替代的方法是假设空间依赖性和时间依赖性可以分开，把载荷 F 看成是一系列依赖于时间的静态载荷的线性组合，即

$$F(t) = s_1(t)F_1 + \cdots + s_n(t)F_n \tag{11-22}$$

载荷在模态坐标上的投影计算可在有限元软件 MNF 过程中完成，而不必再 ADAMS 仿真中重复进行。如果定义一系列静载荷为载荷矢量，并使其与系统响应显性相关，即表示成 $f(q,t)$ 的形式，则模态力又可表示为

$$f(q,t) = s_1(q,t)f_1 + \cdots s_n(q,t)f_n \tag{11-23}$$

斥力盘上的电磁斥力呈现为中间大两边小的分布趋势，并且由于集肤效应，电磁力主要集中在斥力盘表面 5mm 深度内，电磁合力为随时间变化的瞬态力，为了简化斥力盘表面的力分布特性，本章将受力盘划分为 6 个区域，力分别为 f_1、f_2、f_3、f_4、f_5、f_6，其示意如图 11-10 所示。假设电磁斥力分布密度沿斥力盘径向为正态分布规律，进行近似取值。

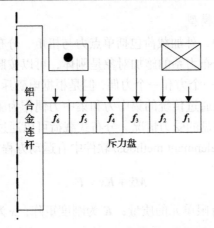

图 11-10　斥力盘上电磁斥力分布特征

3) 瞬态动力学数学模型

瞬态动力学分析是用于确定结构在承受任意随时间变化的载荷时的动力学响应的一种方法，柔性体的瞬态运动方程从下列拉格朗日方程导出：

$$\begin{cases} \dfrac{d}{dt}\left(\dfrac{\partial L}{\partial \dot{\xi}}\right) - \dfrac{\partial L}{\partial \xi} + \dfrac{\partial \Gamma}{\partial \xi} + \left(\dfrac{\partial \psi}{\partial \xi}\right)^{\mathrm{T}} \lambda - Q = 0 \\ \psi = 0 \end{cases} \tag{11-24}$$

式中，ψ 为约束方程；λ 为对应于约束方程的拉式乘子；ξ 为广义坐标；Q 为投影到 ξ 上的广义力；L 为拉格朗日项，定义为 $L = T - W$；T 为动能；W 为势能；Γ 为能量损耗函数。

将求得的 T、W、Γ 代入，最终得到运动微分方程为

$$M\ddot{\xi} + \dot{M}\dot{\xi} - \frac{1}{2}\left(\frac{\partial M}{\partial \xi}\dot{\xi}\right)^{\mathrm{T}}\dot{\xi} + \boldsymbol{K}\xi + f_g + \boldsymbol{D}\dot{\xi} + \left(\frac{\partial \psi}{\partial \xi}\right)^{\mathrm{T}}\lambda = Q \tag{11-25}$$

式中，$\dot{\xi}$、ξ 为柔性体的广义坐标及其时间导数；M、$\dot{M}$ 为柔性体的质量矩阵及其对时间的导数；$\dfrac{\partial M}{\partial \xi}$ 为质量矩阵对柔性体广义坐标的偏导数，M 为模态数；$\boldsymbol{K}$ 为结构的广义刚度矩阵；f_g 为重力势能对广义坐标的偏导数；$\boldsymbol{D}$ 为阻尼系数矩阵。

2. 应力计算模型的建立

快速操作机构的柔性体建立采用 FLEX 体方法，即利用有限元分析软件 ANSYS 将构件离散成细小的网格，进行模态计算，将计算的模态保存为中性文件 MNF（ModalNeutralFile），直接读取到 ADAMS 中建立柔性体。可将快速操作机构

动态应力的仿真建模流程分为四个部分进行：第一部分为在三维造型软件 UG 中建立快速操作机构的几何模型；第二部分为在 ANSYS 中生成模态中性文件，即 *.MNF 文件；第三部分为在 DOC 平台建立随时间变化的斥力盘分布式载荷，作为操作机构分闸驱动力；第四部分为在 ADAMS 中进行机械动力学仿真，并导出不同时刻的载荷文件进行结果分析。具体的操作流程如图 11-11 所示。

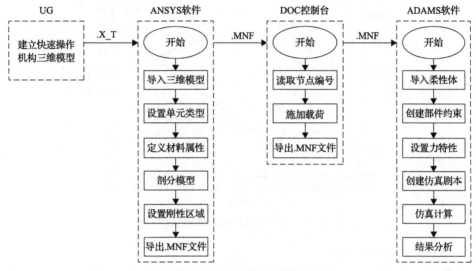

图 11-11　动态应力仿真建模流程

11.4　直流高速机械开关机构设计

高速机械开关的设计主要涉及快速分闸、缓冲特性、合闸保持及绝缘拉杆强度等几个方面。要做到快速分闸，就必须考虑斥力盘结构、斥力线圈结构、驱动电路参数等对运动特性的影响。快速斥力机构动作行程短、速度快，必然要产生强烈的冲击和振动，因此分闸缓冲对于快速斥力机构也极为重要。此外，绝缘拉杆及其两端的连接头作为斥力盘和动触头之间的的主要传动部件，其强度直接影响快速机构分闸过程的可靠性和使用寿命，因此需要对其进行应力分析。

11.4.1　快速分闸设计

1. 斥力盘结构的影响

1）不同斥力盘材料

斥力盘选择不同材料对于机构运动过程的影响较大，主要表现在材料影响感应电流大小和可动部件质量。如图 11-12 所示为斥力盘分别为铜材料和铝合金材料下电磁斥力和位移的仿真结果。从图中可以看出，两种情况下电磁斥力峰值出现时刻相同，由于铜盘导电性能优于铝盘，铜盘能够产生更大的电磁斥力，但是铜密度是铝的 3 倍之多，铜盘质量远大于铝盘，导致其加速度低于铝盘，分闸性能较差，在相同时间内铝盘的位移相较于铜盘反倒有提升，所以斥力盘材料一般选择铝合金。

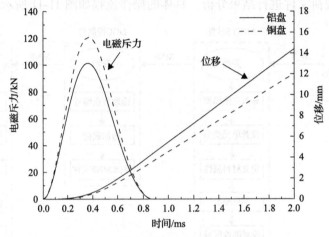

图 11-12　金属盘材料对运动过程的影响

2) 不同斥力盘厚度 D

斥力盘的厚度会影响感应涡流的分布以及可动部件的质量，如图 11-13 和图 11-14 所示分别为斥力盘厚度 D 为 2mm、4mm、6mm、8mm、10mm、15mm、18mm 时的电磁斥力、位移和电流密度对比结果。由图 11-13(a) 可以看出，当斥力盘厚度 D 取值小于 4mm 时，盘上电磁斥力受厚度 D 的影响较大，电磁斥力随着 D 的减小而显著减小；而在 D 取 4mm 及以上时电磁斥力几乎不随厚度变化。从图 11-14(b)

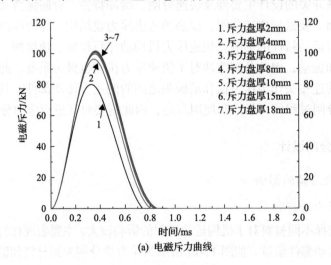

(a) 电磁斥力曲线

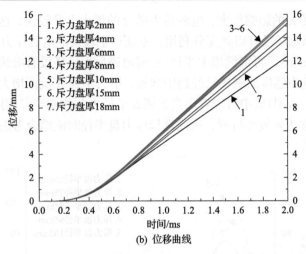

(b) 位移曲线

图 11-13　金属盘厚度 D 对运动过程的影响

位移曲线可以看出，当金属盘厚度 D=6mm 时，2ms 时间内的机构行程最大，继续增大厚度 D 时行程开始降低。当金属盘厚度 D_1 增大到 18mm 时，机构行程位移减小很多，这是由于金属盘厚度增加的同时可动部件质量上升，不利于分闸速度的快速提高。因此，金属盘厚度的设计需要综合可动部件质量和机械强度两个要求进行考虑。

从图 11-14 电流密度分布结果可知，金属盘上感应电流集中在 4mm 深度，增大 D 使感应电流的区域增加，而电流分布密度下降，二者相互抵消作用导致金属盘上感应的总电磁斥力几乎不变。

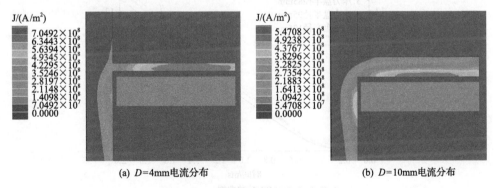

(a) D=4mm电流分布　　　　　　　　　　　　(b) D=10mm电流分布

图 11-14　金属盘感应电流密度分布

3）不同斥力盘半径 R

保持分闸线圈半径不变，分别对金属盘半径 R 为 65mm、75mm、85mm、95mm及 105mm 的情况进行计算，图 11-15 所示分别给出了每种金属盘半径 R 下的电磁斥力和位移时间曲线。从图(a)中可以看出，当金属盘半径 R 小于 85mm 时，电

磁斥力的大小受 R 的影响较大，电磁斥力随 R 的增大上升较快，这是由于金属盘 R 较小时，线圈磁场没有得到充分利用，不能产生较大的电磁斥力。当半径 R 大于一定数值（85mm），再继续增大半径 R 时电磁斥力已经没有继续增长的趋势，这是由于金属盘中感应的磁场已经趋于饱和，增大半径 R 反而增大可动部件质量导致速度降低。从图（b）中可以看出当金属盘半径 R 与线圈半径相同（85mm）时，2ms 内机构能够达到最大行程，因此选择斥力盘半径时应综合考虑电磁斥力大小和可动部件质量。

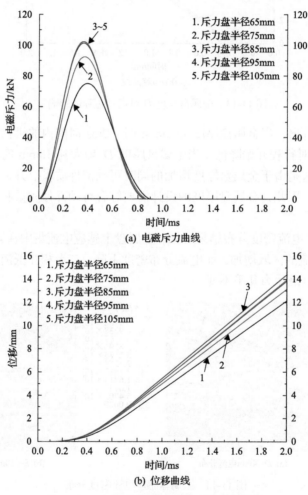

(a) 电磁斥力曲线

(b) 位移曲线

图 11-15　金属盘半径 R 对运动过程的影响

2. 斥力线圈结构的影响

线圈结构参数的不同会影响到线圈自身电感的大小，以及 LC 回路的放电参数，同时不同结构参数的线圈其加工难度不同，线圈过厚则可能会造成线圈折弯困难，线圈厚度过小可能会造成线圈的强度不足等问题。因此掌握线圈结构参数对分闸运动特性的影响，选择合适的线圈参数十分必要。参考实际斥力线圈绕制工艺，分匝建立了斥力线圈仿真模型，如图 11-16 所示，其中黄色部分为分匝斥力线圈，紫色部分为斥力盘和传动部件。并对影响线圈的主要三个结构参数线圈匝数 n、线圈厚度 d_1 和线圈宽度 d_2 对分闸运动特性的影响逐一进行分析。

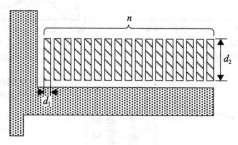

图 11-16　斥力线圈模型

1) 线圈匝数 n

线圈的匝数直接影响到分闸线圈的电感大小，从而影响放电时间常数和电流参数。考虑到实际应用中绝大多数斥力线圈采用铜扁线绕制斥力线圈，针对斥力线圈进行分匝建模，将扁铜排逐次排列在斥力盘上方。如图 11-17 所示为分闸过程中机构位移、机构分闸速度、线圈电流和电磁斥力曲线图以及分闸时间、峰值速度电磁斥力峰值和放电电流峰值等反映分闸特性的输出结果与线圈匝数的关系图。

观察图 11-17 线圈匝数对分闸运动特性的影响，随着线圈匝数的增加，斥力线圈电感值增大，电流峰值呈现出下降趋势，电磁斥力峰值呈现先减小后增大的趋势，整体分闸时间相差不大，15 匝线圈、16 匝线圈和 17 匝线圈的电磁斥力峰值三者相差不大，在选择匝数时还应考虑绝缘拉杆强度和斥力盘强度，所以综合分闸时间因素应选择电磁斥力峰值较小的匝数作为斥力线圈参数。

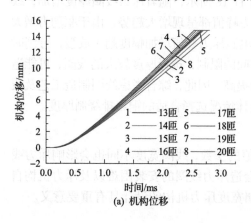

(a) 机构位移

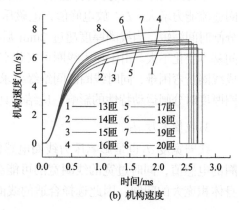

(b) 机构速度

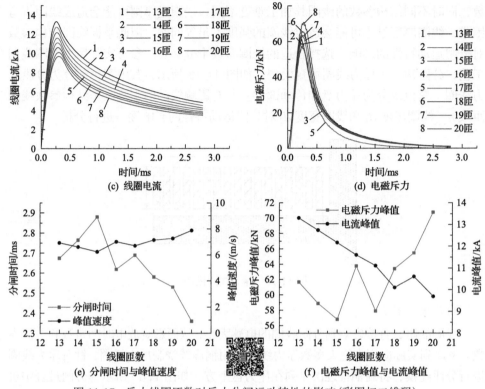

图 11-17　斥力线圈匝数对斥力分闸运动特性的影响(彩图扫二维码)

2) 线圈厚度 d_1

线圈厚度 d_1 是影响分闸特性的另一参数，一方面选择较厚的铜扁排绕制斥力线圈线圈通流能力强，但会带来绕制困难的问题，较窄的铜扁排绕制工艺较为简单，但可能带来线圈阻值较大及线圈强度不够的问题。因此，选择合适的绕制铜扁排对于分闸特性和斥力机构制造工艺都具有重要意义。

斥力线圈厚度对分闸特性的影响如图 11-18 所示，随着斥力线圈厚度增加，线圈通流能力增大，LC 放电峰值，电磁斥力峰值都呈现增大趋势，由于驱动力增大分闸时间缩短。当线圈厚度超过 2mm 后电磁斥力峰值增加幅度趋于放缓，分闸时间基本变化不大。由于斥力线圈可安装空间的限制，选择厚度较大的线圈，可能造成线圈折弯困难，同时线圈匝间绝缘要求提高。因此，综合考虑线圈制造工艺及线圈厚度对分闸运动特性的影响，应结合具体情况选择合适的铜扁排绕制厚度。

3) 线圈宽度 d_2

线圈宽度 d_2 也是影响斥力线圈电感值的参数，线圈宽度不同也会影响斥力线圈的电感值，同时过宽的线圈宽的可能会造斥力线圈的安装困难以及斥力机构自身体积庞大的问题，因此选择合适的线圈宽度斥力机构的设计具有重要意义。

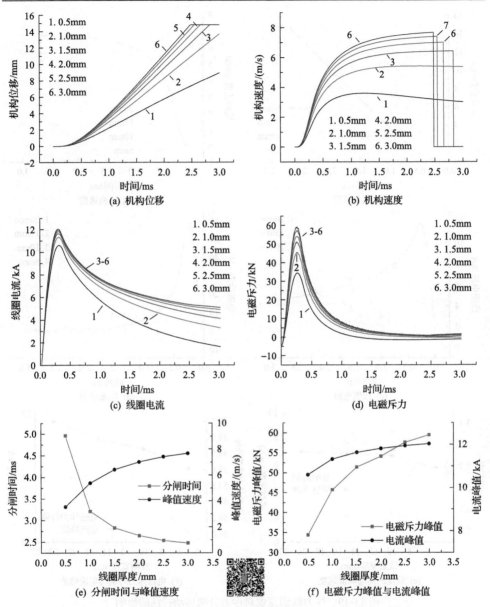

图 11-18　斥力线圈厚度对斥力分闸运动特性的影响(彩图扫二维码)

　　线圈宽度对分闸特性的影响如图 11-19 所示，分别计算了线圈宽度为 5mm、10mm、15mm 和 20mm 下斥力机构的运动特性。随着线圈宽度增加，斥力机构分闸时间、电磁斥力峰值和电流峰值都呈现出增加趋势。可以发现当线圈宽度超过 10mm 后，斥力机构分闸运动特性受斥力线圈宽度的变化影响不大，所以选择线圈宽度时除了考虑运动特性外，也要从节省成本的角度来选择线圈宽度。

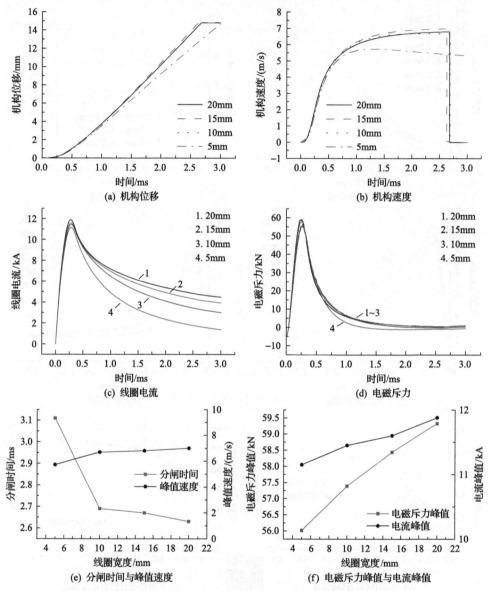

图 11-19 斥力线圈宽度对斥力分闸运动特性的影响

3. 电路参数的影响

1) 电容容值 C

电容容值对分闸运动特性的影响如图 11-20 所示,分别计算了驱动电容为 1～10mF 区间内,以 1mF 为步长,共计 10 组参数下运动特性,获得了快速分闸位移曲线、快速分闸速度曲线、快速分闸电流曲线、电磁斥力曲线、分闸时间曲线、峰值速度曲线、电流峰值曲线、电磁斥力峰值曲线。

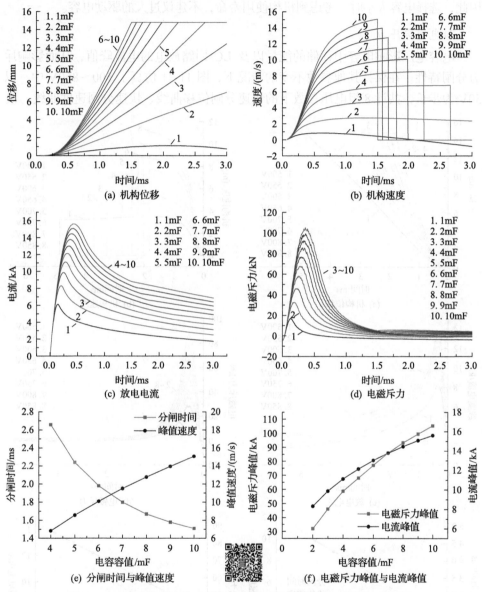

图 11-20　驱动电容容值对斥力分闸运动特性的影响(彩图扫二维码)

观察图 11-20,随着驱动电容容值增加,机构分闸时间呈现减小趋势。观察电磁斥力曲线图,电磁斥力随驱动电容从 1mF 增加至 10mF 呈增加趋势,当驱动电容小于 1mF 时分闸失败。当电容超过 5mF 之后,机构分闸时间和最大速度相差不大,但相比于 5mF 驱动电容,10mF 电容电磁斥力峰值有所增加,但斥力机构电磁斥力峰值过高时使用寿命会大大减小，零部件容易发生塑性形变，造成不可逆的损伤。因此，选择电容大小时，考虑到机构使用寿命，不建议过大的驱动电容。

　　2）电容电压 u

　　电容电压影响电容中存储的能量以及 LC 回路放电的电流峰值，从而影响斥力分闸特性。在保持其他参数不变的情况下，图 11-21 仿真了 500～850V 中，以 50V 为步长，共计 8 组电压参数下的快速分闸位移曲线、快速分闸速度曲线、快

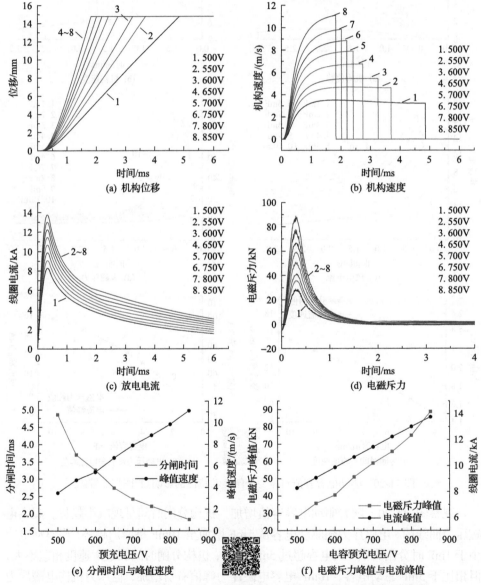

图 11-21　驱动电容预充电压值对斥力分闸运动特性的影响（彩图扫二维码）

速分闸电流曲线、电磁斥力曲线、分闸时间曲线、峰值速度曲线、电流峰值曲线、电磁斥力峰值曲线。

观察可以发现，随着预充电压的增加分闸速度、放电电流、电磁斥力都呈现出增大趋势，从能量转化效率和分闸速度的提高角度来讲，驱动电容预充电压越大越好，但观察图(a)可以发现，预充电压超过 700V 之后，增加预充电压，分闸时间变化基本不大。同时，伴随着预充电压增加，电磁斥力峰值的增加，对斥力盘和绝缘拉杆等结构部件的强度要求越高，从斥力机构使用寿命角度，不宜使总驱动力超过 70kN，所以应综合考虑各因素来选择电容大小。

11.4.2 合闸保持设计

实际应用工况下，动静触头由于存在异向电流导致触头间会产生洛仑磁力，正常通流情况下这种现象不是十分明显，特别地，当冲击电流发生的情况下，这种电磁斥力会被成倍甚至是成数十倍的放大。由于动静触头接触不充分，触头表面为非理想光滑平面，动静触头实际通过一个个导电斑点接触，造成触头实际接触面积小于触头正对面积。实际动静触头间电流线如图 11-22 所示，动静触头接触面间存在异向电流，当斥力机构有额定电流通过时，动静触头间产生斥力作用，这种斥力作用称为霍尔姆力。当电流急剧上升时，导电斑点急剧收缩，造成动静触头间电流增大，霍尔姆力迅速增大。对于一些有短耐需求的直流断路器，当电流浪涌流过斥力机构时，若斥力机构不具备足够的合闸保持力，动静触头斥开，真空灭弧室燃弧，严重影响直流断路器的电寿命，严重的会造成动静触头熔焊，无法分闸，直接损坏斥力机构。因此，具备足够的合闸保持力抵抗系统短路电流的冲击对于斥力机构具有重要意义。

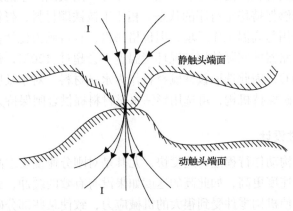

图 11-22 霍尔姆力产生原理示意图

相较于广泛应用于斥力机构的双稳弹簧保持机构，永磁保持机构具有较大的优势。永磁保持装置可以实现较大的合闸保持力，双稳弹簧机构随着合闸保持力增大，弹簧设计和安装都存在较大问题；双稳弹簧的保持机构一般存在销钉连接等部件，在快速分闸过程中受到冲击较大，机械寿命提高存在问题。特别对于需要抵抗较大冲击电流的直流断路器，永磁保持机构具有较好的动稳定性，可有效避免在电流冲击和外部冲击振动发生的情况下断路器误动作或触头斥开燃弧的情况，大幅提高断路器的可靠性和电寿命。

永磁保持机构中永磁材料的选取直接影响到分合闸保持力的大小以及保持机构的体积。因此选取合适的永磁材料是设计永磁保持机构的关键步骤。一般常用的永磁材料一般分为铝钴镍系永磁合、铁钴镍系永磁合金、永磁铁氧体、系统材料和符合永磁材料。常用永磁材料的性能参数如表 11-1 所示。

表 11-1 常用永磁材料性能参数表

永磁材料	最大磁能积/BH MGOe	居里温度/℃	磁感应矫顽力/(kA/m)	加工性能	价格
AlNiCo	1.2~1.3	890	160	较好	中等
永磁铁氧体	0.8~5.2	450	128~320	一般	便宜
$SmCo_5$	15~24	740	320~384	一般	贵
$SmCo_{17}$	22~32	926	640~720	一般	贵
烧结 NdFeB	30~52	310	992	一般	中等
黏结 NdFeB	3~13	350	480~560	好	中等

考虑到永磁保持装置的合闸保持力需求，一般选用磁能积较大的材料考虑使用可采用钐钴永磁材料或者钕铁硼永磁材料。同时由于分合闸动作的需求，选取的永磁材料必须具有较强的磁感应矫顽力，在分合闸线圈产生的外加磁场的作用线，内部磁畴能够保持稳定有序的状态。相比于钕铁硼材料，钐钴永磁材料居里温度高，可以使用与高温工作环境，但价格昂贵，且矫顽力比钕铁硼要低。综上所述，考虑到断路器的实际使用工况环境温度不会超过 120℃，低于钕铁硼材料的去磁温度 150℃，因此选取钕铁硼材料作为永磁材料。对于某些特殊环境较高的应用环境的永磁保持机构，可选钐钴永磁材料提供合闸保持力。

11.4.3 缓冲特性设计

快速斥力机构动作行程短，速度快，尤其是对刚分速度要求高的电磁斥力机构其行程末期的速度更高，如此高的速度如果没有有效的缓冲，必然要产生强烈的冲击和振动，使机构零件受到很大的机械应力，致使某些部分破碎损坏，更可能出现碰撞反弹导致分闸失败，同时也会影响真空灭弧室波纹管寿命，因此，合理设计分闸缓冲对于快速斥力机构非常重要。斥力机构一般选择用油缓冲器作为制动部件，相比于电磁缓冲，气缸缓冲等其他缓冲方式油缓冲器具有体积小、控制简单、寿命长等优点。然而，油缓冲器的引入会增加可动部件质量，降低高速机构的响应速度。同时，当机构可动部件质量较大、速度很高时，高速运动的可动部件与弹簧缓冲或油缓冲接触时会产生严重的碰撞，降低机构使用寿命，对此作者研究团队提出了气压缓冲的新结构。

1. 油缓冲器方案

油缓冲器是将冲击能量消耗在油的流动损失上，它能吸收大部分动能而不发生反弹，被广泛用作断路器的分闸缓冲器，其基本结构如图 11-23 所示。机构运动部分与油缓冲器的撞杆相碰后，迫使活塞与运动部分一起向下运动。由于油基本不能被压缩，活塞下面的油只能以高速通过活塞与油缸之间的窄缝流到活塞上方。油流过窄缝隙时需要克服很大的黏性摩擦力，这样在活塞上即出现很大的制动力。油缓冲器在刚投入工作时，由于速度较大，制动力比较大，但随着活塞运动速度的下降，制动力也随之下降，当活塞速度为零时，油缓冲器反力仅为返回弹簧弹力大小。根据油缓冲器的原理及特点可以看出，油缓冲器非常适用于快速斥力机构这类速度高、行程短的缓冲工况，同时，油缓冲器可以选择在不同位置投入，不会影响斥力机构的快速响应。

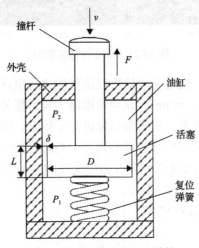

图 11-23   油缓冲器基本结构

1）油缓冲器缓冲特性实验

为了得到缓冲器的出力特性与缓冲速度的关系，设计如图 11-24 实验，以 SMC 公司缓冲器为例，为保证缓冲效果与实际相同，定做一个质量为 5kg 的圆柱形铁块，置于距离机构一定高度 h 处，使铁块自由坠下，通过高速摄影仪记录铁块位移变化，如图 11-25，获得铁块位移曲线，并通过位移曲线提取出铁块速度及缓冲器提供的加速度。

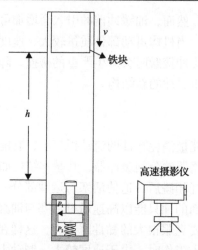

图 11-24　油缓冲器测试示意图

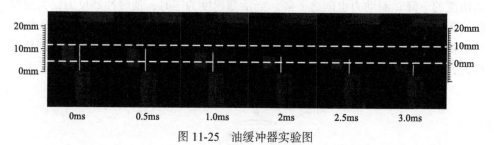

图 11-25　油缓冲器实验图

观察铁块位移变化，通过高速摄影仪读取的铁块位移曲线如图 11-25 所示，$t=0\text{ms}$，铁块撞上缓冲器，$t=3\text{ms}$，铁块速度降为零，缓冲距离为 10mm。为了方便处理速度与加速度的关系，对实验结果进行了拟合，拟合结果如图 11-26（a）所示，拟合函数与实测结果相比基本没有偏差。对拟合的函数分别求一阶导数和二阶导数，并将质量乘以加速度得到缓冲力与速度的关系曲线，如图 11-26（b）所示。

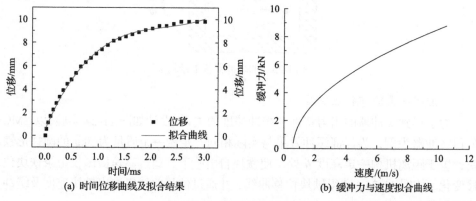

(a) 时间位移曲线及拟合结果　　　　　(b) 缓冲力与速度拟合曲线

图 11-26　缓冲特性实验结果

对缓冲力和速度进行拟合，可得到该油缓冲器出力 F_d 与速度 v 关系式：

$$F_d = -160.77 \times v^2 + 3972.42 \times v - 1886.64 \tag{11-26}$$

式中包含常数项一次项和二次项，说明实验测得该款油缓冲器缓冲出力与速度的一次项二次项具有关联。

2）油缓冲器缓冲特性仿真

设机构快速分闸中无缓冲距离为 d_d，即机构在刚开始快速分闸到缓冲器前运动的距离。不同位置缓冲器位置的位移曲线和速度曲线如图 11-27 所示，可以发现，由于缓冲器的引入，机构在撞到缓冲器后存在明显的减速过程，可以观察到，当无缓冲距离预留超过 11mm 时，机构最终停止的速度超过了 2m/s，撞击机构止位速度过大，会造成机构零部件损坏和弹跳的问题，因此无缓冲距离不宜超过

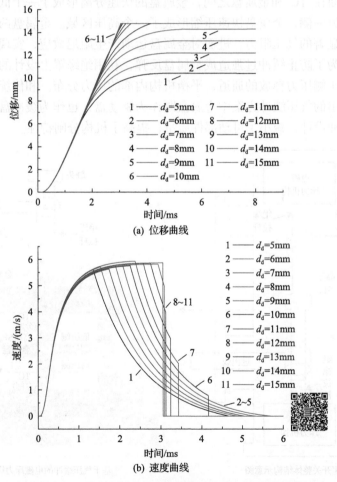

(a) 位移曲线

(b) 速度曲线

图 11-27　不同缓位置机构运动特性曲线(彩图扫二维码)

10mm。另外，由于直流断路器对于机构快速建立一定距离的绝缘间隙有要求，如果过早缓冲，断口熄弧后，绝缘间隙过小，断口存在重击穿的可能性，造成短路分断失败，影响直流分断的可靠性。所以，综合断路器需求和对零件保护的需求，应选择合适的无缓冲距离，既能保证机构的分闸速度满足需求，又能保证机构零部件不会因为猛烈撞击而发生损坏。

2. 气压缓冲方案

图 11-28 给出了一种高压直流高速机械开关结构示意图。由于开关整体为上下对称结构，触头系统和机构均安装在高压 SF$_6$ 环境，以满足高压直流系统对开关的绝缘和耐压要求。分闸线圈 TC、合闸线圈 TC1 及金属盘被密封在机构内。分闸过程中金属盘以一个很高的加速度和 TC 分离，进而引起机构内部流场急剧变化。一方面在 TC 和金属盘之间，金属盘的快速分离形成了一个低压区域；而在金属盘的另一侧，金属盘快速压缩形成了一个高压区域。金属盘两侧的压力差会产生一个显著的气压阻力，进而对金属盘运动产生阻尼效应，实现气压缓冲。另一方面，为了防止缓冲过强造成金属盘反弹，利用绝缘罩上设计的减压孔提供高压侧向低压侧压力释放的通道，平衡机构内部的压力分布。和传统的缓冲方式相比，所提出的气压缓冲方案中金属盘既作为驱动盘，也作为缓冲盘，大大简化了机构的缓冲设计，减小了可动部件质量，提高了机构分闸特性。

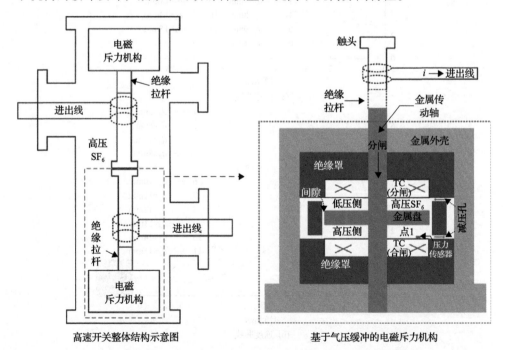

高速开关整体结构示意图　　　　　基于气压缓冲的电磁斥力机构

图 11-28　一种采用气压缓冲的高压直流高速开关结构示意图

1）气压缓冲特性仿真

考虑到图 11-28 中电磁斥力机构的轴对称性，建立了一个二维轴对称模型研究驱动器的运动特性，如图 11-29 所示。机构基本参数的影响已经在之前的内容中做了介绍，如金属盘和线圈直径、线圈匝数、金属盘材料及金属盘和线圈之间的初始距离等。减压孔是均匀离散的分布在绝缘罩上，因此在保证气流通道总截面积不变的情况下，三维模型上的减压孔被等效为二维模型上的气流通道，通道宽度 d 通过以下公式确定：

$$d = \frac{n \cdot A}{2\pi \cdot (R + \alpha)} \tag{11-27}$$

式中，n 为单个绝缘罩上减压孔的个数；A 为每个减压孔的截面积；R 为金属盘的外径；α 为金属盘边缘和绝缘罩之间的间隙距离。

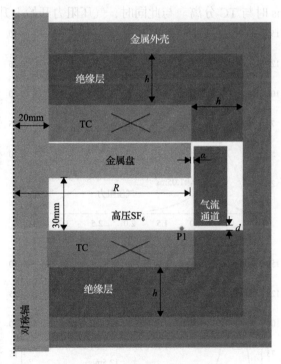

图 11-29　二维轴对称仿真模型

如前所述，分闸过程中机构内部流场变化对于机构运动特性有重要影响，而气压阻力与机构的运动速度密切相关，本节围绕不同分闸速度下的气压阻力对运动运动特性的影响，采用 Fluent 软件展开了详细的仿真计算，模型基本参数如表 11-2 所示。

表 11-2　仿真模型参数

参数	取值
电容容值(C)	5mF
预充电电压(u_C)	1400V
高速开关充气压力(P)	0.4MPa
可动部件质量(m)	4, 5, 6kg
行程(S)	30mm
气流通道宽度(d)	2mm

　　通过改变机构的可动部件质量获得不同的金属盘运动速度，以此来确定不同速度下气压阻力的变化特性及其对金属盘运动的影响。图 11-30 给出了分闸过程中不同可动部件质量情况下的电磁斥力、气压阻力、金属盘速度和位移的计算结果。根据位移曲线，对于不同的可动部件质量，随着初始阶段电磁斥力的增加，金属盘均在 0.25ms 时与 TC 分离。与此同时，气压阻力开始上升。在 TC 中的电

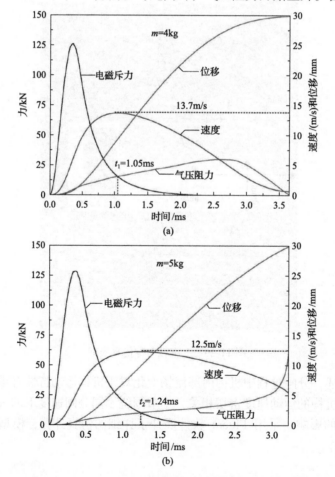

(a)

(b)

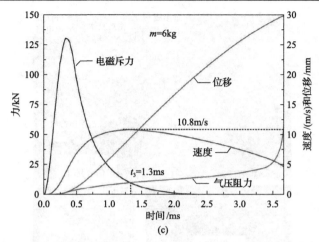

图 11-30　不同可动部件质量情况下电磁斥力，气压阻力，金属盘速度和位移的计算结果

流达到峰值后，电磁力快速下降。对于 m=4，5，6kg，气压阻力分别在 1.05ms、1.24ms 和 1.3ms 时与电磁力相等，相应的最高速度分别为 13.7m/s、12.5m/s 和 10.8m/s。之后，随着金属盘继续向前运动，气压阻力开始大于电磁力，持续增强的阻尼效应导致金属盘速度快速减小，并且质量越小，速度下降越快。

在分闸后期，对于不同的可动部件质量，气压阻力呈现出不同的变化趋势。对于 m=4kg 的情况，气压阻力约在 2.7ms 后开始减小，这是因为金属盘相对较低的运动速度使压力梯度的平衡速度高于其建立速度。然而，对于 m=5kg 和 6kg 的情况，气压阻力分别在 3ms 和 3.5ms 后急剧上升，这可能来源于两方面的原因。一方面，对于 m=5kg 和 6kg，分闸后期金属盘速度相对较高，导致金属盘两侧的压力差快速增加；另一方面，随着金属盘持续向前运动，金属盘和终点位置的距离越来越小。特别当这个距离小于气体通道宽度 d 时，气体逃逸速度严重受到制约。在这两个因素的共同作用下，压力梯度的建立速度远远高于其平衡速度，最终导致气压阻力大幅增加。

最后，当金属盘到达分闸位置时，对于 m=4，5，6kg，金属盘速度分别下降到了 0.7m/s、2.9m/s 和 4.8m/s，相比于各自的最高速度分别下降了 94.9%、76.8% 和 55.6%。这意味着气压阻力能够大大减小金属盘运动速度，对机构运动有着明显的缓冲效应。此外，可动部件质量越小，缓冲效果越明显。对于 m=5kg 和 6kg，在行程末端速度和气压阻力仍然保持着较高的值，可能造成金属盘反弹。因此，这两种情况下的缓冲效果需要进一步增强。对于 m=4kg，速度和气压阻力在终点位置时都减小到 0，避免了反弹的出现，缓冲特性较好。此外，分闸开始后 0.5ms 内气压阻力远远小于电磁力，因此气压缓冲不会影响 HSS 的高响应速度。

2) 气压缓冲特性实验测试

围绕作者团队研制的带气压缓冲的高压直流高速开关装置开展运动特性实验，如图 11-31 所示。试验参数如表 11-3 所示。两个对称的环氧浇铸件作为绝缘

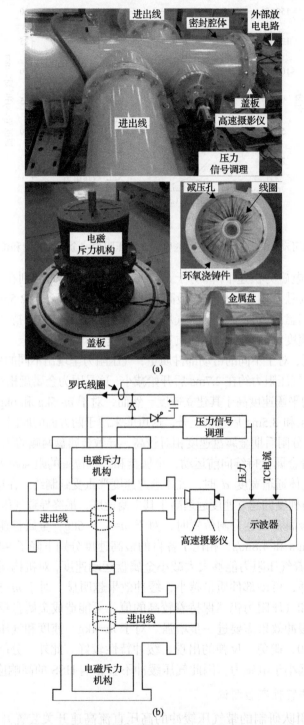

图 11-31　带有气压缓冲的高压直流高速开关工程样机(a)与测试接线图(b)

表 11-3　运动特性试验参数

参数	取值
电容容值(C)	5mF
预充电电压(u_C)	1400V
高速开关充气压力(P)	0.4MPa
可动部件质量(m)	3.9kg
间隙距离(α)	0.5mm
减压孔截面积(A)	76mm^2
单个绝缘罩上减压孔数(n)	14
机构行程(S)	30mm

罩来密封线圈和金属盘，机构安装在高压 SF$_6$ 密闭腔体内，外部放电电路通过端部盖板与机构相连。

图 11-31 中右图给出了试验测量示意图。TC 电流通过罗氏线圈测量，高速摄影仪(Phantom Miro M310)用于测量金属盘位移，压力传感器 PCB(102B16)安装在模型中点 P$_1$ 的位置以测量高压侧压力，TC 电流和压力信号同步的进入示波器以记录波形和数据。为了验证仿真模型，外部放电电路的连接线电阻和电感在实验前测量。

图 11-32 给出了 TC 电流、金属盘位移和高压侧压力的仿真和实验结果。可以看到，计算和测量的 TC 电流曲线几乎是一致的，这意味着仿真和实验中的电磁斥力基本相同，计算的压力和位移的总体趋势和实验结果结果吻合较好。在初始0.26ms，受金属盘启动过程的振动影响，测量的压力发生轻微振荡。在 0.26ms 时，金属盘和 TC 分离，位移开始增加。之后，金属盘以近似 10.5m/s 的平均速度与TC 分离，位移快速上升，这表明机构成功实现了高速分闸。0.4ms 之后，由于高压侧气体被金属盘压缩，测量的压力开始快速增加。约 2.6ms 时，压力达到最大值。与此同时，位移增加的速度逐渐放缓，说明气压阻力对金属盘起到了很强的阻尼效果，使金属盘运动速度快速减小。

此后，金属盘以相对低的速度(约 2m/s)继续向分闸位置运动，高压侧压力开始下降，其主要原因是，金属盘低速运动过程中，气体压缩引起的压力上升速度小于气体逃逸导致的压力下降速度。当整个行程结束时，压力下降到 0，驱动器内的压力平衡重新建立。同时，从位移实验结果可以看出，分闸结束时金属盘没有出现明显的反弹，说明金属盘的碰撞速度非常低。因此，对于该高速机构，仅仅依靠气压阻力就可以实现良好的缓冲，进而显著减小可动部件质量，简化 HSS的结构设计。此外，仿真计算得到的压力明显比实验结果要小，最大压力差接近300kPa，这同时导致了仿真的位移结果比测量的偏高。在整个分闸过程中，计算和测量的最大位移差出现在 2.5ms，约为 2.9mm。根据位移曲线，金属盘的启动时间仅仅只有 0.26ms，因此压力缓冲不会影响 HSS 的响应速度。

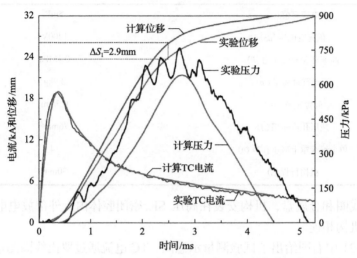

图 11-32　TC 电流、金属盘位移和高压侧压力的仿真和实验结果

11.4.4　绝缘拉杆设计

绝缘拉杆及其两端的连接头作为斥力盘和动触头之间的的主要传动部件，其强度直接影响快速机构分闸过程的可靠性，故需对绝缘拉杆和连接头的结构强度进行分析，图 11-33 为传动部分拉杆仿真模型剖分结果。

图 11-33　传动部分拉杆模型剖分结果

图 11-34 列举某机构分闸时刻上连接件和下连接件(绝缘拉杆直径 12mm)的

应力分布云图。从图中可以看出,拉杆在受到冲击时,上下连接件的应力主要集中在与其他零部件相连的颈部,上连接件最大应力值为 282MPa,下连接件最大应力值为 355MPa。因下连接件更靠近驱动部件斥力盘,带动的运动质量比上连接件更大,故应力值也更大。此处选用调制处理的 40Cr 钢,屈服强度 σ_s=550MPa。

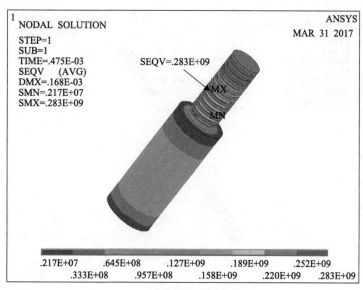

(a) 上连接件应力分布云图

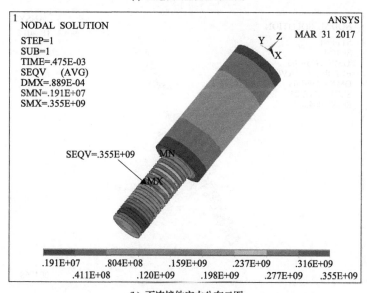

(b) 下连接件应力分布云图

图 11-34　上下连接件(绝缘拉杆直径 12mm)应力分布云图

由材料强度理论可知，上下连接件最大应力都未超过屈服应力，即选择 40Cr 钢即可以满足使用要求。

　　图 11-35 为绝缘拉杆应力分布云图和应变分布云图（绝缘拉杆直径 12mm），需要说明的是，因仿真时采用黏接处理，故无法得到绝缘拉杆与上下连接件螺纹连

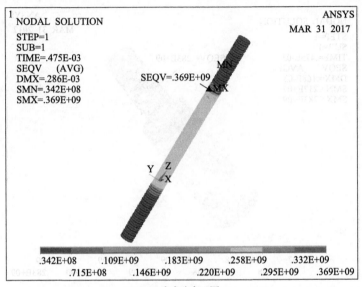

(a) 应力分布云图

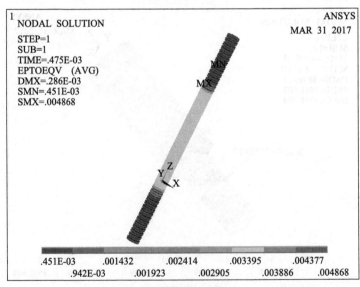

(b) 应变分布云图

图 11-35　绝缘拉杆（绝缘拉杆直径 12mm）应力应变云图

接处准确应力。从图 11-35(a)可以看出，绝缘拉杆的应力主要集中在与连接件的连接面附近，最大应力值为 369MPa，其余部位应力分布较为均匀，都在 295MPa 以下。从图 11-35(b)可以看出，应变分布与应力分布状况一致，最大应变为 0.004868。

绝缘拉杆采用玻璃纤维材料，这种材料是由无碱玻璃纤维合成纤维纱、毡和织物作成增强材料，浸无溶剂树脂固压制成，具有纤维方向极高的机械强度和良好的介电性能，其屈服强度 σ_s=400MPa。根据强度理论可知，绝缘拉杆最大应力值与材料屈服强度的比值达到了 92.3%，强度余量比较小，绝缘拉杆最大应变值也较大，同时考虑到实际中绝缘拉杆与拉杆接头螺纹连接处会有应力集中，故需要增大绝缘拉杆直径。

改变绝缘拉杆的直径，分别增大到 15mm 及 18mm，再次进行动态应力仿真，如图 11-36 所示为 t=0.475ms 时刻绝缘拉杆直径分别为 15mm 和 18mm 时对应的应力分布云图。从图中可知，当绝缘拉杆直径为 15mm 时，最大应力降到 244MPa，与屈服强度的比值降低为 61%，其余部位应力均在 196MPa 以下；而当绝缘拉杆直径为 18mm 时，盘上最大应力仅为 195MPa，与屈服强度的比值降低为 48.8%，其余部位应力均在 157MPa 以下。

对比不同直径绝缘拉杆的仿真结果可知，在考虑一定设计裕量情况下，绝缘拉杆直径至少需要达到 15mm 才能满足快速分闸动作可靠的要求。

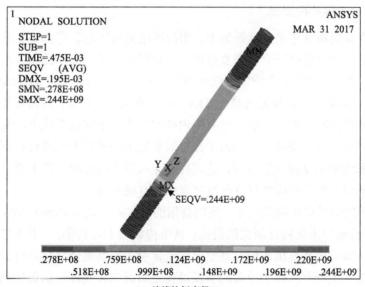

(a) 绝缘拉杆直径15mm

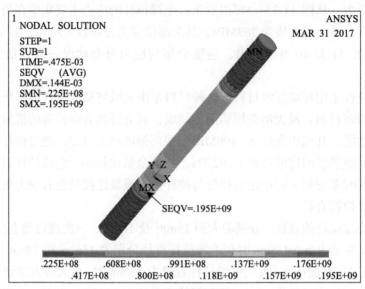

(b) 绝缘拉杆直径18mm

图 11-36　不同直径绝缘拉杆应力分布云图

11.5　直流高速机械开关测试方法

11.5.1　断口击穿特性测试

无论在交流系统还是直流系统中，当故障电流过零时，它都不是分断过程的结束。随后，断口将经历介电恢复过程，该过程决定了直流断路器开断的成功与否。在介质恢复过程中，介质恢复强度与瞬态恢复电压 (transient recovery voltage, TRV) 竞争。如果介质恢复强度高于 TRV，则开断成功，否则，电弧可能会重新点燃，从而导致开断失败。目前，已有国内外的学者对于交流系统下的真空断路器弧后耐压强度进行了测量，然而由于在直流系统中必须对电流进行强制过零，不同于交流系统中电流的自然过零，造成在直流系统中电流的下降率更高，直流系统中真空断口的弧后介质恢复过程与交流系统有很大的不同。

为了给实际的应用提供支承，使用商用的真空断路器 (vacuum circuit breaker, VCB) 来进行断口击穿特性测试的研究，其结构如图 11-37 所示，引弧过程采用拉弧的方式，即采用高速机构配合真空灭弧室在引入短路电流之后进行分闸操作从而产生电弧，主要原因在于拉弧的引弧过程更贴近工程实际，从而使测得的实验结果更具有工程指导意义。

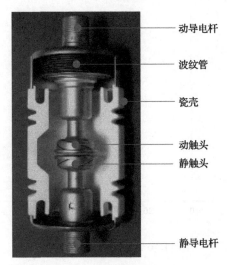

动导电杆

波纹管

瓷壳

动触头
静触头

静导电杆

图 11-37　商用的真空断路器

　　断口弧后耐压强度测试试验回路如图 11-38 所示。其中 C_1 与 L_1 为主回路的电容与电感，用于产生短路电流。直流断路器拓扑结构为典型的电流注入式直流断路器结构，其主要由三条并联支路构成：由高速开关 MS 构成的额定通流支路；由预充电电容 C_2 和电感 L_2 构成的电流转移支路；由 MOV 构成的能量吸收支路。T_1 与 T_2 为真空触发间隙，其中 T_1 用于隔离主回路与脉冲高压源，T_2 用于引入转移电流。脉冲高压源用于产生高压脉冲信号，测量 MS 弧后介质恢复强度。R 为罗氏线圈用于测量主回路电流。通过高压探头测量试品开关 MS 断口两端的电压。另外，GIV 是用来测试弧后介质恢复强度高压脉冲电源。图 11-39 是高压脉冲电压波形。

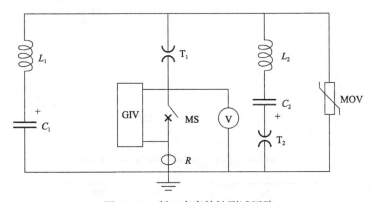

图 11-38　断口击穿特性测试回路

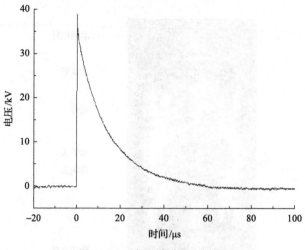

图 11-39　高压脉冲电压波形

　　图11-40为高压脉冲电源是在电流过零后几个或者几十个微秒之后施加到MS两端的典型实验结果。这时存在着介质恢复强度和外部 TRV 之间的竞争。如果介质恢复强度失败，则电压脉冲在上升过程中会迅速下降到某个值，表明 MS 击穿，该值称为击穿电压。图 11-40(a) 给出了典型的击穿波形，从图中可知，在电流为零后的 28μs 处向 MS 施加了高压脉冲，击穿电压约为 5.0kV。此外，电压的衰减方式也与空载时不同，此时的衰减速度更快。如果介质恢复强度获胜，则电压脉冲与空载模式下的波形几乎相同，表明耐受电压高于此时电压脉冲的最大值。图 11-40(b) 给出了典型的未击穿波形。由图可知，在电流为零后的 38μs 处向 MS 施加了电压脉冲。此外，由于高压脉冲发生器的能量低以及测量精度的问题，在施加 GIV 时电流波形通常是不可见的。

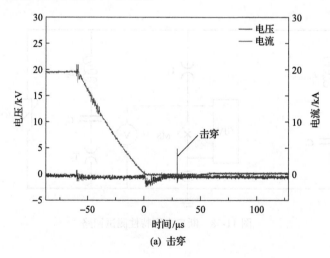

(a) 击穿

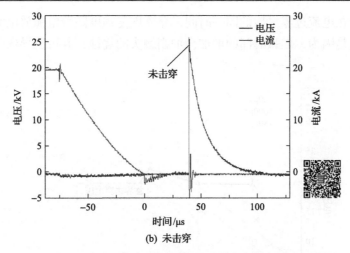

图 11-40　弧后介质恢复测量的电流电压波形(彩图扫二维码)

图 11-41 给出了不同故障电流峰值条件下的实验测量结果，并描述了电流过零后击穿电压随时间的变化趋势。从图中可知，在电流过零后的同一时间，介质恢复强度随着故障电流峰值的减小而增加。低电流峰值的高介质恢复强度值可能与低金属蒸气密度有很大关系。尽管高压脉冲的值设置为 36kV，但临界击穿电压不等于该值，而是较低的值。与空载实验结果相反，GIV 与弧后击穿之间的相互作用可能会影响临界击穿电压的数值。达到临界击穿电压，介质恢复强度所需的时间会随着故障电流峰值的增加而增加。

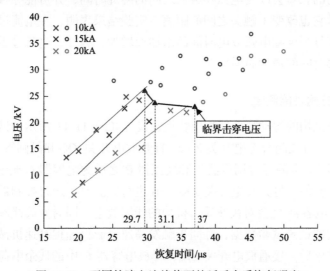

图 11-41　不同故障电流峰值下的弧后介质恢复强度

图 11-42 给出了不同燃弧时间对弧后介质恢复强度影响的测量结果。从图中

可以看出，在电流过零之后的同一时间，介质恢复强度随着电弧放电时间的增加而增加，这是因为，燃弧时间的增加会加剧触头的烧蚀，并可能导致金属蒸气密度增加。

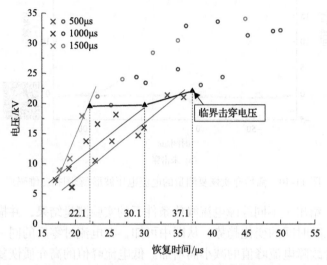

图 11-42　不同燃弧时间条件下的介质恢复强度

　　根据上述实验结果，发现电流过零后，介质恢复强度随故障电流峰值的减小而增加，因为高故障电流峰值的金属蒸气密度高可能会使弧后介质恢复强度值变低；燃弧时间的长短会改变电弧在触头之间的燃烧时间，并可能导致高的金属蒸气密度，同时它也改变了触头之间的距离，实验结果表明，在电流过零后的同一时间，介质恢复强度随电弧放电时间的增加而增加；另外，电流过零后，介质恢复强度随转移时间的增加而增加。

11.5.2　机构分闸性能测试

　　针对高速机构的运动特性和响应特性，设计如图 11-43 所示的试验方案。试验测试过程为：首先闭合充电开关 ZKc，打开放电开关 ZKf 和晶闸管 VT，然后缓慢调节调压器 T，电源经过调压器 T 和变压器 B 之后为电容器 C 充电，直到电容达到预期的试验值，打开充电开关 ZKc。在进行试验时，通过控制器来触发晶闸管 VT 导通，电容器 C 会对快速斥力机构的线圈放电，同时罗氏线圈开始采集试验数据，示波器记录试验数据，并同步触发高速摄影仪捕捉高速机械开关的运动过程。试验结束后，接通放电开关 ZKf，释放电容器 C 中的残余电荷。使用高速摄影仪记录斥力机构的运动影像，从影像中读取一些时刻的位移值来绘出机构位移曲线，通过位移曲线与时间关系即可得到机构分闸触头运动速度。

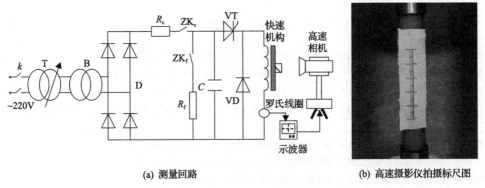

(a) 测量回路　　　　　　　　　　　　　　　　(b) 高速摄影仪拍摄标尺图

图 11-43　分闸速度测试原理图

在斥力机构主断口施加 5V 的电压信号，利用低压探头采集机构分闸过程中主断口 S 两端的电压信号变化，也由示波器记录，从而获得机构固有分闸时间。图 11-44 所示为测试的一次机构线圈放电电流波形及主断口 S 两端电压波形。

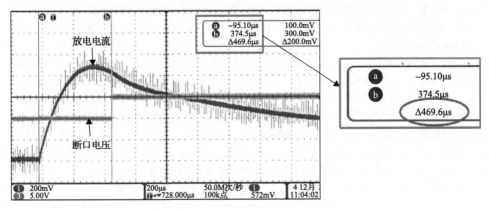

图 11-44　分闸响应时间测试结果

触头在合闸状态时，主断口 S 两端电压为零，当动静触头分离时，主断口 S 两端电压为电源电压。晶闸管触发时刻可以认为是线圈电流上升起始点时刻，从图上看出，在晶闸管触发信号发出约 469μs 后，电阻两端电压由 0V 跃变为 5V，动静触头开始分离，即此情况快速机构的固有分闸时间约为 469μs。机构快速分闸的响应时间随着驱动电容预充电压的增加而减小。机构响应时间会随着预充电压的增加而增加，这是由于电磁斥力的增加，机构分闸驱动力变大，响应时间缩短。但当预充电压超过一定值之后，响应时间基本不再随着预充电压的增加而增加，这是由于斥力盘内部磁路开始饱和，从分闸指令发出到机构动静触头刚刚建立绝缘断口的时刻，机构运动部件获得的动能基本不再变化，响应时间基本不变。由于动铁芯、斥力盘、绝缘拉杆和动触头等部件的质量存在的优化空间较小，后续若想进一步减小机构的快速分闸响应时间，可以考虑从减小机构的装配间隙入手。

参 考 文 献

曹鹏飞, 姜楠, 赵成宏. 2014. 电磁斥力机构缓冲方法研究. 船电技术, 34(7): 35-37.

杜广波, 王永峰, 李海疆. 2010. 中压真空断路器操作机构的发展及应用. 电力科学与工程, 3: 75-78.

洪深, 郑占锋, 邹积岩, 等. 2016. 12kV 直动式快速真空开关研制. 电工电气, 12: 18-22.

江壮贤, 庄劲武, 王晨, 等. 2011. 基于电磁斥力原理的高速触头机构仿真分析与设计. 电工技术学报, 26(8): 172-177.

李庆民, 刘卫东, 徐国政, 等. 2003. 高压快速转换开关的研制. 高压电器, 39(6): 6-7.

李艳飞. 2009. 断路器新型磁力操动机构的研究. 大连: 大连理工大学硕士学位论文.

刘国强, 赵凌志, 蒋继娅. 2005. Ansoft 工程电磁场有限元分析. 北京: 电子工业出版社.

刘路辉, 庄劲武, 江壮贤, 等. 2014. 混合型中压直流真空断路器的研究. 高压电器, 5: 004.

刘延柱. 1997. 完全笛卡儿坐标描述的多体系统动力学. 力学学报, 1: 85-95.

满家健. 2014. 中压直流开关快速操作机构研制. 西安: 西安交通大学硕士论文.

邱志勇, 黄华, 董明明. 2007. 履带张紧装置柔体动力学模型及其仿真. 计算机仿真, 24(1): 254-257.

荣命哲, 刘懿莹, 娄建勇, 等. 2008. 一种具有并联磁路的永磁机构接触器: 中国, ZL200610104936.4.

荣命哲, 刘懿莹, 王小华. 2009. 基于脉宽调制技术的永磁机构控制器: 中国, ZL20071008279.6.

荣命哲, 娄建勇, 高秀杰, 等. 2006. 永磁机构接触器合闸失压保护和分闸提高刚分速度的方法: 中国, ZL200510041964.1.

荣命哲, 娄建勇, 邹洪超, 等. 2005. 降低双线圈双稳态永磁机构接触器触头材料损耗的方法: 中国, ZL03108018.9.

荣命哲, 吴益飞, 吴翊, 等. 2020. 一种电磁斥力开关的触头吹方法及开关系统: 中国, ZL201810830908.3[P].

芮祖存, 2005. 中压真空断路器两种常用操动机构. 电气时代, 9: 122-123.

史宗谦, 贾申利, 朱天胜, 等. 2010. 真空直流断路器高速操动机构的研究. 高压电器, 46(3): 18-22.

孙丽琼, 王振兴, 何塞楠, 等. 2015. 126kV 真空断路器分离磁路式永磁操动机构. 电工技术学报, 30(20): 55-62.

王灿, 杜船, 徐杰雄. 2020. 中高压直流断路器拓扑综述. 电力系统自动化, 044(009): 187-199.

王子建. 2009. 基于快速真空开关的电弧电流转移型故障限流器. 武汉: 华中科技大学博士论文.

吴益飞, 胡杨, 易强, 等. 2018. 中压直流开断技术研究综述. 供用电, 035(006): 11-16, 59.

吴益飞, 荣命哲, 吴翊, 等. 2019. 一种半轴卡扣式单稳态操动机构及其操动方法: 中国, ZL201710863026.2.

吴翊, 荣命哲, 刘懿莹, 等. 2010. 基于快速转换开关的液态金属限流装置及限流方法: 中国, ZL200810232004.7.

吴翊, 荣命哲, 杨芸, 等. 2013. 一种直流断路器快速斥力脱扣机构及其脱扣方法: 中国, ZL201110185761.5.

小山健一, 竹内敏惠. 2001. 24kV 快速真空断路器的开发. 电气学会论文志, 121B(9): 1187-1192.

杨飞, 吴翊, 荣命哲, 等. 2013. 一种直流断路器防冲击振动的快速脱扣机构: 中国, ZL201110213585.1.

张鹏. 2018. 适配 126kV 真空断路器新型磁力操动机构研究. 大连: 大连理工大学硕士学位论文.

郑建容. 2002. ADAMS 虚拟样机技术入门与提高. 北京: 机械工业出版社.

Alferov D, Budovsky A, Evsin D, et al. 2008. DC vacuum circuit-breaker//23rd International Symposium on Discharges and Electrical Insulation in Vacuum. 1: 173-176.

Basu S, Srivastava K D. 1969. Electromagnetic forces on a metal disk in an alternating magnetic field. IEEE Transactions on Power Apparatus and Systems. 8: 1281-1285.

Falkingham L T. 2019. Vacuum Switchgear; Past, Present, and Future//2019 5th International Conference on Electric Power Equipment - Switching Technology.

He H L, Wu Y, Yang F, et al. 2018. Study of Liquid Metal Fault Current Limiter for Medium-Voltage DC Power Systems. IEEE Transactions on Components Packaging and Manufacturing Technology. 8(8): 1391-1400.

Jungblut R, Sittig R. 1998. Hybrid high-speed DC circuit breaker using charge-storage diode//IEEE Industrial and Commercial Power Systems Technical Conference: 95-99.

Maistrello A, Gaio E, Ferro A, et al. 2014. Experimental Qualification of the Hybrid Circuit Breaker Developed for JT-60SA Quench Protection Circuit. IEEE Transactions on Applied Superconductivity. 24(3): 1-5.

Rong M Z, Wang X H, Yang W, et al. 2005. Theoretical and experimental analyses of the mechanical characteristics of a medium-voltage circuit breaker. IEE Proceedings-Science Measurement and Technology. 152(2): 45-49.

Takeuchi T, Koyama K, Tsukima M. 2005. Electromagnetic analysis coupled with motion for high-speed circuit breakers of eddy current repulsion using the tableau approach. Electrical Engineering in Japan. 152(4): 8-16.

Wu Y, He H L, Hu Z Y, et al. 2011. Analysis of a New High-Speed DC Switch Repulsion Mechanism. IEICE Transactions on Electronics. E94C(9): 1409-1415.

Wu Y F, Li M, Rong M Z, et al. 2015. A new model for Thomson-type actuator including the pressure buffer. Advances in Mechanical Engineering. 7(8): 1-8.

Wu Y F, Rong M Z, Wu Y, et al. 2015. Investigation of DC hybrid circuit breaker based on high-speed switch and arc generator. Review of Scientific Instruments. 86(2): 024704.

Wu Y F, Wu Y, Rong M Z, et al. 2014. Research on a novel two-stage direct current hybrid circuit breaker. Review of Scientific Instruments. 85(8): 084707.

Wu Y F, Wu Y, Rong M Z, et al. 2015. A New Thomson Coil Actuator: Principle and Analysis. IEEE Transactions on Components Packaging and Manufacturing Technology. 5(11): 1644-1655.

Wu Y F, Wu Y, Rong M Z, et al. 2019. Development of a Novel HVDC Circuit Breaker Combining Liquid Metal Load Commutation Switch and Two-Stage Commutation Circuit. IEEE Transactions on Industrial Electronics. 66(8): 6055-6064.

Wu Y F, Wu Y, Yang F, et al. 2020. A Novel Current Injection DC Circuit Breaker Integrating Current Commutation and Energy Dissipation. IEEE Journal of Emerging and Selected Topics in Power Electronics. 8(3): 2861-2869.

Yang Z, He H L, Yang F, et al. 2019. A Novel Topology of a Liquid Metal Current Limiter for MVDC Network Applications. IEEE Transactions on Power Delivery. 34(2): 661-670.

第 12 章　直流系统短路电流限制技术

随着直流换流器、直流变压器、直流断路器和直流电缆等技术的日益成熟，直流系统在电能的发、输、变、配、用等各个环节都受到了越来越多的关注和青睐，成为未来能源互联网的重要发展方向和组成部分。直流电网在分布式电源与新能源并网、交流系统互联、城市配电网、孤岛供电等方面具有明显优势，具有广阔的应用前景。

当前，电力系统容量不断增加，互联程度逐渐加深，对系统的安全性和可靠性提出了越来越高的要求。系统一旦发生短路故障，短路电流可在数毫秒至数十毫秒内上升至额定电流的几十到上百倍，对于直流系统则情况更加严峻。如果未能及时切断故障，将会造成系统内电气设备的永久性损坏。因此，快速有效地限制短路电流，降低系统的短路容量，提高系统中电气设备的可靠性和使用寿命，成为当前电力系统安全运行所面临的迫切问题。

对于短路电流的限制一般可以从以下三个方面进行考虑：调整电网结构、改变系统运行方式和加装故障限流设备。常规的技术措施如环网解裂、母线分段、固定串联电抗、高阻抗变压器等技术手段会对电网运行带来一定的负面影响，而加装故障限流设备既无需变更系统现有的运行方式，又具有保护灵活的特点，是一种较为理想的限流措施。此外，加装故障限流设备具有以下两方面优势：①在故障发生后及时将短路电流限制下来，能够有效提高断路器等开关设备的动作可靠性，同时降低线路及设备的动、热负担，延长其使用寿命；②加装限流设备之后有可能降低电网对断路器、变压器等电气设备和电网结构设计的容量要求，减少成本。自从 20 世纪 70 年代故障限流器的概念被提出之后，世界各国均致力于开发新型故障电流限制技术和研制具有良好限流性能的限流装置，各种类型的限流器层出不穷，但除少数例外，要实现限流器商业化广泛应用，还需要解决一系列的挑战性问题。本章将从直流限流技术的需求背景与研究现状出发，介绍主流的限流器研发进展和技术特点，讨论未来故障电流限制技术的发展趋势。

12.1　直流限流技术需求现状

12.1.1　需求背景

直流电网技术是构建高比例可再生能源接入和更加可靠智能的新型电力系统的重要技术手段。我国直流输电应用发展迅速，大规模分布式清洁能源经济接入对直流输电网络的需求日渐显著，目前已建成了舟山五端直流工程、南澳三端直流工程和张北柔直示范工程，在此背景下，具有故障关断能力的柔性换流阀、可闭锁故障电流的 DC-DC 变换器、高压直流断路器和故障电流限制器等柔性直流电网的构建关键技术研究和关键设备研制迫在眉睫。

1. 短路故障的危害

在直流系统可能会发生的各种故障里，对于电网危害最大、发生概率很高的就是短路故障。当电力系统中发生短路故障后，快速上升的短路电流会造成十分严重的后果，主要有以下几个方面：

(1)系统电流快速上升，巨大的短路电流使线路和设备由于发热及电动力而造成故障或损坏。

(2)母线电压大幅下降，短路点附近电压大幅度变化，导致用电设备无法正常工作，并且有可能损害设备。

(3)影响电力系统运行的稳定性，由于短路故障引起的暂态过程可能使并列的发电机无法同步运行，换流站闭锁，引起系统振荡，甚至使系统瓦解和崩溃，导致大面积地区的停电事故。

(4)短路电流产生短时间内迅速增大的磁场，干扰周围通信线路，甚至危及设备和人身安全。

2. 短路电流限制技术的意义

未来 10~20 年内，将是直流电网技术快速发展的阶段，也是直流电网建设的初级阶段。目前，电力电子器件通流能力与直流电缆水平成为限制换流器容量与电压进一步提升的瓶颈，为了在现有技术条件下进一步提高换流器的输送容量，已有架空线作为直流线路的工程投入运行。架空线故障概率大，而直流电网如果在缺乏直流断路器的情况下运行，将无法选择性地实现故障隔离，面临"局部故障，全网停运"的重大安全问题，严重降低了直流电网可靠性和经济性。针对直流电网故障，需要采用有效的故障隔离和抑制措施，保证非故障区域的正常运行，发挥直流电网的优势。

为了缓和直流系统发生短路故障时对系统中设备的冲击，有效限制短路电流的上升速率和幅值，较大程度降低直流断路器的分断短路电流幅值，利于设备的研发制造，开展直流限流技术的研究工作显得极为重要。探索有效的短路限流技术，进而研制出适合我国电力系统发展需要的短路限流器，有效降低系统短路电流水平，有利于改善电网中各种设备的热稳定和动稳定条件，延长设备的使用寿命，提高设备的使用效率；有利于减轻断路器的短路开断负担，降低系统对断路器最大开断能力的要求；有利于提高电力系统运行的安全、稳定性，提高供电可靠性、供电质量和经济效益；有利于今后电力系统在基本不增加短路容量前提下的进一步扩建改造和发展壮大；能够指导并有利于直流电网关键设备研制，为直流系统保护策略研究提供基础，对进一步提高直流系统的安全稳定性具有重要意义。

3. 直流系统短路限流技术基本原理

图 12-1 展示了直流系统短路电流限制与开断的基本过程。在正常工况下，限流器呈现低阻态，不影响系统的正常运行。t_0 时刻发生短路故障，系统电流迅速上升，随后限流器动作，相当于在系统中串入较大阻抗，从而限制短路电流。在 t_1 时刻，短路电流开始下降，限流器持续限流并耗散系统中的能量。$t_2 \sim t_3$ 时刻，断路器完成短路电流的开断。相较而言，如果系统中未安装限流器，则断路器在短路电流到达峰值之后动作，开断难度将显著增加。由此可见，加装限流器首先可以限制短路电流的峰值，减轻大电流对系统中各元件设备的冲击，其次可以将短路电流限制一个较低的值并维持一段时间，减轻断路器的开断负担，降低系统对断路器开断能力和开断时间的要求。

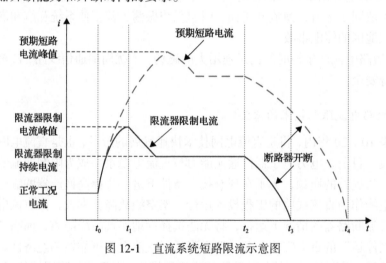

图 12-1　直流系统短路限流示意图

12.1.2　发展现状

目前，各种短路电流限制技术主要从电力系统结构、运行方式、电力设备三方面出发。从系统结构方面考虑，可以采用更高电压等级的系统、环网解裂等措施；从运行方式考虑，可以采用多母线运行、母线分段运行等；从设备层面考虑，可以串联固定电抗、采用高阻抗变压器和具备故障清除能力的直流变换器、安装故障限流器等。由于安装故障限流器在经济性、可行性、灵活性等方面相比于其他限流技术更为优异，已成为当前短路电流限制技术的最优选择。

美国电力科学研究院(Electric Power Research Institute，EPRI)于 20 世纪 70 年代首先提出了故障电流限制器(fault current limiter，FCL)的概念，并认为其应在正常运行时表现为低阻态，在故障发生时转变为高阻态。在之后的 90 年代初，专门成立了调查小组并针对电力系统短路电流及抑制做了广泛的调查，研究结果认为对故障电流限制器的研究极为必要。国际大电网会议(International Council on Large Electric Systems，CIGRE)于 1996 年成立了 WG A3.10 工作组，研究和制定限流器的技术规范。工作组的评估报告指出：尽管各国对限流器的研究表现出浓厚兴趣，但除少数例外，面向市场的限流器产品研发进展缓慢，要实现限流器商业化广泛应用，还需要解决一系列的挑战性问题。2003 成立的 WG A3.16 工作组，接替 A3.10 继续研究限流器对继电保护的影响，并起草了限流器对继电保护影响的导则，直至 2008 年由 WG A3.23 取代，研究重点是限流器在电力系统中的应用。电气和电子工程师协会(Institute of Electrical and Electronics Engineers，IEEE)开关专委会于 2010 年成立了一个特设工作组，与电力电子标准协调委员会、变电站专委会合作，研究限流器试验方法导则和标准。总体来说，以往的研究主要以用于交流系统的故障限流器为主，对于直流故障限流器的研究相对较少。某些故障限流器如超导限流器对交流和直流系统都适用，某些故障限流器如谐振型限流器则只适用于交流系统，但是，无论交流或直流系统，对于故障限流器的基本要求是一致的。

理想的故障限流器应具备以下特点：正常运行时表现为低阻态，故障时为高阻态；故障发生后能快速限制短路电流首峰值；额定情况下有功或无功损耗小；与继电保护配合良好；具有自复位功能和可多次连续使用；体积小，成本低。随着电力电子新技术、现代控制技术的发展和新型材料的陆续发现，故障限流技术得到了飞跃式发展，出现了许多不同类型和原理的故障限流器。根据其电气特性可分为主动式和被动式限流器，前者在正常情况下表现为低阻态，一旦故障发生则快速进入高阻态，例如电阻型超导限流器；后者则在两种状态下均表现出一定阻性，其典型代表为电抗器。故障限流器按使用寿命可分为单次使用型和多次使用型，例如熔断器、ABB 公司研发的 Is 快速限流器等均属于前者，即动作一次之后即需要更换，而电抗器、超导限流器等则可以多次使用。另外，根据动作方式还可分为自触发型和外部触发型限流器，前者包括熔断器、超导限流器等，而 Is 快速限流器、固态限流器等则属于后者。近几年随着电力电子器件(尤其是可关断器件)的参数水平不断提高，固态限流器和混合式限流器的设计及拓扑结构的优化成为了当前研究的热点。基于新型材料技术的故障限流器如超导限流器，正温度系数(positive temperature coefficient，PTC)热敏电阻限流器和液态金属限流器等以其独特的限流特性也引起了广泛关注。

12.2　直流超导限流技术

超导故障限流器(superconducting FCL，SFCL)作为一种主动型、自触发式、可自恢复的新型限流器，自 20 世纪 80 年代出现后即引起广泛关注。超导限流器主要利用了超导体在失超时电阻快速上升的特点，当超导体的温度、电流和磁场强度超过临界温度 T_c、临界电流 I_c 或临界磁场 H_c 时，超导体均可失超。已报道的超导限流器根据工作原理和结构主要分为以下几种类型：饱和铁芯型、桥路型、电阻型、变压器型、混合型、屏蔽型等。所用的超导材料根据用途可分为体状、线状、带材(BSCCO-2212，2223)和薄膜(YBCO)等，正常情况下需存放于液氮箱中保持超导状态，其表面常通过镀银或金来防止失超后因温度不均而损坏。

超导限流器的技术性能接近于理想的限流器，其优点包括正常运行时电阻接近零；自触发、动作速度快；限流深度高等，其缺点源于对低温制冷系统的高度依赖，附加能耗较高，恢复时间较长。国内外研发了各类超导限流器，有的已进入电网进行试验示范。然而，目前将超导限流器直接应用于系统仍存在以下问题：①超导体从失超状态恢复时间较长，该时间与超导体的结构和材料有关：对于超导薄膜一般为 1 秒到几秒，对于超导体则一般小于 1min；②受超导材料临界电流和温度的限制，其额定电流一般仅为几百安至两千安；③超导体正常情况下需存放于液氮环境，给产品设计和维护带来一定困难。

12.2.1　电阻型超导限流器

图 12-2 为电阻型超导限流器原理图，正常情况下超导体 R_{SC} 处于超导状态，故障发生后超导体失超导致其电阻呈非线性增加，在实际应用中，为了避免超导元件失超限流时产生过多的焦耳热被损坏，一般要并联分流电路组成限流器的通流/限流元件。由于超导体与整个回路直接相连，环境温度与液氮箱体温度差异会

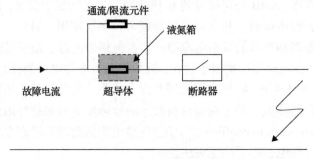

图 12-2　电阻型超导限流器

导致热量不断由接线端子向超导体传递，为电阻型超导限流器的实用化增加了困难。电阻型超导限流器借助超导体电阻的变化来限制故障电流，因此对交流和直流系统都适用。

在西安交通大学主持的国家 973 项目"高压直流短路电流开断机理及其应用基础"的支持下，中国科学院电工研究所围绕电阻型超导直流限流技术开展了大量的研究工作，包括超导限流器拓扑结构、超导带材及限流单元的限流与失超恢复特性、限流器样机试制等。为了解决超导限流并联支路间的均流问题，提出了多支路超导磁通耦合型限流器拓扑，如图 12-3 所示。根据磁通耦合型原理拓扑，设计出 10kV/400A-2Ω 电阻型超导直流限流模块，设计参数如表 12-1 所示，该超导直流限流模块的临界电流约 500A，可将冲击电流由 12kA 限制到 6kA 左右。在此基础上，完成了 40kV/2kA 磁通耦合型超导直流限流器样机方案设计与样机试制，其结构如图 12-4 所示。其中限流单元采用 6 并 4 串，总计 24 个限流模块，线圈有效高度 1.6m，外轮廓直径 0.8m，77K 下临界电流 1200A，65K 下临界电流 2500A，室温电阻大于 2.5Ω，10ms 冲击耐受电流大于 10kA。

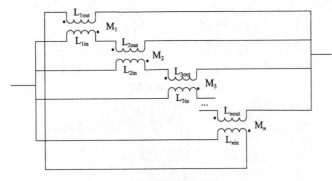

(a) "手拉手型"拓扑

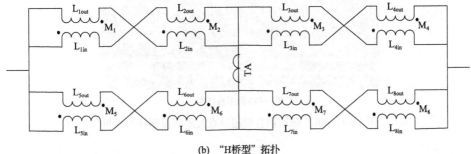

(b) "H桥型"拓扑

图 12-3　多并联支路超导磁通耦合型限流器拓扑

表 12-1　10kV/400A 超导直流限流模块参数表

项目	设计参数	测试值
单螺管线圈直径/mm	216-外；176-内	216-外；176-内
单螺线管高度/mm	420	420
线圈总高度/mm	900	900
所需带材总长度/m	70	70
室温电阻/Ω	2.07	2.1
线圈电感/μH	8.15	15.2
临界电流/A	400@77K；800@65K	>450@77K
耐受冲击电流/A	4000@10ms	>6000@5ms

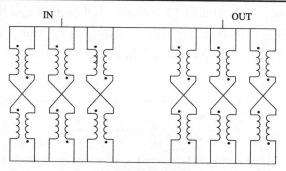

(a) 40kV限流单元拓扑

(b) 40kV限流器结构

图 12-4　40kV 磁通耦合型超导直流限流器拓扑与样机

12.2.2　饱和型超导限流器

图 12-5 所示为饱和型超导限流器，是一种非失超型的超导限流器。主要由铁

芯、一次交流绕组、二次直流超导绕组及直流偏置电源等组成。其工作原理为，在正常运行时，选择合适的直流偏置，向铁芯的超导绕组通以高幅值的直流电流，使铁芯处于深度饱和状态，对外表现为空心电抗；故障时，瞬间增大的电流使交流绕组在铁芯中产生的磁动势超过直流磁动势，使铁芯退出饱和呈现高阻抗状态，从而限制短路电流。饱和铁芯型超导限流器的显著优势是在故障限流后可以在很短的时间内恢复到低阻抗状态，可以满足线路重合闸的要求。但是为了增加限流阻抗，需要通过增加铁芯体积来增加交流绕组匝数，所以导致重量和体积较大。此外，对于直流系统，饱和型限流器只能在故障电流上升阶段限制其上升速度，而不能减小故障电流的稳态值。

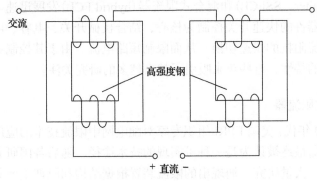

图 12-5　饱和型超导限流器

12.2.3　混合型超导限流器

混合型超导限流器将超导体与电磁斥力机构相结合，如图 12-6 所示。主要由超导体、真空断路器和并联电抗器组成。在正常运行时，真空断路器处于合闸状态，因为并联电抗器支路电阻远大于超导体所在支路，所以绝大部分电流流经超导体与真空断路器。当发生短路故障后，电流迅速上升，导致超导体失超，电阻迅速增大，故障电流向并联电抗器转移。电抗器可以作为真空断路器斥力机构的

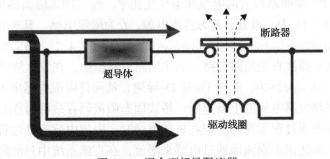

图 12-6　混合型超导限流器

驱动线圈，驱动真空断路器分闸，将超导体所在支路断开，从而电流完全转移到并联电抗器支路，进入故障限流状态。相比电阻型超导限流器，此限流器的超导材料使用量显著减少，额定通流状态下制冷损耗降低，但是结构组成和控制相对复杂。同饱和型限流器一样，此限流器依靠电感元件来限流，若用于直流系统中，只能限制故障电流的上升速度，无法限制其稳态值。

12.3　电力电子式限流技术

随着大功率电力电子器件的进步，基于电力电子技术的固态限流器(solid-state fault current limiter，SSFCL)和混合式限流器(hybrid FCL)发展迅速。其基本原理是以电力电子器件的快速开关控制为核心，结合机械开关、电容、电阻、电感等元器件实现限流阻抗的快速切换，从而限制短路电流。由于其控制灵活、响应迅速、易于拓展的特性，近些年来吸引了越来越多的研究关注。

12.3.1　固态式限流器

20 世纪 90 年代，美国 EPRI 组织专家对配电网中限流技术的应用进行调研评估，固态限流器最终被认为是一种可实现的技术途径。随后各国研究人员对于固态限流器展开了大量研究，涌现出的限流装置根据结构和原理主要分为：门极可断晶闸管(GTO)开关型、谐振型、桥路型、串联补偿型、可变阻抗式等。固态限流器最大的特点是在保留传统电抗器、电容器外引入了电力电子器件包括 IGBT、IGCT、GTO 和晶闸管等，具有控制简单和动作快速等优点。

GTO 开关型固态限流器由美国 EPRI 和西屋公司于 20 世纪 90 年代提出，其典型结构如图 12-7(a)所示：正常情况下电流从 GTO 通过，故障发生后则触发关断 GTO，短路电流快速转移至并联电感支路进行限流，该方案避免了限流电抗器在额定电流情况下存在的电能损耗和电压降的问题。然而，当短路电流向电感支路快速转移时，会在 GTO 两端产生很高的暂态过电压，所以需要缓冲电路 SNBR 和避雷器 MOV 来抑制较大的电流和电压变化率。桥式固态限流器如图 12-7(b) 所示，其中 $D_1 \sim D_4$ 为二极管，E 为直流电源，L 为限流电感，其在正常工作时，电流 $i_b > i_d$，$i_{D1} = i_{D3} = (i_b + i_d)/2 > 0$，$i_{D2} = i_{D4} = (i_b - i_d)/2 > 0$，4 个二极管均处于导通状态，此时，电抗器被直流回路旁路，对主回路没有影响。在发生故障后，当 $i_b < i_d$ 时，$i_{D2} = i_{D4} = (i_b - i_d)/2 < 0$，此时 D_1 和 D_3 导通，从而将限流电感串入故障回路，主动快速地限制短路电流的上升速度。桥式固态限流器在故障时能自动快速串入限流电抗，且限流过程无冲击。但在负载突增时，限流电感充磁过程中会引入谐波电流。以上所述固态限流器通过电感来限流，在直流系统中只能限制故障电流的上升速度，无法限制其稳态值。

在固态限流器中，半导体器件如 IGBT、GTO 等常串接于主回路中，由于通态情况下具有毫欧级的电阻，在额定电流较大时须承受较大的通态压降和损耗，实际中需要多组进行串并联使用，增加了成本和开关控制的难度。此外，固态限流器属于外部触发型装置，需提高检测装置的可靠性以防止因电磁干扰发生误动作。

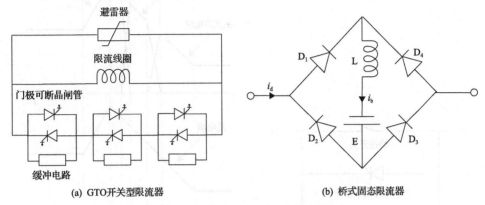

(a) GTO 开关型限流器　　　　　　　　(b) 桥式固态限流器

图 12-7　不同类型的固态限流器

12.3.2　混合式限流器

混合式限流器在固态限流器的基础上增加了主回路快速开关，由于其接触电阻仅为微欧级，远小于固态限流器的通态电阻，可适用于额定电流较大的场合。根据拓扑结构不同，主要可分为自然换流和强迫换流两种基本结构。混合式限流器和混合式断路器的拓扑结构比较相似，都有额定通流支路和换流支路，不同之处在于混合式限流器无需换流电容和并联避雷器，只通过电阻元件来限流，并不开断电流。此外，为了利于换流，混合式限流器的限流电阻通常采用非线性电阻元件如 PTC 材料和超导材料等。

基于自然换流的混合式限流器如图 12-8(a) 所示，主要包括主支路、转移支路和限流支路。正常情况下负载电流由主支路快速开关 FS 导通，故障发生后 FS 打开并同时触发转移支路可关断器件 GTO/IGCT 导通，电流快速转移至转移支路，随后触发关断 GTO/IGCT，短路电流最终被转移至限流支路，由电阻元件 R 进行持续限流。限流过程中的电流波形如图 12-8(b) 所示。自然换流型限流器结构简单，额定通流能力强，但是当故障电流上升率较大时，快速开关产生的弧压不足以将故障电流转移到换流支路。所以此拓扑难以应用于中高压领域。

基于强迫换流的混合式限流器的典型结构如图 12-9 所示。其中，图 12-9(a) 与自然换流式限流器相比，在主支路串入由可关断器件组成的强迫换流模块 LCS，在故障发生后，通过迅速切断主支路，将故障电流转移至并联组件 GTO/IGCT 中，随后工作过程与自然换流型一致。此拓扑不依赖电弧电压来转移故障电流，因此可应用于中高压领域。但是因为主支路串入电力电子器件，导致成本增加，通态损耗增大，可靠性下降。

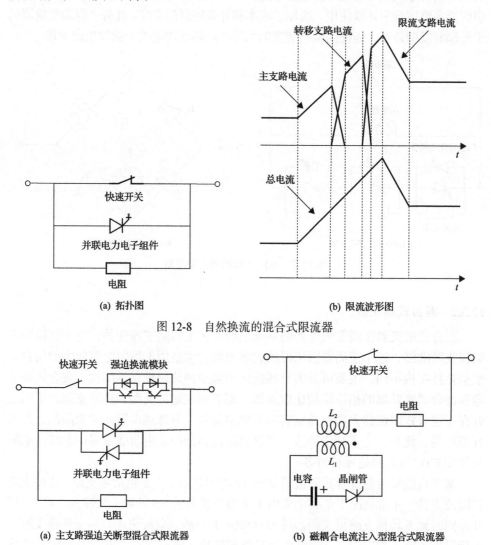

(a) 拓扑图 　　　　　　(b) 限流波形图

图 12-8　自然换流的混合式限流器

(a) 主支路强迫关断型混合式限流器　　　(b) 磁耦合电流注入型混合式限流器

图 12-9　强迫换流的混合式限流器

图 12-9(b)为电流注入型混合式限流器,此拓扑借助磁耦合模块向主支路注入反向电流,从而完成故障转移,最后由限流电阻来限制短路电流。此拓扑兼具较大的额定通流能力和较强的故障转移能力,且无需使用可关断电力电子器件,成本得以降低。但是此拓扑对快速开关的刚分速度和介质恢复性能要求相对较高。

总之,相比于固态限流器,混合式限流器极大地降低了通态损耗,但其结构更为复杂,成本和控制难度可能比固态开关更高;另外,目前市场上能够满足快速分断要求的机械开关相对较少，因此将其实用化仍有一定距离。

12.4　液态金属型限流技术

苏联于 20 世纪 70 年代首先提出基于液态金属磁收缩效应的限流原理，如图 12-10 所示。整个限流装置包括主腔体和两端密封压紧的电极，装置内部被绝缘隔板分成多个小腔体并用液态金属部分填充，小腔体内的液态金属通过隔板的通孔进行连接导通。正常情况时，电流通过电极与通孔中的液态金属进行导通，故障发生时则通孔中液态金属在电磁力的作用下迅速收缩起弧，回路呈高阻态，故障切除后则液态金属重新在通孔中连通。磁收缩效应原理示意图见图 12-11。液态金属限流器具有全封闭免维护、体积小、无可动部件、自触发和自恢复的优点，且可作为限流保护装置与开关等设备配合灵活，未来有潜力成为可在中低压领域广泛使用的新型限流器。

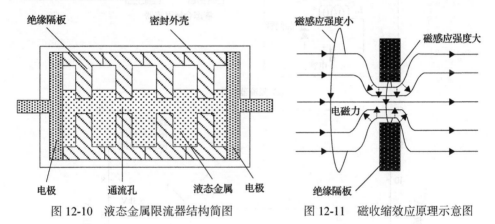

图 12-10　液态金属限流器结构简图　　　图 12-11　磁收缩效应原理示意图

德国穆勒电气公司对液态金属限流器做了大量的研究工作。其研究人员提出了不同结构的新型液态金属限流器方案，实验研究获得了与限流式熔断器同样的效果，并可以快速恢复并多次重复使用。通过实验研究分析了液态金属的限流特性，研究测试了液态金属中电弧的近极压降为 20.18V 和弧柱电场强度的大致范围 2300~3100V/m，并通过光谱测量对液态金属电弧组分和温度进行分析。其实验结果表明液态金属中的电弧主要为金属蒸汽电弧，且分析得电弧温度为 11700K。

在理论分析方面，较为典型的有德国伊尔梅瑙工业大学通过欧拉方程建立了描述液态金属中弧前孔径收缩效应的一维模型，分析了液态金属流动的稳定性问题；而后进一步研究提出了采用了 H 形槽近似结构的方法，从流体的角度同样开展了弧前液态金属收缩效应的研究，获得了液态金属收缩临界电流的表达关系。国内西安交通大学对液态金属限流器也进行了较为深入的研究。通过实验研究了不同参数对液态金属电弧特性的影响，建立了与实验结果吻合度较高的磁流体动力学（manetohydrodynamics，MHD）仿真模型，揭示了不同液面高度情况下液态金属的磁收缩过程。针对大容量直流系统，提出了基于自然换流原理的低压液态金属混合式限流器和基于强迫换流原理的中压液态金属混合式限流器拓扑，并设计开发了原理样机。其中，中压液态金属混合式限流器拓扑及典型限流波形如图 12-12 所示。

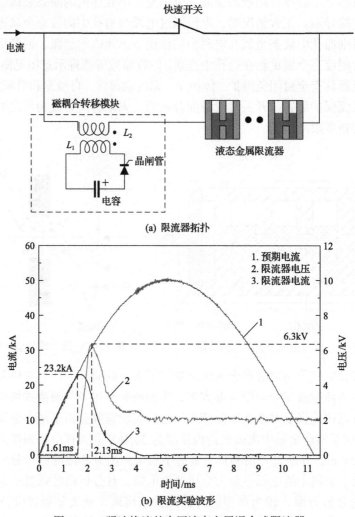

(a) 限流器拓扑

(b) 限流实验波形

图 12-12　强迫换流的中压液态金属混合式限流器

图 12-12(a)中，FS 为快速机械开关，MICCM 为磁耦合电流转移模块，LMCL 是由多个液态金属单元组成的限流模块。在正常通流状况下，FS 承担系统额定电流，通态损耗很低。当发生短路故障时，触发 FS 分闸，并控制 MICCM 基于磁耦

合负压原理对故障电流进行强迫换流，随后由 LMCL 模块产生液态金属电弧来限制短路电流。由图 12-12(b) 可见，预期电流峰值为 50kA，通过此限流器成功将其限制到 23.2kA，限流响应时间约 1.6ms。

12.5　混合型限流熔断器技术

限流熔断器(current-limiting fuse)作为最常见的限流保护设备，具有价格低廉、体积小、动作迅速等优点，得到了广泛的商业应用。由于熔断器的动作时间依赖于短路电流所产生的焦耳热，为了满足熔体在短路电流上升过程中能够快速融化，其熔体不能太粗，额定电流一般不大。另外，熔断器在一次动作之后需要更换，这也限制其在电力系统保护中的应用。

与熔断器同时承载额定电流和短路电流不同，混合型限流熔断器将额定电流和短路电流通过不同支路承担，其工作原理如图 12-13 所示。正常情况下，由于主回路电阻远小于熔断器电阻，电流主要从主回路流过；当短路故障发生时，通过回路中的电流检测装置对电流幅值及变化率进行判断，一旦判断为故障则由控制装置对埋设于主回路开断器中的炸药进行触发点火，并推动活塞将主回路的连接导体切断，短路电流则快速转移至熔断器支路最终被切断。与普通熔断器相比，混合型限流熔断器能够承载更大的额定电流(>5000A)，且整个开断过程可在短时间内完成。目前该种限流器已在市场得到应用，如 G&W 公司的 CLiP、ABB 公司的 I_s 快速限流器等。其中，I_s 快速限流器如图 12-14(a) 所示，主要由主回路的导电桥和并联的熔断器支路构成，短路发生时由触发装置对主回路中的爆炸物进行点火并炸断导电桥，短路电流最终由熔断器切断，整个过程可在 0.5ms 内完成。其限流开断波形如图 12-14(b) 所示，可极大减轻短路电流对系统的冲击。然而，由于混合型限流熔断器需通过电子检测装置对爆炸物进行外部触发，在实际中易受到元件失效和电磁干扰的影响而发生拒动和误动情况。另外，混合型限流熔断器不属于自复型限流器，在一次动作之后需要对导电桥及熔断器进行更换，更换成本较高且恢复时间太长。

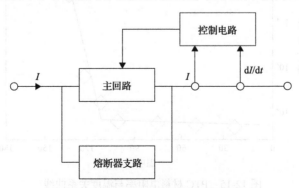

图 12-13　混合型限流熔断器拓扑

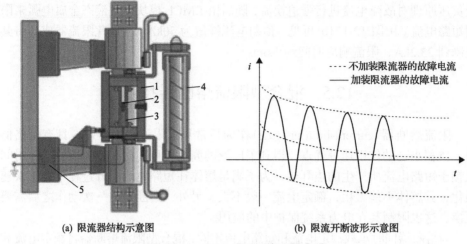

(a) 限流器结构示意图　　　　　　　(b) 限流开断波形示意图

图 12-14　ABB 公司 I_s 快速限流器

12.6　PTC 限流器技术

　　PTC 热敏电阻一般分为陶瓷 PTC 热敏电阻和聚合物热敏电阻，前者由 V_2O_3 或 $BTiO_3$ 等作为主晶相并添加少量稀土元素烧结而成，后者为高分子材料如聚乙烯等添加炭黑等导电粒子构成。正常情况下，高密度导电粒子被晶状物束缚而表现为低阻态；一旦温度升高则主相树脂发生融化而膨胀，其中的导电粒子距离被拉开而呈高阻态。PTC 材料电阻率与温度关系见图 12-15 所示。PTC 热敏电阻限流器即利用了短路电流通过时的热效应导致其阻值呈非线性上升的特性实现限流目的。然而，PTC 热敏电阻限流器的实用化仍存在以下困难：主相材料受热发生

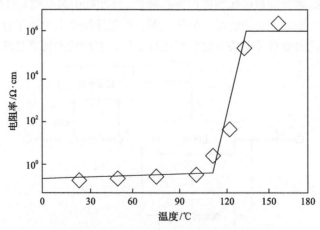

图 12-15　PTC 材料电阻率与温度关系曲线

膨胀，需使用热和机械强度较好的材料作为连接件；短路故障发生后热敏电阻在μs 级时间内其阻值会增加好几个数量级，因此实际使用中须并联限压装置；恢复时间一般为几分钟，不利于快速重合闸；多次使用后因其性能降低需进行更换，使用寿命短。

参 考 文 献

董力, 李庆民, 刘卫东, 等. 2004. 两次电流转移型短路电流限制器的研究. 电工技术学报, 03: 21-24.

郭腾炫, 张志丰, 杨嘉彬, 等. 2016. 用于柔性直流输电的电阻型超导限流器优化策略研究. 超导技术, 44(6): 18-26.

何海龙, 吴翊, 刘炜, 等. 2017. 磁收缩效应型液态金属限流器起弧特性研究. 中国电机工程学报, 37(4): 1053-106.

何海龙, 吴翊, 荣命哲, 等. 2018. 一种基于绝缘挡板的液态金属限流装置和方法: 中国, ZL201610496684.8.

何海龙, 赵鹏, 吴翊, 等. 2020. 一种用于直流系统的故障电流限制单元及方法: 中国, ZL201810554283.2.

贺之渊, 王威儒, 谷怀广, 等. 2020. 兼备故障限流及开断功能的直流电网集成化关键设备发展现状及展望. 中国电机工程学报, 40(11): 3402-3418.

江道灼, 敖志香, 卢旭日, 等. 2007. 短路限流技术的研究与发展. 电力系统及其自动化学报, 19(3): 8-19, 87.

刘路昕, 张京业, 戴少涛, 等. 2016. 电阻型超导限流器研发现状及所面临的技术瓶颈. 低温与超导, 44(7): 1-5.

刘师卓, 夏东, 邱清泉, 等. 2019. 磁通耦合型饼式线圈短时直流冲击特性研究. 电工电能新技术, 38(1): 47-53.

刘懿莹, 吴翊, 荣命哲, 等. 2011. 基于自收缩效应液态金属限流器中电弧行为特性的实验研究. 电工技术学报, 27(5): 192-198.

刘懿莹, 吴翊, 荣命哲, 等. 2012. 自收缩效应型液态金属限流器限流特性影响因素的研究. 中国电机工程学报, 32(04): 178-185.

涂春鸣, 姜飞, 郭成, 等. 2015. 多功能固态限流器的现状及展望. 电工技术学报, 30(16): 146-153.

王晨, 徐建霖. 2017. 混合型限流及开断技术发展综述. 电网技术, 41(05): 1644-1653.

吴翊, 何海龙, 荣命哲, 等. 2019. 一种中压直流故障电流限制器及其实现方法: 中国, ZL201710696303.5.

信赢. 2015. 超导限流器综述. 南方电网技术, 9(03): 1-9.

张翀, 张轩, 张志丰. 2017. 直流断路器与直流故障限流器的匹配研究. 高压电器, 53(12): 26-33,41.

张礼才, 谭亚雄, 刘志远, 等. 2018. 电流驱动型超导故障电流限制器. 高压电器, 54(7): 138-145.

郑健超. 2014. 故障电流限制器发展现状与应用前景. 中国电机工程学报, 34(29): 5140-5148.

Alexander A, Keuye M S. 2012. Survey of solid-state fault current limiters. IEEE Transactions on Power Electronics, 27(6): 2770-2782.

Bock J, Bludau M, Dommerque R, et al. 2011. HTS fault current limiters—first commercial devices for distribution level grids in Europe. IEEE Transactions on Applied Superconductivity, 21(3): 1202-1205.

Catlett R, Faried S. 2018. Optimization of MV distribution system designs. IEEE Transactions on Industry Applications, 54(1): 923-933.

Falcome C A, Bechler J E, Mekolites W E, et al. 1974. Current limiting device-a utility's need. IEEE Transactions on Power Apparatus and Systems, PAS-93(6): 1768-1775.

Fotuhi-Firuzabad M, Aminifar F, and Rahmati I. 2012. Reliability study of HV substations equipped with the fault current limiter. IEEE Transactions on Power Delivery, 27(2): 610-617.

He H L, Li J Z, Wu Y, at al. 2019. Introduction of an active triggered liquid metal fault current-limiting method//5th International Conference on Electrical Power Equipment. Kitakyushu.

He H L, Lv S Y, Liu W, et al. 2017. Dynamic behavior of current-through galinstan in liquid metal current limiter//4th International Conference on Electrical Power Equipment. Xi'an.

He H L, Niu C P, Li Y, et al. 2014. The Arc Behavior in a Novel Kind of GaInSn Liquid Metal Current Limiting Device. IEEE Transactions on Plasma Science, 14(2): 2612-2613.

He H L, Rong M Z, Wu Y et al. 2016. Experimental research on the dumbbell-like arc plasma in a liquid metal current limiter// The XI X International Conference on Gas Discharges and Their Applications. Beijing.

He H L, Rong M Z, Wu Y, et al. 2013. Experimental investigation of GaInSn current limiter based on a novel principle// 2nd International Conference on Electrical Power Equipment. Matsue.

He H L, Rong M Z, Wu Y, et al. 2013. Experimental Research and Analysis of a Novel Liquid Metal Fault Current Limiter. IEEE Transactions on Power Delivery, 28(4): 2566-2573.

He H L, Rong M Z, Wu Y, et al. 2015. Experimental research on the current limiting performance of liquid metal current limiter// 3rd International Conference on Electrical Power Equipment. Busan.

He H L, Wu Y, Niu C P, et al. 2017. Investigation of the pinch mechanism of liquid metal for the current limitation application. IEEE Transactions on Components Packaging and Manufacturing Technology, 7(4): 563-571.

He H L, Wu Y, Rong M Z, et al. 2012. Experimental Research on the Arc plasma in a Liquid Metal Current Limiter// The XI X International Conference on Gas Discharges and Their Applications. Beijing.

He H L, Wu Y, Yang Z, et al. 2018. Study of liquid metal fault current limiter for medium-voltage DC power systems// The XI X International Conference on Gas Discharges and Their Applications. Beijing.

He J W, Li B, Li Y. 2018. Analysis of the fault current limiting requirement and design of the bridge-type FCL in the multi-terminal DC grid. IET Power Electronics, 11(6): 968-976.

IEEE. 2015. IEEE Guide for Fault Current Limiter (FCL) Testing of FCLs Rated above 1000 V AC (C37.302-2015) [S]. IEEE: Switchgear Committee of the IEEE Power and Energy Society.

International Council on Large Electric systems. 2003. Fault Current Limiters in Electrical Medium and High Voltage Systems (WG A3.10-2003) [S]. Paris: CIGRE Technical Brochure.

International Council on Large Electric systems. 2008. Guideline on the Impacts of Fault Current Limiting Devices on Protection System (WG A3.16-2008) [S]. Paris: CIGRE Technical Brochure.

International Council on Large Electric systems. 2012. Application and Feasibility of Fault Current Limiters in Power Systems (WG A3.23-2012) [S]. Paris: CIGRE Technical Brochure.

Jabarullah N H, Verrelli E, Mauldin C, et al. 2014. Novel conducting polymer current limiting devices for low cost surge protection applications. Journal of Applied Physics, 116(16): 164501.

Krätzschmar A, Berger F, Terhoeven P, et al. 2000. Liquid metal current limiters// 20th International Conference on Electronic Contacts. Stockholm.

Liu S Z, Xia D, Qiu Q Q, et al. 2018. Recovery characteristics of YBCO tapes against DC over current impulse. Physica C: Superconductivity and its applications, 551: 1-4.

Liu S Z, Xia D, Qiu Q Q, et al. 2018. Research on high current and instantaneous impulse characteristics of a flux coupling type SFCL with pancake coils. IEEE Transactions on Applied Superconductivity, 28(6): 5603306.

Liu Y Y, Rong M Z, Wu Y, et al. 2013. Numerical analysis of the pre-arcing liquid metal self-pinch effect for current-limiting applications. Journal of Physics D-Applied Physics, 46(2): 025001.

Liu Y Y, Wu Y, Li F M, et al. 2014. Investigation on the behavior of gainsn liquid metal current limiter. IEEE Transactions on Components Packaging and Manufacturing Technology, 4(2): 209-215.

Liu Y Y, Wu Y, Rong M Z, et al. 2013. Simulation of the effect of a metal vapor arc on electrode erosion in liquid metal current limiting device. Plasma Science and Technology, 15 (10): 1006-1011.

Prigmore J, Schaffer J S. 2017. Triggered Current Limiters—Their Arc Flash Mitigation and Damage Limitation Capabilities. IEEE Transactions on Power Delivery, 32 (2): 1114-1122.

Qiu Q Q, Xiao L Y, Zhang Z F, et al. 2016. Investigation of flux-coupling type superconducting fault current limiter with multiple parallel branches. IEEE Transactions on Applied Superconductivity, 26 (4): 5601305.

Qiu Q Q, Xiao L Y, Zhang Z F, et al. 2018. Design and test of 10kV/400A flux-coupling-type superconducting fault current limiting module. IEEE Transactions on Applied Superconductivity, 28 (3): 5601806.

Rong M Z, Yang Z, Wan Q, et al. 2019. Investigation of liquid metal current limiter for MVDC power system// 5th International Conference on Electrical Power Equipment. Kitakyushu.

Smith R K, Slade P G, Sarkozi M, et al. 1993. Solid-state distribution current limiter and circuit breaker: application requirements and control strategies. IEEE Transactions on Power Delivery, 8 (3): 1155-1164.

Steurer M, Frohlich K, Holaus W, et al. 2003. A novel hybrid current-limiting circuit breaker for medium voltage: principle and test results. IEEE Transactions on Power Delivery, 18 (2): 460-467.

Thess A, Kolesnikov Y, Boeck T, et al. 2005. The H-through: a model for liquid metal electric current limiters. Journal of Fluid Mechanics, 527: 67-84.

Wang B B, He H L, Wu Y, et al. 2019. Investigation of a liquid metal fault current limiter based on current injection method// 5th International Conference on Electrical Power Equipment. Kitakyushu.

Wu Y, He H L, Rong M Z, et al. 2011. The development of the arc in a liquid metal current limiter. IEEE Transactions on Plasma Science, 39 (11): 2864-2865.

Xin Y, Gong H, Wang J Z. 2011. Performance of the 35 kV/90 MVA SFCL in live-grid fault current limiting tests. IEEE Transactions on Applied Superconductivity, 21 (3): 1294-1297.

Yang Z, He H L, Wu Y, et al. 2017. Investigation of liquid metal current limiter based on a novel topology// 4th International Conference on Electrical Power Equipment. Xi'an.

Yang Z, He H L, Yang F, et al. 2019. A Novel Topology of Liquid Metal Fault Current Limiter for MVDC Network Applications. IEEE Transactions on Power Delivery, 34 (2): 661-670.

Yinger R J, Venkata S S, Centeno V A. 2012. Southern California Edison's advanced distribution protection demonstrations. IEEE Transactions on Smart Grid, 3 (2): 1012-1019.

Zhang Y, Dougal R A. 2012. State of the art of fault current limiters and their applications in smart grid// 2012 IEEE Power and Energy Society General Meeting. San Diego.

Zhang Z F, Yang J B, Qiu Q Q, et al. 2017. Research on resistance characteristics of YBCO tape under short-time DC large current impact. Cryogenics, 84: 53-59.

Zienicke E, Thess A, Kratzschmar A, et al. 2003. A Shallow water model for the instability of a liquid metal jet crossed by an axial electrical current. Magnetohydrodynamics, 39 (3): 237-244.

第13章 直流短路电流快速识别技术

随着中压直流电力系统容量和用电负荷的持续增长，其短路电流水平显著增高，这对直流系统的安全性提出更高的要求。在直流系统中，短路电流上升率大，幅值高，不及时切断短路电流会损坏系统中的电力设备，甚至发生人身伤亡。系统一旦发生短路故障，断路器等保护设备需要迅速作出反应，通过识别电流可以对故障进行快速准确的判断，进而对断路器发出动作指令，完成短路分断和故障切除。由此可见，直流短路电流快速识别对于后续故障可靠切除至关重要，开展相关技术研究对直流输电系统的安全运行具有非常重要的意义。

13.1 直流短路识别需求现状

13.1.1 直流短路识别技术需求

相较于交流系统，直流系统短路电流具有上升快、幅值高的特点。以中压直流系统为例，较短的供电线路导致系统首端的短路电流和分支的短路电流相差不大；线路阻抗小使短路电流幅值大，同时短路电流的上升速度很大。图 13-1 为某直流系统的短路电流、母线电压波形。短路电流通常很大，并且短路电流的上升速度非常快，一般在每毫秒零点几安培到几十安培之间，并且在几毫秒至十几毫秒之间到达稳定值。短路电流将对电气设备产生严重的危害：在电气设备中会产生高温和极大的电动力；巨大的短路电流会引起电压下降而严重损坏某些重要设备，因此短路故障将对系统的安全与稳定运行产生严重影响。随着直流供电系统

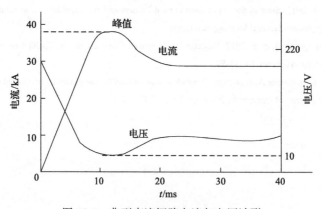

图 13-1 典型直流短路电流与电压波形

功率急剧增加，直流断路器切除直流系统短路故障的难度也大大增加，短路故障电流将对电网的稳定运行带来巨大威胁。

研究表明，在直流系统短路电流的初期上升阶段通过识别电流特征判断故障，进而完成短路分断操作，可对短路电流起到限流作用，将有利于直流断路器切除系统短路故障，显著提高分断可靠性。目前，随着中压直流输电容量和电压等级的提高，采用传统的磁吹式灭弧方式的直流断路器从分断能力和分断速度上难以满足要求。尤其是随着近年来半导体技术不断发展，大容量的电力电子器件被广泛应用于直流开断领域，传统机械开关和电力电子器件串并联组成的新型直流断路器逐渐成为直流开断的研究热点。由于这类直流断路器通常具有复杂的拓扑结构，一方面大量串并联的半导体器件需要配合专用的驱动模块等来实现导通和截止；另一方面需要处理的信号复杂，不仅需要检测系统和开关的工作状态，还需要按照不同的工况协调控制各功能组件，这要求实际的短路识别模块同时满足电流识别、判断及输出多路信号等功能要求。

综上所述，针对直流系统的短路电流识别技术的研究将有效解决直流电力系统短路电流上升过快所引起的开断失败，而短路电流识别技术，作为新型直流断路器的大脑，对于切除直流电力系统短路故障尤为重要。

13.1.2　直流短路识别技术现状

随着直流输电技术的不断发展，我国对于直流短路电流识别技术的研究已经起步，但是由于种种客观条件的限制，我们在直流短路电流识别与开断控制技术方面仍处于一个较低的水平上，目前还没有成熟的针对新型直流断路器的短路电流识别装置。典型的直流短路识别装置由电流传感器、电流数据处理与判断模块、控制信号输出端口、电源模块等组成，其中电流数据处理与判断模块作为识别装置的核心，相关算法算法与策略成为研究的重点。然而，目前国内在硬件平台、滤波算法、短路识别算法、控制方式、网络技术应用、冗余技术、自检技术等多方面与国际先进水平存在相当大的差距，例如 ABB、西门子等国际电力设备供应厂商在直流断路器的监测、控制和保护方面已经远远领先于国内水平，并且申请了大量的专利保护。

其中，孟飞等对比分析了直流系统不同位置短路故障点的短路电流波形，总结直流牵引供电系统短路电流的特点如下：①直流母线处发生短路故障，由于变电所交流侧电感电阻会对直流侧造成影响，会产生很大的暂态冲击电流；而发生在牵引电网远端的短路故障，随着直流侧电感和电阻的增大，短路暂态电流不再出现冲击现象，并且短路稳态电流减小，呈现出类似指数曲线的变化特征。②直流母线处短路电流到达峰值时间 10ms 左右，最大短路电流达 120kA，随着故障点与牵引变电站间距离的增加引起感性阻抗增加，对短路电流变化产生阻碍作用，使电流上升率和幅值均减小，在线路末端发生短路故障时，短路电流与最大负载电流接近。曹融等仿真分析了某舰船不同短路点的短路电流。在船舶综合电力系统中，由于输电网络采用分布式供电，各中压直流母线之间不会并联运行，中压直流母线上发生短路故障时，短路电流就是由连接在该母线上的发电机、蓄电池及负载电动机提供。由于采取了分布式供电，船舶在各种不同的工作情况下的短路电流特征基本一致，其主要特点有：①船舶直流系统短路电流到达峰值的时间在 4ms 左右。②中压直流母线最大短路电流为 110kA 左右。③直流系统发生短路时电流的初瞬变化率很大。

在直流牵引系统和船舶直流系统中，短路电流最严重情况下，上升率很大而且最大短路电流峰值也很大，达到百千安级。虽然地铁供电系统中存在远端短路和启动电流相似的现象，但是短路故障发生于直流母线处时，其短路电流特性与船舶供电系统短路电流特性相似。

王广峰等总结分析了几种主要的直流短路电流故障识别算法。主要包括以下方案。

(1)电流幅值保护。当电流幅值超过整定值时，判断系统发生短路故障。因为故障发生时，短路电流的幅值不会发生突变，当电流幅值超过整定值时，距离故障发生已有一定时间。这种检测方法的缺点在于整定值较小时难以区分短路电流、短时过载电流和短时冲击电流；整定值较大时检测时间过长，限流器和断路器动作时短路电流已经接近于最大值。

(2)电流变化率保护。利用电流变化率在短路发生时产生突变的特点，当电流变化率超过整定值时，判断发生短路故障。这种方法能够在短路发生后很短的时间内检测到故障，但是系统中的一些快速暂态过程容易引起识别装置的误动作。

(3)采用数据处理算法，如小波变换等。小波变换能够准确检测出信号的突变，但是它相对于前两种方法来说比较复杂，硬件开销也更大。

(4)DDL 保护。DDL 保护是一种反应电流变化趋势的保护，分为电流上升率保护与电流增量保护和电流上升率保护与延时保护。利用电流变化率在短路电流发生时突变和幅值大的特点，该保护克服了单独电流上升率保护易受干扰而误动作以及电流增量保护存在拒动现象的缺点，这种方法能够很好地区分直流供电系统中的近端和远端短路故障。

13.2　直流短路电流快速识别方法

目前，针对直流短路电流快速识别方法主要可分为电子式识别和电磁式识别两种。

13.2.1　电子式识别

电子式短路识别控制器利用传感器对电流进行测量，再经过信号滤波、模数转换、信号处理和判断等环节完成故障识别，其往往需要配合较为复杂的软硬件电路来实现。电子式识别在直流断路器中起到识别故障电流、协调控制各功能组件、实现分合策略等重要功能，既要实现控制器的快速性，又要实现控制器的多种功能，同时还要兼顾整体的抗干扰能力。

1. 硬件架构介绍

由于直流系统短路电流上升快，幅值高，断路器等设备安装环境电磁干扰强烈，这就要求在硬件架构方面，采用处理速度快并且工作稳定的处理器作为核心处理器。现场可编程逻辑门阵列(field programmable gate array，FPGA)作为专用集成电路(ASIC)领域中的一种半定制电路，既解决了定制电路的不足，又克服了原有可编程器件门电路数有限的缺点，因此主控器件可采用 FPGA。在中低压场合，保护装置正由基于单片机、DSP、ARM、FPGA 等单一控制核心向多种控制核心相结合的方向发展。其中，FPGA 近年来在电力系统测控设备开发中越来越受青睐，采用 FPGA 处理器作为硬件核心，主要基于以下几方面原因。

(1)设计短路电流快速识别装置需要实时采集多路电流数据和电压数据，因此需要占用大量 I/O 端口资源。相比于普通单片机和 DSP 而言，一般 FPGA 芯片的端口资源更为充足，能够满足设计需求。

(2)软件部分设计采用的 FIR 数字滤波器需要采用大量乘法器。采用单片机的方式不仅软件容易发生异常，而且内部通常不包含乘法器，这就大大降低了算法的处理速度。DSP 通常只包含少量的乘法器，虽然也可并行运算，但对于实现高阶数的 FIR 数字滤波器远不如 FPGA 执行效率高。ARM 处理器则更适合在智能手持终端等高档消费电子设备领域使用。

(3)FPGA 本质上是硬件逻辑单元 LE 和存储表 RAM 的组合，不符合冯·诺依曼结构也不符合哈佛结构。这种结构的特点是可靠性高，抗电磁干扰能力极强。

(4)FPGA 可以同时对大量端口进行并行操作，这使在相同时钟节奏下，FPGA 对 I/O 端口的处理速度要高得多。

(5)由于 FPGA 成本相对偏高，不擅长处理复杂度过高的算法，比较适合高带宽低复杂度的算法，常被应用于系统前端。比如多路数据的高速实时并行采集处理，这些应用场合与识别装置适用领域类似，即对成本控制并不明显但对可靠性要求非常高。DSP 则更适合后端低带宽高复杂度算法的处理。

2. 短路识别方案

在短路电流识别方面，充分分析和考虑了现有的短路识别方案，采用已在轨道交通领域广泛应用的 DDL 识别算法, 以电流上升率(di/dt)保护和电流增量(ΔI)作为检测量, 将两者结合考虑来决定保护的动作特性。即上升率 di/dt 作为保护启动和返回的判据, 电流增量 ΔI 配合不同延时作为故障的判别依据, 分别形成了 DDL+ΔI 保护和 DDL+ΔT 保护。不但解决单独 ΔI 保护存在拒动现象, 而且克服单一保护量保护易受干扰而误动的缺点。在保护过程中, 两者同时进行判定, 任一保护先达到动作要求立刻动作。保护过程中不断检测馈线电流 i 及电流上升率 di/dt, 当电流上升率 di/dt 高于设定值 E(di/dt>E), DDL+ΔI 保护和 DDL+ΔT 保护同时启动。一旦电流上升率 di/dt 低于设定值 F(di/dt<F), 则 DDL+ΔI 保护和 DDL+ΔT 保护返回。

1) DDL+ΔI 保护原理

图 13-2 是 DDL+ΔI 保护原理图。DDL+ΔI 保护启动后, 在延时 T_{max} 时间内, 检测到电流增量 ΔI 大于参数设定值 ΔI_{max} 的时间大于或等于参数 $t\_\Delta I_{max}$, DDL+ΔI 保护动作。若在保护出口动作之前检测到电流上升率 di/dt 小于 F, 整个保护返回, 参数清零。DDL+ΔI 保护适用较近距离的短路故障。

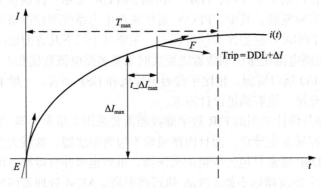

图 13-2　DDL+ΔI 保护原理

2) DDL+ΔT 保护原理

图 13-3 是 DDL+ΔT 保护原理图。DDL+ΔT 保护启动后, 当检测到延时 Δt 的值大于参数 T_{max} 的同时, 电流增量 ΔI 大于参数设定值 ΔI_{min}, DDL+ΔT 保护动作。若在保护出口动作之前检测到电流上升率 di/dt 小于 F, 整个保护返回, 参数清零。DDL+ΔT 保护适用远端短路故障。图 13-4 是中压直流供电系统短路 DDL 保护的动作特性图。

图中各曲线分析如下。

曲线 1 的电流上升率小于 E, 不是故障情况, 保护不启动。

曲线 2 的电流上升率大于 E, 电流增量保护和延时保护同时启动, 但是电流增量 ΔI 大于参数 ΔI_{max} 的时间小于参数 $t\_\Delta I_{max}$, 故不是故障情况, DDL+ΔI 保护返回。

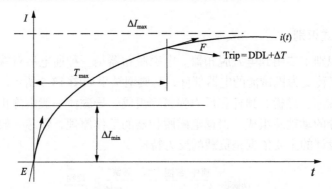

图 13-3　DDL+ΔT 保护原理

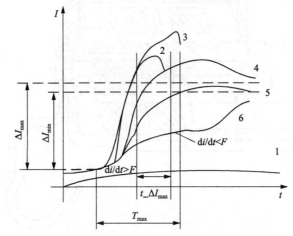

图 13-4　DDL+ΔI 和 DDL+ΔT 保护动作特性

　　曲线 3 的电流上升率大于 E，电流增量保护和延时保护同时启动，电流增量 ΔI 超过整定值 ΔI_{max} 的时间大于延时时间 $t\_\Delta I_{max}$，是故障情况，所以 DDL+ΔI 保护动作。

　　曲线 4 的电流上升率大于 E，电流增量保护和延时保护同时启动，电流增量 ΔI 在 T_{max} 延时时间内超过整定值 ΔI_{min}，是故障情况，所以 DDL+ΔT 保护动作。

　　曲线 5 的电流上升率大于 E，电流增量保护和延时保护同时启动，但是电流增量 ΔI 在整个延时保护 T_{max} 的时间内均低于 ΔI_{min}，不是故障情况，所以 DDL+ΔT 保护返回。

　　曲线 6 的电流上升率大于 E，电流增量保护和延时保护同时启动，在延时过程中，电流上升率小于到 di/dt 保护返回值 F 以下，不是故障情况，所以保护返回。随后，电流上升率又再次大于 E，保护再次启动，并以该处为新的基准，重新进行 ΔI 的计算。

13.2.2　电磁式识别

电磁式识别主要用到电磁脱扣器。电磁脱扣器是一种通电后对铁磁物质产生吸力、将电能转变为机械能的电器部件,其典型结果如图 13-5 所示。电磁脱扣器由线圈、导磁体、磁轭、顶杆和反力弹簧等组成。导磁体一般由静止部分的静铁芯和运动部分的动铁芯组成。根据电磁脱扣器的工作原理,铁芯一般选用磁性材料。电磁铁设计的主要依据是负载的反力特性。

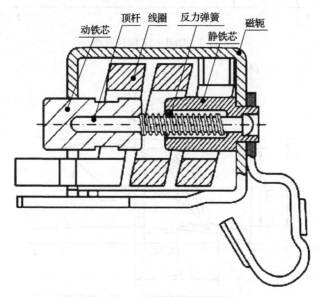

图 13-5　电磁脱扣器的结构图

电磁脱扣器是一种瞬时保护工作部件,是一种电流型电磁铁。电磁铁吸力为

$$F = 3.2(IN)^2 S / \delta^2 \tag{13-1}$$

式中,F 为电磁铁铁心极面吸力;I 为励磁有效电流;N 为线圈匝数;S 为铁芯极面的截面积;δ 为动、静铁芯的工作气隙。

其中,静铁芯和动铁芯的截面积 S 是一个重要的参数。在 IN、δ 一定前提下,S 越小,B 值就越大,则吸力 F 越大,反力弹簧的力就需相应增大;S 越大,磁通密度 B 变小,吸力就小,可能由于吸力小于断路器的脱扣力造成断路器拒动。另外,S 的增加也使铁芯的体积跟着加大。因此,S 需要一个适中的值。另一个重要参数是工作气隙 δ。δ 越大,磁阻越大,在 IN 一定时,磁通变小,B 值就小,吸力 F 也变小;若 δ 过小,磁阻就很小,磁通变大,B 值也大,可能使 B 值超过其线性范围,工作不稳定,且弹簧反力要增加,还可能对牵引杆等造成冲击。因此,对 δ 值要做适当控制。

13.3　直流电流传感装置

直流系统中短路故障电流具有上升率高、短路电流幅值高的特点，为实现直流断路器控制保护系统快速短路电流的准确识别与开断，直流电流传感装置是一个至关重要的环节，它必须具有足够高的精度、大的测量范围以及高响应频率来获取直流电流的稳态和暂态信号。同时，直流电流传感装置必须能够适应复杂的电磁环境，以防止短路电流识别装置的误判；实际中考虑直流断路器高集成度的要求，电流传感装置还应具有较小的体积和便利的安装形式。

13.3.1　直流电流传感装置的技术分类

目前，直流电流传感装置的技术类型包括：基于分流器原理的电流传感器、基于霍尔效应的电流传感器、基于磁通门技术的电流传感器及基于磁光法拉第效应的光纤电流传感器。

1. 基于分流器原理的电流传感器

该技术原理是：通过测量通电导体的电阻压降，进而得到待测电流的大小，即欧姆定律。该型传感器具有测量精度高、动态响应频率高、成本低的技术优势；但也具有以下技术缺点：受固定分流比的限制，测量范围有限，无法兼顾小电流与大电流的测量精度；分流电阻的热耗散将对分流器分流比增益的温度稳定性和偏移误差产生负面的影响，进而影响测量精度；在高压、大电流应用条件下，绝缘和散热的要求高，体积和重量大。

2. 基于霍尔效应的电流传感器

该技术原理是：当通电导体置于一个磁场时，磁场会对导体中的电子产生一个垂直于电子运动方向上洛仑兹力的作用，在导体的两端产生电压差（霍尔电压），通过测量霍尔电压建立起测量电压与产生磁场的电流大小的线性关系。根据测量方式的不同，可以分为开环测量方式和闭环测量方式。

开环霍尔电流传感器具有封装尺寸小、测量范围大、重量轻、成本低的技术优点，但也具有以下技术缺点：通常精度劣于 1%，且线性度较差；带宽小，易受环境温度影响，系统精度温度漂移大；抗磁场干扰能力弱；对安装位置误差要求高。

闭环霍尔电流传感器具有：精度高、测量带宽大、线性度好、无插入损耗的技术优点。其技术缺点包括：系统精度温度漂移大，工作温度范围窄；抗磁场干扰能力弱；安装位置误差影响系统精度；由于存在补偿回路，系统功耗大。

3. 基于磁通门技术的电流传感器

该技术原理是：基于铁芯材料的非线性磁化特性，其敏感元件为高磁导率、易饱和材料制成的铁芯，有两个绕组围绕该铁芯：一个是激励线圈，另一个是信号线圈。在交变激励信号的磁化作用下，铁芯的导磁特性发生周期性饱和与非饱和的变化，从而使围绕在铁芯上的感应线圈感应出反应外界磁场的信号。该技术是一种隔离的电磁感应式电流传感技术，具有精度极高、测量带宽大，线性度好的技术优点。其技术缺点包括：传感器结构需采用电磁屏蔽技术，抗磁场干扰能力较弱；在用于测量大电流时，为平衡铁磁材料的磁通，传感器的体积和重量增大，同时补偿回路能耗亦增大；其固定的一次和二次绕组匝数比，使传感器的测量范围较小。

4. 基于磁光法拉第效应的光纤电流传感器

该技术原理是：光纤中的线偏振光在电流磁场的影响下发生偏转，旋转角度与磁感应强度成正比，进而可以测量电流的大小和方向。目前，光纤电流传感器作为一种新型的电流传感技术，相比与传统的电磁式电流传感器，具有以下突出优点：

（1）由于采用闭环控制技术，使该型传感器具有测量范围宽和动态范围大的特点。

（2）测量精度和灵敏度高，可以检测光波长范围内微小变化。

（3）由于传输、传感介质均为光纤，具有极好的电气绝缘性和抗电磁干扰能力，同时不存在传统电磁式传感器中的磁饱和磁滞效应等问题。

（4）安全性和可靠性高。由于传输介质为光纤，在低压端不存在二次开路而产生的高压危险，具有更高的安全系数。

（5）体积小、重量轻、自动化程度高。其本征数字化、智能化的输出形式，可满足电力系统数字化的需求以及更加灵活的安装配置。

综合不同直流电流传感器技术类型的特点，目前市场上相应产品的典型性能对比如表 13-1 所示。

表 13-1　不同技术类型产品的典型性能对比

技术类型	带宽	精度	温度漂移/(ppm/k)	隔离	测量范围
分流器	kHz~MHz	0.1%~2%	25~300	否	kA，mA~A
霍尔传感器	kHz	0.5%~5%	50~1000	是	A~kA
磁通门传感器	kHz	0.001%~0.5%	<50	是	mA~kA
光纤电流传感器	kHz~MHz	0.1%~1%	<100	是	kA~MA

通过对以上几种直流电流传感器技术类型特点分析，对于直流短路电流识别装置所要求的高测量精度，额定电流几千安培，保护测量范围上百千安培，同时具有良好抗电磁干扰能力的技术要求，基于磁光法拉第效应的光纤电流传感器技术是一种较好的技术方案。

13.3.2　光纤电流传感器技术

1. 基本原理

光纤电流传感器技术是基于磁光法拉第效应、安培环路定律和 Sagnac 干涉测量原理的三个基础理论，其中磁光法拉第效应描述的是线偏振光在介质中传播时，若在平行于光的传播方向上施加一个磁场，则光波振动方向将发生偏转，旋转角度与磁感应强度和光穿越介质长度的乘积成正比，偏转方向取决于介质性质和磁场。它提供了光纤电流传感器工作的机理，如图 13-6 所示。

图 13-6　磁光法拉第效应

图中旋转角 $\theta = VHL$，其中 V 表示材料的 Verdet 常数；而根据安培环路定律的表述：沿任何一个区域边界对磁场矢量进行积分，其数值等于通过这个区域边界内的电流的总和。与该区域的形状、距离或是何种材料无关。按照环路定律，相邻导体产生的漏磁场（干扰磁场）的任何闭环矢量积分为零，所以任何闭环外的磁场对闭环内的测量没有影响，即在闭合环路内：

$$\theta = VHL = \oint VH\mathrm{d}l = VNI \tag{13-2}$$

在闭合环路外：

$$\theta = VHL = \oint VH\mathrm{d}l = 0 \tag{13-3}$$

根据安培环路定律可知，光纤电流传感器的电流传感光纤环在闭合条件下，外界磁场对其不产生影响，因此具有良好的抗磁场干扰能力。光纤电流传感器本质上是一种光纤 Sagnac 干涉测量仪，根据 Sagnac 干涉测量原理，两束相干光波的光程差（即相位差）的任何变化会非常灵敏地导致其干涉条纹的移动。通过干涉条纹的移动变化可测量光程微小改变量，从而测得与此有关的其他物理量，如电流。光纤电流传感器将旋转角 θ 转换为 Sagnac 相位差，从而为传感器提供了电流检测的方法。

2. 光纤电流传感器的光路系统

光纤电流传感器的光路系统有多种形式，根据光纤传感环光路结构不同，可以分为闭合环形结构与反射式串联结构。由于反射式串联结构光路的输入光波与返回光波共一条光纤，对温度与振动不敏感，同时具有双倍的磁光法拉第效应，所以多采用此种光路结构。在反射式串联结构中根据相位调制器的不同，又可以分为 Y 波导和直波导结构，其光路结构如图 13-7 所示。

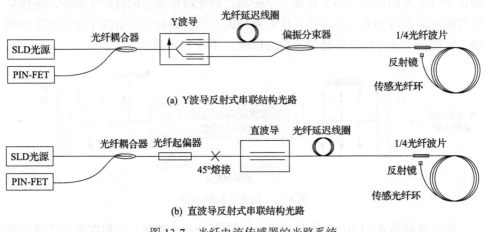

(a) Y波导反射式串联结构光路

(b) 直波导反射式串联结构光路

图 13-7　光纤电流传感器的光路系统

图 13-7 中所示的光路结构中，高压侧由 1/4 光纤波片、传感光纤环及光纤反射镜构成；Y 波导光路的低压侧由偏振分束器、光纤延迟线圈、Y 波导相位调制器、光纤耦合器、SLD 宽带光源及光电探测器 PIN-FET 构成；而直波导光路的低压侧由光纤延迟线圈、直波导相位调制器、光纤起偏器、光纤耦合器、SLD 宽带光源及光电探测器 PIN-FET 构成。

以直波导反射式串联结构光路为例，该光路结构的工作原理如下。

SLD 光源发出的光经 3dB 耦合器分光后被光纤起偏器起偏为线偏振光，经 45°熔接点后分为两束正交的 x 轴和 y 轴线偏振光，进入相位调制器与光纤延迟线圈后，传输至 1/4 光纤波片处，经 1/4 光纤波片后，两束正交的线偏振光分别转换为左旋圆偏振光和右旋圆偏振光，在电流传感光纤内受磁光法拉第效应产生 2VNI 的 Sagnac 相位差，被反射镜反射后左旋变右旋，右旋变左旋，再次经历磁光法拉第效应，使得两束光波的 Sagnac 相位差加倍变为 4VNI，再经 1/4 光纤波片转换为 y 轴和 x 轴的线偏振光，最后在起偏器后的 45°熔接点处形成干涉场。其中 Sagnac

相位差 ϕ_s 为

$$\phi_s = 4VNI \tag{13-4}$$

干涉光波的光强 P 对 Sagnac 相位差的响应为

$$P(\phi_s) = P_0(1 + \cos\phi_s) \tag{13-5}$$

式中，P_0 为 SLD 光源发出的光功率。从式(13-5)中可以看出，干涉光波的响应为余弦响应函数，当 Sagnac 相位差很小时，干涉光波的强度变化近似为零，对小电流不敏感；其次余弦响应具有偶对称性，无法确定 Sagnac 相位差的符号，即电流的方向；同时还具有 2π 周期性，产生多值性，存在一个以零点为中心的 $\pm\pi$ 的单调相位测量区间，对应于干涉光波的零级干涉条纹。

3. 光纤电流传感器调制/解调技术

为提高电流检测的灵敏度，解决电流方向的判断问题，采用方波相位偏置调制技术，它通过在光纤线圈的一端放置一个互易性相位调制器，给沿相反方向传播的两束光波施加方波相位偏置调制，使两束光波在不同时间受到完全相同的相位调制 $\phi_m(t)$，从而产生一个相位差偏置调制信号 $\Delta\phi_m(t)$：

$$\Delta\phi_m(t) = \phi_m(t) - \phi_m(t - \tau) \tag{13-6}$$

当相位调制 $\phi_m(t) = \pm\phi_b / 2$ 时，则 $\Delta\phi_m(t) = \pm\phi_b$，其中 ϕ_b 表示相位偏置。调制方波的半周期等于光波在光纤线圈的渡越时间 τ。在方波的正、负两个半周期内对 Sagnac 相位差的响应分别表示为

$$\begin{cases} P(\phi_s, +\phi_b) = P_0[1 + \cos(\phi_s + \phi_b)] \\ P(\phi_s, -\phi_b) = P_0[1 + \cos(\phi_s - \phi_b)] \end{cases} \tag{13-7}$$

将两种调制态的响应之差作为传感器开环状态下的输出信号，即

$$\Delta P(\phi_s, \phi_b) = P_0[\cos(\phi_s - \phi_b) - \cos(\phi_s + \phi_b)] = 2P_0\sin\phi_b\sin\phi_s \tag{13-8}$$

当 Sagnac 相位差较小，且相位偏置 $\phi_b = \pi / 2$ 时，传感器的光强 ΔP 近似与 ϕ_s 成正比，进而与被测量电流近似成正比关系，即

$$\Delta P(\phi_s, \phi_b) = 2P_0\sin\phi_b\sin\phi_s \approx 2P_0\phi_s \tag{13-9}$$

但在开环控制下，随着 Sagnac 相位差 ϕ_s 的增大，传感器响应线性度下降明显，因此开环控制下的传感器具有动态范围小、响应线性度差的缺点。

4. 光纤电流传感器数字闭环反馈控制技术

为了提高线性度和扩大测量范围，光纤电流传感器采用数字闭环反馈控制方式，其基本思想是：将开环控制下的传感器输出信号作为反馈信号，反馈信号经数字信号处理单元处理输出，控制相位调制器产生一个附加的互易性反馈相位 ϕ_F，使反馈相位 ϕ_F 与 Sagnac 相位差 ϕ_S 大小相等、符号相反，总的相位 $\phi_S + \phi_F = 0$ 被伺服控制在零点上，而此时传感器检测到干涉光强差为零。

闭环反馈控制光纤电流传感器的系统结构由光路和电路两部分组成，其中电路部分主要由前置放大器与滤波电路、A/D 转换器、数字信号处理单元、D/A 转换器及驱动放大器等器件构成，如图 13-8 所示。

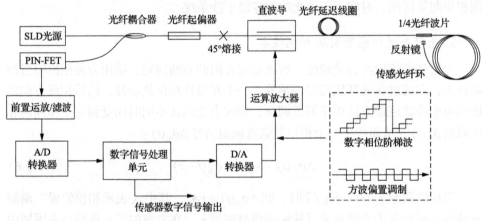

图 13-8　闭环反馈控制系统框图

在闭环反馈控制下，相关解调过程中传感器数据采样系统分别对方波调制信号正、负半周期的传感器响应信号进行采样，并将两个半周期的响应信号相减解调出传感器的误差信号 $\Delta\phi$：

$$\Delta\phi = P_0\left[1 + \cos\left(\phi_S + \phi_F + \pi/2\right)\right] - P_0\left[1 + \cos\left(\phi_S + \phi_F - \pi/2\right)\right]$$
$$\approx -2P_0\Delta\phi_S \tag{13-10}$$

式中，$\Delta\phi_S$ 表示 Sagnac 相位差 ϕ_S 与反馈相位 ϕ_F 的偏差，然后再对解调出的误差信号 $\Delta\phi$ 进行数字积分以生成反馈相位 ϕ_F：

$$\phi_F = -\left(\phi_S + \sum_{i=1}^{\infty}\Delta\phi_S\right) \tag{13-11}$$

数字积分的结果一方面作为光纤电流传感器的数字输出信号，另一方面作为数字相位阶梯波的相位阶梯高度信号进行反馈控制。

当光纤电流传感器闭环控制过程到达稳态时，反馈相位 ϕ_F 与 Sagnac 相位差 ϕ_S 大小相等，符号相反，即相关检测过程中传感器误差信号 $\Delta\phi = 0$。因此由闭环反馈控制过程可知：光纤电流传感器实际测量的信号是反馈相位 ϕ_F 的大小，其大小和正负分别反映了传感器测量电流的大小和方向。在检测过程中，反馈相位 ϕ_F 与返回的光功率和检测通道的增益无关，且误差信号 $\Delta\phi$ 始终控制在零点上，因此闭环反馈控制的光纤电流传感器输出具有很好的线性度、灵敏度及大动态测量范围。闭环光纤电流传感器样机如图 13-9 所示。

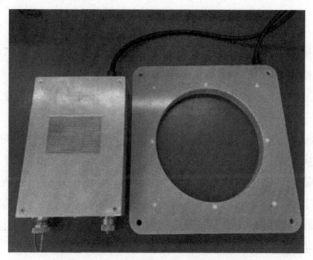

图 13-9　闭环光纤电流传感器样机

13.4　短路电流识别装置功能模块

对于短路电流识别装置，除供电模块、电流信号控制与输出端口外，其核心功能在于电流信号的采集、滤波及故障识别保护算法。

13.4.1　高速数据采集模块设计

直流短路故障电流上升率高、短路电流幅值高等特点要求直流断路器控制保护系统在数百个微秒内完成短路电流的快速准确识别，而实现短路故障的快速识别是以电流数据的高速采集与处理作为前提的。基于对数据采集与处理模块的功能分析，可以确定高速数据采集与处理模块实现方案，主要包括电流传感、硬件滤波、模数转化三个主要环节，其示意图如图 13-10 所示。

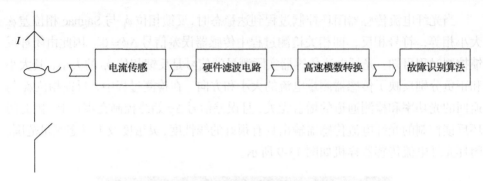

图 13-10　高速数据采集模块示意图

在电流传感环节，常用的直流电流传感器包括分流器、霍尔电流传感器两种，与分流器相比，霍尔电流传感器不仅具有测量范围大、动态性能好的特点，而且一、二次之间实现了电气绝缘，传感器的输出信号不再需要进行额外的隔离设计。

在硬件滤波环节，直流断路器及限流器控制保护系统所受到的电磁干扰包含两种：一种是换流站内的一次设备在工作过程中产生的高频电磁干扰；另一种是直流系统由于整流产生的纹波噪声。采用硬件滤波的方式可以实现有效地滤除第一种干扰。对于第二种干扰，由于部分干扰信号频率和有效信号频率比较接近，需要结合采用软件滤波的方法。另外，硬件低通滤波器还具有防止软件滤波时出现频谱混叠现象的作用。

在模数转换环节，由于设计时采用了 DDL 保护算法，此处以 200μs 内实现故障判别为例进行阐述，为了保证识别效率和可靠性，预留给 DDL 保护算法的数据样本点应控制在不低于 50 个，FIR 数字滤波器延时控制在 100μs，因此可以将系统采样率设计为每隔 200μs 采集得到 50 个数据点，即 250kHz。为了确保采样数据的精度，设计采用 16 位的模数转换器。因为采样电流可正可负，模数转换器必须保证能够进行双极性采集。

13.4.2　FIR 数字滤波程序模块设计

FIR 数字滤波器被称为有限长脉冲响应滤波器，与 IIR 数字滤波器相对应。FIR 的单位脉冲响应 $h(n)$ 只有有限个数据点。其输入信号经过一个线性时不变系统输出过程等同于将输入信号与一个单位脉冲响应进行线性卷积的过程，即

$$y(n) = x(n) \cdot h(n) = \sum_k x(k)h(n-k) = \sum_k h(k)x(n-k) \tag{13-12}$$

式中，$x(n)$ 为输入信号；$y(n)$ 为卷积输出；$h(n)$ 为系统的单位脉冲响应。

　　从式中可以看出，每次采样 $y(n)$ 是 L 次乘法和 $L-1$ 次加法的乘累加之和，其中 L 代表滤波器单位脉冲响应 $h(n)$ 的长度。很明显，当 L 很大时，每计算一个点，需要很长的延迟时间。

　　设计 FIR 滤波器通常可采用窗函数法和频率采样设计法。频率采样法设计的滤波器在采样频率一定的条件下截止频率不可自由取值，给滤波器灵活设计带来不必要的麻烦，而窗函数法是设计 FIR 数字滤波器常用的手段，它是利用一个有限长度的窗口函数序列来逼近滤波器的频率响应。本节采用窗函数法设计 FIR 数字滤波器。

13.4.3　DDL 保护算法模块设计

　　DDL 保护算法通常采用电流增量作为保护判定阈值。为简便起见，本章并没有采用电流增量作为判别标准，而是采用了电流的绝对幅值将其代替。这样做的好处是，可以根据实际系统的容量来确定 DDL 保护中各参数的取值，使得应用更加简单方便。短路电流识别与开断控制装置不断监测主回路电流幅值 I 和电流变化率 $\mathrm{d}i/\mathrm{d}t$。当电流变化率 $\mathrm{d}i/\mathrm{d}t$ 高于设定值 $E(\mathrm{d}i/\mathrm{d}t > E)$，DDL+$\Delta I$ 保护和 DDL+ΔT 保护同时启动，任一保护满足动作阈值则立刻动作，动作完成后，所有变量值清零。

　　图 13-11 为 DDL 保护程序流程图，由图中可以看出，若电流上升率 $\mathrm{d}i/\mathrm{d}t$ 一直保持在返回整定值 F 之上 $(\mathrm{d}i/\mathrm{d}t > F)$，在延时 $T_{\max}$ 过程中，DDL+ΔI 保护检测到电流幅值 I 达到保护整定值 $I_{\max}$，并且若电流幅值 I 高于参数 $I_{\max}$ 的时间大于或者等于保护延时时间 $t\_I_{\max}$，则 DDL+ΔI 保护动作，若电流上升率 $\mathrm{d}i/\mathrm{d}t$ 小于返回整定值 F，则 DDL+ΔI 保护返回；在 DDL+ΔT 保护中，检测到延时时间 Δt 大于 ΔT 保护中的延时整定值 $T_{\max}$ 的同时电流幅值 I 高于整定值 $I_{\min}$，则 DDL+ΔT 保护动作，若电流上升率 $\mathrm{d}i/\mathrm{d}t$ 小于返回整定值 F，则 DDL+ΔT 保护返回。

13.4.4　短路电流识别装置设计要求

　　本节所设计的短路电流识别与开断控制装置已应用于 10kV 中压直流混合式限流器，其拓扑结构如下图 13-12 所示。限流器指标参数为：电压等级 10kV，额定通流能力 5kA，启动时间 ＜1ms。

　　根据中压直流系统短路故障电流的波形特点，所设计的直流混合式限流器的短路电流识别与开断控制装置的设计保护要求如下。

　　(1)额定电流：5kA(可变)。

　　(2)短路电流阈值：10kA(可变)。

　　(3)短路电流监测识别时间：≤200μs。

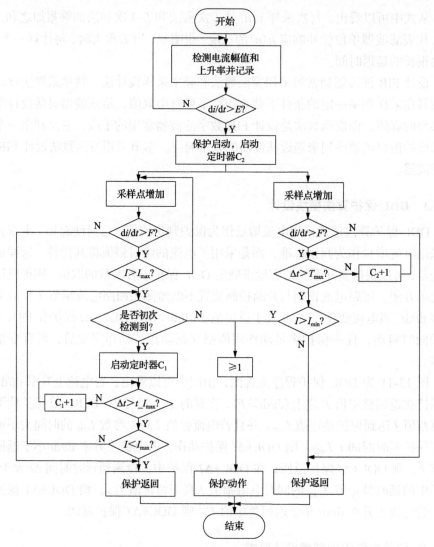

图 13-11 DDL 保护算法程序模块流程图

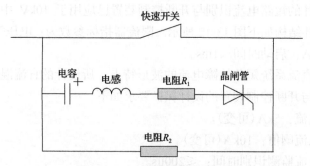

图 13-12 直流故障限流器拓扑

（4）时间抖动小于 $0.1\mu s$。

（5）控制精度小于 $1\mu s$。

（6）良好的可操作性，具有人机交互和上下位机通信功能。

（7）短路电流识别算法整定值可调。

拓扑参数选取如表 13-2 所示。

表 13-2　混合式限流器短路识别及拓扑参数

参数	数值
故障时刻	2ms
晶闸管闭合	2.2ms
机械开关开断命令	2.5ms
转移支路电容容值	$8e^{-4}F$
转移支路充电电压	$6e^{3}V$
转移支路电感感值	$2e^{-5}H$
限流电阻阻值	5Ω

考虑到 FPGA 处理核心和 DSP 处理核心各自的长处，短路电流快速识别与开断控制部分主要完成对短路故障的快速识别和对断路器分合闸操作的开断控制，该识别装置的过载和部分人机交互功能由 DSP 最小系统进行处理。针对中压直流系统短路故障电流研制的短路电流快速识别与开断控制装置样机如图 13-13 所示。

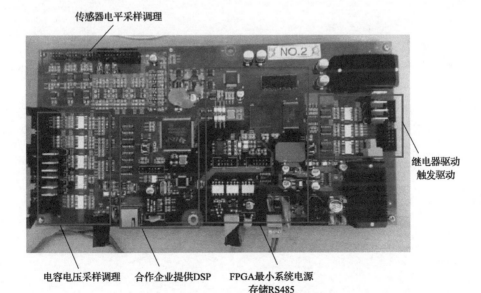

图 13-13　短路电流快速识别与开断控制装置样机

参 考 文 献

曹融. 2013. 船舶综合电力系统短路电流计算与分析. 哈尔滨: 哈尔滨工程大学硕士学位论文.

贾元锐. 2017. 低压交流短路电流识别与开断控制技术的研究. 西安: 西安交通大学硕士学位论文.

刘璟. 2007. 地铁直流供电保护系统保护算法的研究. 计算机测量与控制, 15(1): 71-72, 96.

孟飞. 2012. 地铁直流牵引供电系统馈线保护研究. 南昌: 华东交通大学硕士学位论文.

邵方静. 2014. 中压直流短路电流识别与开断控制技术的研究. 西安: 西安交通大学硕士学位论文.

苏扬. 2019. 电流注入式中压直流断路器控制保护技术研究. 西安: 西安交通大学硕士学位论文.

王广峰, 孙玉坤, 陈坤华, 等. 2007. 地铁直流牵引供电系统中的 DDL 保护. 电力系统及其自动化学报, 19(1): 59-62.

喻乐. 2012. 城市轨道交通供电系统建模与直流馈线保护的研究. 北京: 北京交通大学博士学位论文.

赵登福, 董继民, 张忠元, 等. 2002. 直流系统短路故障的快速识别与短路保护. 电力系统及自动化, 3: 36-38.

Franck C M. 2011. HVDC Circuit Breakers: A Review Identifying Future Research Needs. IEEE Transactions on Power Delivery, 26(2): 998-1007.

Sutherland P E. 1998. DC short-circuit analysis for systems with static sources// IEEE Industrial and Commercial Power Systems Technical Conference. New Orleans.